高等学校机械设计制造及其自动化国家特色专业规划教材

起重机械设计

QIZHONG JIXIE SHEJI

主　编　朱大林
副主编　杜义贤

华中科技大学出版社
http://www.hustp.com
中国·武汉

内 容 简 介

本书依据《起重机设计规范》(GB/T 3811—2008)规定的内容和指导原则编写,主要介绍起重机及其机械部分设计的原理和计算方法。全书内容按设计计算总论、专用零部件和四大工作机构设计等三个部分安排,共分8章:第1章为起重机械概论;第2章介绍起重机械设计计算的一般理论和方法,以及起重机设计规范对起重机械设计方法的主要规定;第3章介绍起重机械专用的钢丝绳、滑轮组、取物装置和制动器等零部件的构造和选用;第4到第7章分别介绍起升、运行、回转、变幅等机构的设计;第8章介绍轮压和起重机整机稳定性计算。

本书可作为普通高等学校本科机械类及相近专业"起重机械"课程的教材,亦可作为高等职业技术学院同类课程的教材,参考学时为40～48。本书也可供起重机械行业及物流行业的工程技术人员或管理人员参考使用。

图书在版编目(CIP)数据

起重机械设计/朱大林主编.—武汉:华中科技大学出版社,2014.9(2024.7重印)
ISBN 978-7-5680-0368-1

Ⅰ.①起⋯ Ⅱ.①朱⋯ Ⅲ.①起重机械-机械设计-高等学校-教材 Ⅳ.①TH210.2

中国版本图书馆 CIP 数据核字(2014)第 196161 号

起重机械设计   朱大林　主编

责任编辑:徐正达
封面设计:潘　群
责任校对:祝　菲
责任监印:张正林
出版发行:华中科技大学出版社(中国·武汉)　　电话:(027)81321913
　　　　　武汉市东湖新技术开发区华工科技园　　邮编:430223
录　　排:武汉市洪山区佳年华文印部
印　　刷:武汉邮科印务有限公司
开　　本:710mm×1000mm　1/16
印　　张:14.25　插页:2
字　　数:297千字
版　　次:2024年7月第1版第4次印刷
定　　价:45.80元

序　言

当前,我国机械专业人才培养面临社会需求旺盛的良好机遇和办学质量亟待提高的重大挑战。抓住机遇,迎接挑战,不断提高办学水平,形成鲜明的办学特色,获得社会认同,这是我们义不容辞的责任。

三峡大学机械设计制造及其自动化专业作为国家特色专业建设点,以培养高素质、强能力、应用型的高级工程技术人才为目标,经过长期建设和探索,已形成了具有水电特色、服务行业和地方经济的办学模式。在前期课程体系和教学内容改革的基础上,推进教材建设,编写出一套适合于该专业的系列特色教材,是非常及时的,也是完全必要的。

系列教材注重教学内容的科学性与工程性结合,在选材上融入了大量工程应用实例,充分体现与专业相关产业和领域的新发展和新技术,促进高等学校人才培养工作与社会需求的紧密联系。系列教材形成的主要特点,可用"三性"来表达。一是"特殊性",这个"特殊性"与其他系列教材的不同在于其突出了水电行业特色,其不仅涉及测试技术、控制工程、制造技术基础、机械创新设计等通用基础课程教材,还结合水电行业需求设置了起重机械、金属结构设计、专业英语等专业特色课程教材,为面向行业经济和地方经济培养人才奠定了基础。二是"科学性",体现在两个方面:其一体现在课程体系层次,适应削减课内学时的教学改革要求,简化推导精练内容;其二体现在学科内容层次,重视学术研究向教育教学的转化,教材的应用部分多选自近十年来的科研成果。三是"工程性",凸显工程人才培养的功能,一些课程结合专业增加了实验、实践内容,以强化学生实践动手能力的培养;还根据现代工程技术发展现状,突出了计算机和信息技术与本专业的结合。

我相信,通过该系列教材的教学实践,可使本专业的学生较为充分地掌握专业基础理论和专业知识,掌握机械工程领域的新技术并了解其发展趋势,在工程应用和计算机应用能力培养方面形成优势,有利于培养学生的综合素质和创新能力。

当然，任何事情不能一蹴而就。该系列教材也有待于在教学实践中不断锤炼和修改。良好的开端等于成功的一半。我祝愿在作者与读者的共同努力下，该系列教材在特色专业建设工程中能体现专业教学改革的进展，从而得到不断完善和提高，对机械专业人才培养质量的提高起到积极的促进作用。

谨此为序。

教育部高等学校机械学科教学指导委员会委员、

机械基础教学指导分委员会副主任

全国工程认证专家委员会机械类专业认证分委员会副秘书长

第二届国家级教学名师奖获得者

华中科技大学机械学院教授，博士生导师

2011-7-21

前　言

本书是为满足水电特色的机械设计制造及其自动化本科专业的教学需要，按照《起重机设计规范》(GB/T 3811—2008)中关于起重机械设计的内容编写的。

起重机械是集工作机构、金属结构和驱动及其控制系统于一体的复杂机电设备，其组成部分繁多，设计工作内容庞杂。本书将起重机械设计的内容分起重机械设计计算总论、起重机械专用零部件和起重机械的工作机构(包括起升机构、运行机构、回转机构、变幅机构)这三个部分加以叙述，而不针对具体的起重机械种类或机型介绍设计方法。全书共分 8 章：第 1 章为起重机械概论；第 2 章介绍起重机械设计计算的一般理论和方法，体现了起重机设计规范对起重机械设计方法的主要规定；第 3 章介绍起重机械专用的钢丝绳、滑轮组、取物装置和制动器等零部件的构造和选用；第 4 到第 7 章分别介绍起升、运行、回转、变幅等机构的构造和设计计算；第 8 章介绍轮压和起重机整机稳定性计算。

本书参考了一些有关起重机械优秀教材的经典内容，在此向其作者表示感谢。

本书由朱大林担任主编，杜义贤担任副主编；第 1、2 章由朱大林编写，第 3 章由杨蔚华编写，第 4、5 章由刘芙蓉编写，第 6、7 章由陈永清编写，第 8 章由杜义贤编写；由朱大林负责统稿和审定。部分文字的录入、修改、图表的制作等工作由硕士研究生詹腾、张灯皇、王成、徐其彬、刘潘等同学协助完成。本书的编写和出版得到了三峡大学机械设计制造及其自动化国家特色专业建设项目的资助，在此一并表示衷心的感谢。

由于编者水平有限，本书难以反映起重机械设计工作所需的全部知识，也难免存在一些不妥之处，敬请读者批评指正。联系信箱：dlzhu@ctgu.edu.cn。

编　者
2014 年 5 月于三峡大学

目　　录

第1章　起重机械概论

1.1　起重机械的作用及工作特点

1. 起重机械的任务

起重机械是对物料进行起重、输送、装卸、安装等作业的机械设备，是国民经济各行业必需的机械设备，也是组成生产流水作业线的重要设备。

起重机械的基本任务是垂直升降重物并使重物作短距离的水平移动，以满足对重物进行装卸、转载、安装等作业的要求。

起重机械是替代或减轻体力劳动、提高作业效率、保证安全生产、实现生产过程机械化和自动化必不可少的起重、运输设备。在国民经济各部门的物质生产和物资流通中，起重机作为关键的工艺设备或重要的辅助机械，应用十分广泛。

2. 起重机械在水利电力行业中的应用

在水利电力建设事业中，起重机械的使用范围极为广泛。无论是装卸设备器材，吊装厂房构件，安装电站设备，还是吊运、浇筑大坝混凝土、吊运模板、开挖的废渣及其他建筑材料等，均需要大量使用起重机。

在火力发电厂的建设施工中，需要吊装和搬运的物料总重量达数万吨，其中不少组合件的吊装和搬运重量常达几百吨。因此，必须选用一些大型起重机进行锅炉和厂房构件等的吊装工作。随着火电机组容量的增大，所需起重机的吨位也越来越大。通常采用的大型起重机有门式起重机、桅杆式起重机、门座起重机、塔式起重机、履带式起重机、轮胎式起重机以及汽轮机厂房内设置的桥式起重机等。

水电工程施工不但规模浩大，而且地理条件特殊，施工季节性强，工程过程复杂，需要调运设备和建筑材料的量大且品种多，所需要的起重机数量和种类也很多。除了上述几种起重机外，在水电工程中还采用其他一些大型起重机，如缆索起重机、架空索道、浮式起重机等。在水电工程运行中，电站厂房及水工建筑物也使用各种类型的起重机来检修设备、启闭闸门或起吊拦污栅等，这些起重机包括电站桥式起重机、坝顶门式起重机、固定式卷扬启闭机、液压启闭机等。

3. 起重机械的工作特点

起重机械对物料进行垂直提升和短程水平移运作业，它靠重复性的循环作业来大量运送物品。因此起重机械是一种间歇动作、循环作业的机械设备，具有重复而短暂的工作特征。起重机械在搬运物料时，通常要经历上料、运送、卸料、回到原处的过程，各工作机构在工作时作往复的周期性的运动。例如，起升机构的工作由物品的升、降和空载取物装置的升、降所组成,运行机构的工作由负载和空载时的往复运动所组成。

起重机的一个工作循环即完成一次物料搬运的过程,一般包括取物、物品上升、物品水平运动、物品下降、卸料、空钩返回原地。在两个工作循环之间起重机一般有短暂的停歇。在一个工作循环中,各机构交替动作,单个机构经常处于起动、制动以及正向、反向等相互交替的运动状态之中。

起重机械的上述工作特点决定了其工作机构和承载结构在载荷方面的特点:起重机的工作载荷是正反向交替作用的;由于反复起动和制动,各机构和结构将承受较大的动载荷,许多重要的零件和结构件都将承受不稳定的变幅应力作用。这些将对结构件的强度计算产生较大的影响。

起重机械属于危险作业的特种设备,它若发生事故,往往造成极大的财产损失和人员伤亡,所以起重机的设计和制造一定要严格执行国家标准和技术法规。

1.2 起重机械的组成及其分类

1.2.1 起重机械的组成

起重机械主要由三个主要部分组成:工作机构、金属结构、动力和控制装置。

1. 工作机构

工作机构是指起重机械的执行机构,其作用是使被吊运的物品获得必要的升降和水平移动,从而实现物品装卸、转载、输送、安装等作业要求。起重机械主要的工作机构有使货物升降的起升机构、作平面运动的运行机构、使起重机旋转的回转机构、改变回转半径的变幅机构,此即所谓的起重机械四大机构。此外,针对某些特殊的使用要求,有些起重机还设有伸缩机构、放倒机构、夹钳机构等。在所有这些工作机构中,实现物品垂直升降的起升机构是起重机械的基本工作机构,而其他机构则是辅助工作机构,配合起升机构工作。根据具体使用要求,辅助工作机构可以多设,也可以少设,甚至完全不设,但是作为基本工作机构的起升机构却是任何一种起重机械所必不可少的。

2. 金属结构

金属结构是指起重机械的骨架,决定了起重机械的结构造型,它用来支承工作机构,承受物品重力、自身重力以及各种外部载荷,并将这些重力和载荷传递给起重机械的支承基础。

3. 动力和控制装置

动力和控制装置为起重机械提供动力、控制、通信等,常用的驱动装置是电动机及电气控制装置。

1.2.2　起重机械的分类

1. 按构造特征分类

按照构造特征分类,起重机械分为单动作的起重机械、桥架型起重机、臂架型起重机等。

1）单动作的起重机械

单动作的起重机械只配备使货物作升降运动的起升机构,常见的有千斤顶、滑车及滑车组、绞车、升降机等,其服务范围是长条直线。

(1)千斤顶　千斤顶是一种升降行程很小但具有较大举升能力的小型起重设备,常见的有螺旋千斤顶和液压千斤顶,如图1-1所示。

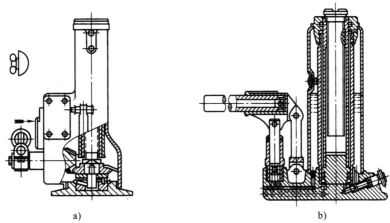

a)　　　　　　　　　　　　　　　　　b)

图 1-1　千斤顶

a)螺旋千斤顶　b)液压千斤顶

(2)滑车及滑车组　滑车是一种由滑轮、吊钩(或吊环)、吊梁等组成的简单起重工具,有单轮、双轮及多轮等多种形式,一般与绞车配合使用,以提高起重能力,改变钢丝绳的牵引方向,进行吊装和搬运工作,如图1-2所示。

滑车组是由一定数量的动滑轮和定滑轮及钢丝绳索组成的省力滑轮组,其结构紧凑,质量小,携带方便,是一种用途极广的简单起重工具,如图1-3所示。

(3)绞车　绞车又称卷扬机,可分为手动和电动两种。手动绞车如图1-4所示,是一种简单的钢丝绳牵引工具。电动绞车是由电动机经减速器、卷筒、驱动钢丝绳滑轮组组成的起重设备,用以起吊重物或产生牵引力。在矿山、建筑工地及舰船上应用。各类起重机的起升机构实际上都是一种绞车。

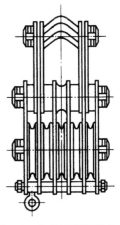

图 1-2　多轮吊梁型滑车

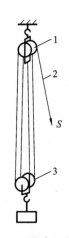

图 1-3　滑车组简图
1—定滑车　2—钢丝绳　3—动滑车

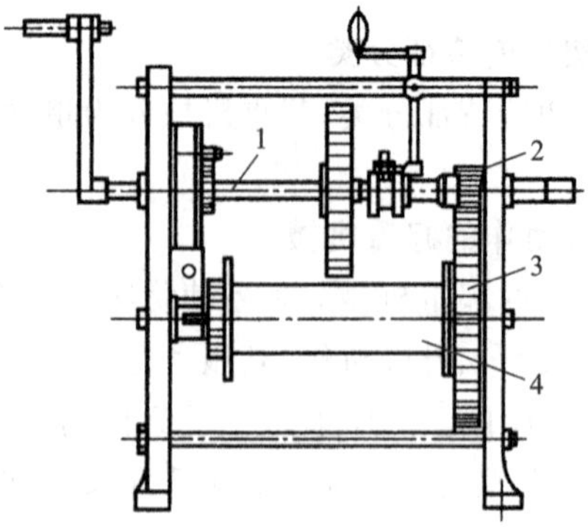

图 1-4　手动绞车
1—轴　2—小齿轮　3—大齿轮　4—滚筒

（4）升降机　升降机是一种由绞车拖动吊厢,吊厢沿刚性轨道升降的起重设备。在建筑工地广泛应用的建筑升降机、在高层建筑物中应用的电梯、在矿山使用的矿井提升机等都是升降机。

2）桥架型起重机

桥架型起重机的构造特点是有一个起承载作用的桥架或门架,靠小车运行机构和起重机运行机构水平移运悬吊的物品,加上起升机构的垂直升降,使其作业范围形成一长方体空间。根据具体结构形式不同,桥架型起重机有以下几种:

① 桥式起重机(见图 1-5a)。

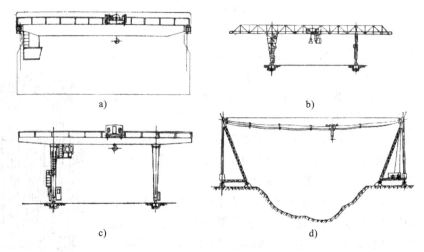

a)

b)

c)

d)

图 1-5　桥架型起重机
a) 桥式起重机　b) 装卸桥　c) 龙门式起重机　d) 缆索起重机

② 门式起重机,包括装卸桥(见图 1-5b)、龙门式起重机(见图 1-5c)、岸边集装箱装卸桥、坝顶门式起重机等。

③ 缆索起重机(见图 1-5d),是一种特殊的桥架型起重机,它的小车在特制的承载钢索上运行,承载钢索支承在两个塔架顶端,其跨度较大,多在大型水电工程施工中采用。

3)臂架型起重机

臂架型起重机依靠回转机构和变幅机构运动的组合,使起吊的货物作水平运动,作业的范围是圆柱形空间,起重机整体沿轨道运行,其作业范围较大。臂架型起重机分为以下几种:

① 塔式起重机(见图 1-6a);

② 门座起重机(见图 1-6b);

③ 流动起重机(见图 1-6c);

④ 浮式起重机(见图 1-6d)。

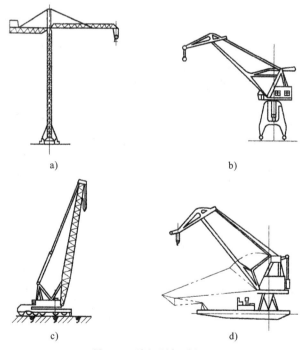

a)

b)

c)

d)

图 1-6　臂架型起重机

a) 塔式起重机　b) 门座起重机　c) 流动起重机　d) 浮式起重机

2. 按设计特点分类

从起重机的设计特点出发,国际标准化组织(ISO)将起重机分为以下四种类型:流动起重机、塔式起重机、桥式和门式起重机、臂架起重机。

1）流动起重机

流动起重机是一种带有无轨运行装置的臂架回转式起重机,依靠汽车或履带式底盘可以在一般道路甚至无路的坚实地面行走,具有很好的流动性,适合于各种流动性的装卸作业。流动起重机最显著的特点是以内燃机为动力,可以由发电机带动液压泵产生高压油,再通过液压缸或液压马达驱动起重机的各个工作机构;也可以通过发电方式,由电动机分别驱动起重机各个机构。根据运行装置的不同,流动起重机又分为汽车式、轮胎式、履带式三种。

(1) 汽车式起重机　汽车式起重机是一种装在汽车底盘上的起重机。汽车式起重机由上车和下车两部分组成,上车装有起升机构、回转机构、变幅机构,下车是汽车底盘。上车、下车用回转支承装置联系,回转机构可使起重机上车相对于下车回转。在上车设有起重机专用操纵室并以此进行起重机的所有作业。起重机作业时,专门的支腿自动伸出,撑牢校平,以保证起重机作业时有足够的稳定性。改变工作场地时,将臂架收放在底盘上并固定好,然后以汽车的行驶速度转移。现代汽车式起重机多采用液压传动,臂架多采用箱型伸缩式,臂架收放可以自动进行。大起重量的臂架做成分段桁架式,转移时臂架用另备的车辆装运。汽车式起重机如图 1-7 所示。由于汽车行驶时有界限尺寸和重量的限制,所以汽车起重机的设计要求"精打细算",计算载荷及组合、应力计算等要细致、精确,零部件重量都要计算和称量。汽车式起重机的起重量小的只有 1 t,大的可达 400 t 或更大。

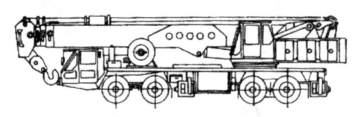

图 1-7　汽车式起重机

(2) 轮胎式起重机　轮胎式起重机是指装在专门设计的轮胎底盘上的起重机,外表与汽车式起重机类似,但其底盘为刚性悬架,其轴距更短,转弯半径更小,能悬吊着货物行驶。其上车与汽车式起重机的上车相似,臂架多为桁架结构,可以带着臂架转移,运行的速度比汽车慢。作业时也必须有支腿撑牢校平。轮胎式起重机如图1-8所示。

(3) 履带式起重机　履带式起重机是指装在履带运行装置上的回转式臂架起重机,如图 1-9 所示。整个起重机安装在左右两个履带架上,作业时靠履带装置保持稳定性,可不需要专用的支腿。这种起重机可以越野行驶。老式的履带式起重机用机械传动的方式把柴油机的动力传递给各个机构,所以机械系统非常复杂。现代的履带式起重机采用全液压传动,机械部分很简单,作业平稳,使用方便。

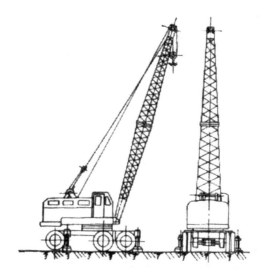

图 1-8 轮胎式起重机

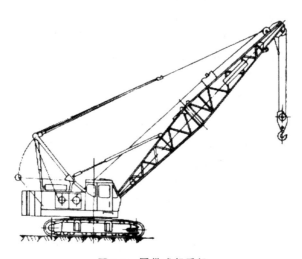

图 1-9 履带式起重机

2）塔式起重机

塔式起重机是一种臂架装在高耸塔柱顶端的回转式起重机,作业时在专门铺设的轨道上运行,转移时需拆卸运输,多应用于建筑施工和设备安装作业。用于建筑施工的塔式起重机起重量较小,塔身和臂架用型钢或钢管桁架结构;塔身可以附着在建筑物上,随着建筑物的升高而升高。用于设备安装的塔式起重机起重量较大,其起升机构具有低速挡,便于安装定位,结构也多用钢管桁架,分段连接,便于转移。塔式起重机使用工作场地的电源,各机构用电动机分别驱动。其设计原则是尽可能轻巧,装拆方便,以便于安装、拆卸和转移。

3）桥式和门式起重机

桥式起重机有通用和专用两大类。通用桥式起重机俗称行车，通常装在车间的厂房立柱上，用来装卸和转送物品。通用桥式起重机是标准产品，可从市场购买。专用桥式起重机主要为冶金厂的厂房、发电厂的厂房等特殊场所服务，通常需要专门设计。桥式起重机由桥架和运行小车组成，桥架由两根主梁和两根端梁组成，在端梁上安装有行走车轮，整个桥架可以沿车间顶上的轨道运行。小车也有车轮，可以沿着桥架运行。在小车上装有起升机构，大中型桥式起重机一般设置两个起升机构，大起重量的起升机构用来装卸大件物品，起升速度较低，小起重量的起升机构用来装卸大宗小件物品，起升速度较高。

门式起重机就是在桥式起重机桥架的两端装了两个支腿，形成了一个门架。起重机的运行车轮装在支腿的下端，起重机在地面的轨道上运行，跨越装卸场地的上空，为装卸场地装卸货物。门式起重机的机构与桥式起重机的相同，但金属结构有较大差别。门式起重机使用范围广泛，因使用场地不同而形成了不同形式。通用门式起重机是指起重量不大、在一般堆场装卸杂货的起重机，这类门式起重机也已标准化，可从市场购买。专用门式起重机都需要专门设计，例如跨越船台的门式起重机，跨度及高度都达到 100 m 以上，起重量达到 1000 t 以上。为了实现船舶分段的提升和翻转，通常设有三个起升机构，这种门式起重机跨度和高度都很大，金属结构的设计和制造还有许多问题需要研究。

工程上曾把门式起重机按跨度分为龙门式起重机和装卸桥两类。龙门式起重机跨度在 50 m 以下，两个支腿与桥架都成刚性连接；装卸桥跨度在 50 m 以上，由于跨度大，为了补偿轨道铺设误差和温度变化，其中一个支腿与桥架做成铰接形式。这类装卸桥跨越矿石或煤炭堆场，使用抓斗作业，具有很高的生产率，小车运行和起升机构的速度都很高。在现代的门式起重机设计中，不管跨度多大，两个支腿都做成刚接的，但其中一个支腿与桥架连接处的结构做得柔软些，如图 1-10 所示。

4）臂架起重机

回转式起重机一般都是臂架起重机，是用臂架的摆动实现幅度的变化的。在 ISO 的分类中，臂架起重机中不包括流动起重机和塔式起重机。最常见的有：装在车间和仓库壁上运行的和固定的悬臂起重机；造船用的动臂起重机；港口及货场装卸用的吊钩、抓斗、电磁盘式门座起重机；浮式起重机多数也是臂架式的，以专门设计的平底船为运行装置，可以在水上航行，在稳定性和载荷计算方面需要考虑波浪的影响。

门座起重机则是一种结构复杂的大型臂架起重机。门座起重机的回转机构支承在专门设计的门座上，回转机构与门座用回转支承装置支承。门座具有一定的净空高，可以通过铁路车辆或载货汽车。门座起重机有装卸型和安装型两类。装卸用的门座起重机在港口、码头等有大宗货物的场地进行装卸作业，要求有很高的生产率，为此，这种起重机的回转速度较高（3 r/min 左右），变幅时货物能沿近似的水平线移

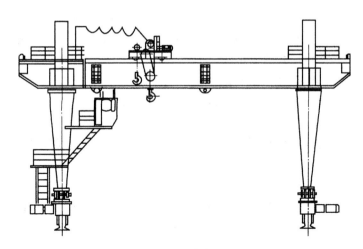

图1-10　门式起重机

动,这样,变幅时不仅消耗的功率很小,而且不易与周围建筑物产生干扰,起升速度也较高(1～1.5 m/s)。由于这种起重机只在一个场地工作,所以,与流动起重机相比,它在机械布置上可以比较宽松,机械和结构的质量控制也不用非常严格。这种起重机是高耸的结构物,在露天工作,所以,设计时必须注意风载荷的影响,注意稳定性和防风抗滑的校验,特别注意防风装置的设计和安装。安装用的门座起重机,在外形上与装卸用的门座起重机类似,但各个机构的运行速度较低。

1.3　起重机械的发展动向

1. 大型化和专用化

随着工程建设和制造业的发展,对起重机械的起重能力的要求也不断提高,这使得起重机的起重量不断增大,工作范围不断扩大。大型船舶的建造导致大型造船门式起重机的发展,其起重量已达到1500 t;大型水电站的建设产生了大起重量的坝顶门式起重机和电站厂房桥式起重机,三峡水电站的厂房桥式起重机的起重量达到了1200 t,其坝顶门式起重机的起重量达到了1000 t。

针对不同的服务场地、吊装对象,设计制造了专门的起重机,如冶金起重机(包括铸锭起重机、脱锭起重机等),专用于港口装卸的集装箱起重机,水电站建设中用于混凝土浇筑的塔带机等,这些专用起重机械与施工或生产工艺联系紧密,其作业能力往往可以决定生产工艺的选择和施工进度,这些专用设备已经不是一般意义上的起重机,而是生产工艺系统的重要组成部分。

2. 标准化、系列化、自动化

对常用的大批量通用起重机械的主要性能参数、主要机构及零部件等实现标准化、系列化,对于提高生产率、降低生产成本、改善产品性能及方便维修保养等,具有积极的意义,目前国内外许多生产厂家都有自己的系列化产品。

通过无线电遥控、电子计算机操纵,可实现起重机的操作自动化、无人化。

3. 新材料和结构形式的应用

起重机的大型化,带来对材料的大量消耗,因此减小自重这一设计追求显得更有实际意义。采用高强度的材料和合理的结构,对于减小起重机及其金属结构的自重有着重要的作用。

在结构方面,除桁架结构、箱形结构外,还采用筒形结构、空腹结构以及大型薄板结构等。

4. 计算理论和设计方法

随着起重机械的发展,极限状态设计法、有限单元法、优化设计、可靠性设计以及计算机辅助设计和辅助工程等,正在越来越广泛地得到研究和应用。

第2章　起重机械设计计算总论

2.1　起重机械的主要参数

起重机械的主要参数是表征起重机械性能特征的主要指标,也是进行起重机械选型或设计的技术依据,应根据使用要求,在设计前选定。起重机的基本参数包括额定起重量、起升高度、跨度或幅度、各机构的运动速度等,这些参数决定了起重机的工作能力和工作范围。

2.1.1　额定起重量

额定起重量是指起重机在正常使用情况下容许起吊的最大重物的质量,用符号 m_q 表示。额定起重量表征一台起重机起重能力的大小,指的是容许起升的最大物品质量。吊钩、吊环等基本取物装置的质量不包括在额定起重量之内,采用抓斗、电磁吸盘、料罐、盛桶等专用取物装置的起重机,其额定起重量应包括容许起升的最大重物质量和专用取物装置的质量。额定起重量的单位是 kg(公斤)或 t(吨)。国家标准 GB/T 783—2013 规定的基本型的最大起重量标准如表 2-1 所示,设计时应根据标准选定起重机的额定起重量。额定起重量也简称为起重量。

表 2-1　基本型的最大起重量标准(GB/T 783—2013)　　　(单位:t)

0.1	1	10	100	1000
—	—	(11.2)	(112)	
0.125	1.25	12.5	125	
—	—	(14)	(140)	
0.16	1.6	16	160	
—	—	(18)	(180)	
0.2	2	20	200	
—	—	(22.5)	(225)	
0.25	2.5	25	250	
—	—	(28)	(280)	
0.32	3.2	32	320	
—	—	(36)	(360)	

续表

0.4	4	40	400	
—	—	(45)	(450)	
0.5	5	50	500	
—	—	(56)	(560)	
0.63	6.3	63	630	
—	—	(71)	(710)	
0.8	8	80	800	
—	—	(90)	(900)	

　　注:① 应尽量避免选用括号中的最大起重量参数。

　　　　② 最大起重量大于 1000 t 时,建议按 R20 优先数系选用。

　　对于起重能力较大的起重机,通常还设置一个起重能力较小、起升速度较高的副起升机构(副钩),其起重量一般约为主起升机构(主钩)起重量的 1/5 到 1/3,也应符合额定起重量的系列标准。主、副起升机构的起重量用分数形式表示,如 250/50,分子表示主钩起重量为 250 t,分母表示副钩起重量为 50 t。

　　臂架型起重机的额定起重量是随着工作幅度的变化而变化的,不同幅度时的额定起重量由起重量曲线给出,起重机标称的额定起重量是指该起重机在臂架处于最小幅度位置时的最大起重量。对于臂架型起重机,将额定起重量与其相应的工作幅度的乘积称为起重力矩,其单位为 t·m(吨·米),它决定了臂架型起重机的起重能力,也决定了其抗倾覆的能力。

　　起重机的额定起重量应根据所吊运物品的类型、最大单件物品的质量、生产率要求、机械化流水作业的衔接要求以及多台起重机协同工作的要求等因素进行综合分析后确定。

　　在起重机设计中,将起吊重物的重力称为起升载荷,起重机的起升载荷是指起重机在实际的起吊作业中吊运的物品质量与通用取物装置质量的总和的重力。与额定起重量对应的起升载荷称为额定起升载荷,起重机的额定起升载荷是指额定起重量与通用取物装置质量之和的重力,其单位为 N(牛)或 kN(千牛)。

2.1.2　起升高度

　　起升高度 H 一般是指起重机工作场地地面或起重机运行轨道顶面到取物装置上极限位置之间的垂直距离,单位为 m(米)。对于要求取物装置深入到地面或轨道顶面以下工作的起重机,如港口门座起重机、水电站坝顶门式起重机等,其起升总高度应为取物装置上、下极限位置之间的垂直距离,即地面或轨顶以上的起升高度与地面或轨顶以下的下降深度之和。起重量 250 t 以下桥式起重机的起升高度 H 系列如表 2-2 所示。

表 2-2　起重量 250 t 以下桥式起重机的起升高度 H 系列（GB/T 790—1995）

（单位：m）

额定起重量 /t	吊　钩				抓　斗		电动吸盘
	一般起升高度		加大起升高度		起升高度		一般起升高度
	主钩	副钩	主钩	副钩	一般	加大	
≤50	16	18	24	26	18～26	30	16
63～125	20	22	30	32	—	—	—
160～250	22	24	30	32	—	—	—

注：① 表中以范围表示的起升高度，具体值视使用场合而定。

　　② 表中所列的起升高度均为最大起升高度，必要时，经供需双方协商，也可超出此限。用户在订货时应提出实际需要的起升高度，实际值应从 6 m 始，每 2 m 为一档。

2.1.3　跨度和幅度

跨度 S 是桥式和门式起重机大车运行轨道中心线之间的水平距离，单位为 m（米）。桥式起重机的跨度一般根据厂房的跨度确定，起重量 250 t 以下的电动桥式起重机的跨度 S 系列如表 2-3 所示。

表 2-3　起重量 250 t 以下的电动桥式起重机的跨度 S 系列（GB/T 790—1995）

（单位：m）

额定起重量 /t		厂 房 跨 度 L									
		9	12	15	18	21	24	27	30	33	36
≤50	无通道	7.5	10.5	13.5	16.5	19.5	22.5	25.5	28.5	31.5	34.5
	有通道	7	10	13	16	19	22	25	28	31	34
63～125		—	—	—	16	19	22	25	28	31	34
160～250		—	—	—	15.5	18.5	21.5	24.5	27.5	30.5	33.5

注：① 在同一轨道上同时装设额定起重量为 50 t 以下和 63 t 以上的两种起重机时，起重机的跨度值应按 63 t 以上的起重机选取。

　　② 同一跨间内装设两层起重机时，表内的起重机跨度值只适用于上层起重机。

　　③ 沿起重机轨道的两侧必须设有通道时，起重机跨度允许按 0.5 m 的倍数减少。

幅度 R 是臂架型起重机回转中心线到取物装置中心竖直线之间的水平距离。

臂架型起重机的幅度一般是可变的，因而有最大幅度 R_{max}、最小幅度 R_{min} 和有效幅度（$R_{max}-R_{min}$）的区别。

跨度由工作需要及场地条件决定，幅度主要根据起重机的工作范围要求决定。

2.1.4　工作速度

1. 工作机构的速度

起重机的工作速度是指起升、运行、变幅、回转四个工作机构的速度。

① 起升速度是指取物装置的上升速度,单位为 m/s(米/秒)。

② 运行速度是指起重机或起重小车的行走速度,对装设有起重小车的起重机(如桥式起重机等)有大车运行速度和小车运行速度之分,单位为 m/s(米/秒)。

③ 变幅速度定义为取物装置从最大幅度到最小幅度沿水平方向移动的平均线速度,单位为 m/s(米/秒)。

④ 回转速度是指起重机的回转部分相对于固定部分绕竖直回转中心线转动的速度,单位为 rad/s(弧度/秒)或 r/min(转/分)。

以上各个工作机构的额定工作速度是指各个工作机构电动机在额定转速下,机构满载运行的速度。

2. 工作速度的确定

起重机的工作速度根据工作需要和起重机的构造形式确定,具体可以从以下几个方面考虑:

① 工作性质和使用场合。对于经常性工作的、对生产率有较高要求的起重机的工作机构,一般采用较高的速度;对于非工作性的或调整性的工作机构,一般采用较低的速度。一般用途的起重机采用中速,大批散粒物料装卸用的起重机采用高速,安装用的起重机采用低速或微速。满载工作时采用低速,空载工作时采用高速。

② 起重量的大小。中小起重量的起重机采用高速以提高生产率,大起重量的起重机采用低速,以利减小驱动功率,提高工作的平稳性和安全性。

③ 工作行程的大小。工作行程大的起重机采用较高的工作速度,工作行程小的起重机采用较低的工作速度,以使机构在正常工作时能达到稳定运动。

2.1.5　轨距和轮距

轨距 l 是指臂架型起重机运行轨道中心线之间的水平距离或桥架型起重机起重小车运行轨道中心线之间的水平距离,单位为 m(米)。轨距主要根据起重机使用运转场地的具体条件、起重小车上机构布置的需要以及起重机的整体稳定性要求等确定。

轮距 B 是指起重机或起重小车运行轨道一侧两车轮中心线之间或两支承中心线之间的水平距离,单位为 m(米)。轮距主要根据机构布置和起重机的整体稳定性要求确定。

2.1.6　生产率

为了表明起重机械的装卸工作能力,常常综合起重量、工作速度等因素,用生产率这个综合指标表示起重机单位时间内的起重能力。

起重机在一定的作业条件下,单位时间内完成的物品作业量称为生产率,起重机的理论生产率用下式计算:

$$P = Q_e n = \frac{3600 Q_e}{T_e} \tag{2-1}$$

式中　Q_e——起重机每个作业循环吊运的物品质量,可用起重量(t)、体积(m³)或数量(件)来度量;

　　　　T_e——起重机的作业循环周期(s);

　　　　n——每小时的工作循环数,$n = \frac{3600}{T_e}$。

生产率的单位为 t/h(吨/时)或 m³/h(米³/时)或件/h(件/时)。

生产率是起重机的综合技术参数,它与起重量、工作速度、起升和运行距离、装卸物品的类别、取物装置的自动化程度、机构工作的协调情况、司机操作熟练程度等因素有关。

2.2　起重机的工作级别

2.2.1　划分工作级别的内容、目的和意义

起重机的使用工况、使用条件和使用要求差异很大,在其预期寿命、工作要求、起升载荷、承受载荷、总工作循环数与总工作时间等方面的要求会有很大的不同。为了在设计中充分地考虑这些不同的设计要求,也为了用户能够合理地选择和安全可靠地使用起重机,必须对起重机整机及其组成部分按照不同的寿命和承载能力要求进行必要的区分,这种区分就是工作级别的划分。工作级别是起重机的综合参数,其内容包括起重机整机的分级、工作机构的分级、结构件及机械零件的分级等。

划分起重机工作级别的目的是为了合理地设计、制造和选用起重机,为设计者、制造者和使用者提供一个共同的技术基础,以获得良好的技术经济效果,其意义如下:

① 使起重机的制造商和使用者对不同起重机的工作状态能达成共识,以双方认同的工作级别作为设计技术要求或选型的基准。

② 在双方认同的基础上设计出符合使用要求、有合适生产率、有足够的安全度和明确的预期寿命的起重机,并且从设计方面为起重机通用化、系列化和标准化创造条件。

③ 使起重机的制造商能按所划分的各个工作级别之间的联系,科学、合理地组织起重机及其组成部分的生产标准化、系列化和通用化工作。

④ 为起重机设计和研究提供计算和分析的基础,以指导起重机设计,并验证它

可否满足给定的使用要求及是否达到设计预期寿命。

2.2.2　划分起重机工作级别的依据

因为起重机金属结构的应力循环次数大致与其工作循环数一致,所以,起重机的安全工作寿命就是其金属结构的疲劳寿命,起重机的安全工作年限主要取决于其承载金属结构不产生疲劳破坏的工作年限。

起重机工作级别的划分是以金属结构的疲劳设计理论为依据的,对于同一工作级别、同一载荷状态级别的起重机,可以认为其结构的设计预期寿命是相同的。而且,主起升机构、金属结构、起重机三者的工作级别是一致的,同一工作级别的起重机,结构的设计预期寿命应相同。

在实际设计中,我国起重机结构的寿命为 15～50 年,一般为 30 年,这个数据可作为确定起重机使用等级的总工作循环数的参考依据。起重机具体的设计预期寿命由设计者根据用户要求和起重机的实际工作环境条件等因素决定。

2.2.3　起重机整机的工作级别

起重机整机的工作级别主要由其两个方面的特征因素决定:

① 起重机使用的频繁程度或预期寿命(使用等级);

② 起重机经常吊运物品的质量接近额定起重量的程度即满载的程度(载荷状态级别)。

起重机的工作级别根据使用等级和载荷状态级别划分为 8 级。

1. 起重机的使用等级

起重机的设计预期寿命是设计预设的起重机从交付使用起到最终报废时止所能完成的总工作循环数。起重机的一个工作循环是指从起吊一个物品起,到能开始起吊下一个物品时止,包括起重机运行和正常停歇在内的一个完整的过程。

起重机的使用等级用起重机的总工作循环数来度量,它完全反映了其设计预期寿命的长短和使用的频繁程度。按起重机可能完成的总工作循环数 C_T,将使用等级划分为 10 级,用 U_0,U_1,U_2,…,U_9 表示,如表 2-4 所示。根据起重机的实际总工作循环数,在表 2-4 中确定相应的使用等级,并按表中上限值确定结构寿命。例如,已知起重机的实际总工作循环数为 1.8×10^5,那么该起重机的使用等级确定为 U_4,当进行结构寿命设计时,采用的总工作循环数(应力循环次数)应为 2.5×10^5。

2. 起重机的载荷状态级别

起重机的载荷状态级别是指在设计预期寿命内,它的各个有代表性的起升载荷值的大小及各相对应的起吊次数,与起重机的额定起升载荷值的大小及总的起吊次数的比值情况。载荷状态反映起重机受载的满载程度,是起升载荷的统计特征,根据上述两个比值用起重机的载荷谱系数度量。

表 2-4　起重机的使用等级

使用等级	起重机总工作循环数	起重机使用频繁程度
U_0	$C_T \leqslant 1.6 \times 10^4$	很少使用
U_1	$1.6 \times 10^4 < C_T \leqslant 3.2 \times 10^4$	
U_2	$3.2 \times 10^4 < C_T \leqslant 6.3 \times 10^4$	
U_3	$6.3 \times 10^4 < C_T \leqslant 1.25 \times 10^5$	
U_4	$1.25 \times 10^4 < C_T \leqslant 2.5 \times 10^5$	不频繁使用
U_5	$2.5 \times 10^4 < C_T \leqslant 5.0 \times 10^5$	中等频繁使用
U_6	$5.0 \times 10^5 < C_T \leqslant 1.0 \times 10^6$	较频繁使用
U_7	$1.0 \times 10^6 < C_T \leqslant 2.0 \times 10^6$	频繁使用
U_8	$2.0 \times 10^6 < C_T \leqslant 4.0 \times 10^6$	特别频繁使用
U_9	$4.0 \times 10^6 < C_T$	

　　起重机起升载荷状态级别按载荷谱系数的范围值划分为 Q1～Q4 共 4 级,如表 2-5 所示。

表 2-5　起重机的载荷状态级别及载荷谱系数

载荷状态级别	起重机的载荷谱系数 K_P	说　　明
Q1	$K_P \leqslant 0.125$	很少吊运额定载荷,经常吊运较轻载荷
Q2	$0.125 < K_P \leqslant 0.250$	较少吊运额定载荷,经常吊运中等载荷
Q3	$0.250 < K_P \leqslant 0.500$	有时吊运额定载荷,较多吊运较重载荷
Q4	$0.500 < K_P \leqslant 1.000$	经常吊运额定载荷

　　根据起重机各个起升载荷值的大小及相应的起吊次数,起重机的载荷谱系数定义式如下:

$$K_P = \sum \left[\frac{C_i}{C_T} \left(\frac{P_{Qi}}{P_{Qmax}} \right)^m \right] \tag{2-2}$$

式中　K_P——起重机的载荷谱系数;

　　　P_{Qi}——能表征起重机在预期寿命内工作任务的各个有代表性的起升载荷, $P_{Qi} = P_{Q1}, P_{Q2}, \cdots, P_{Qn}$;

　　　C_i——与起重机各个有代表性的起升载荷 P_{Qi} 相应的工作循环数, $C_i = C_1, C_2, \cdots, C_n$;

　　　C_T——起重机的总工作循环数, $C_T = \sum_{i=1}^{n} C_i = C_1 + C_2 + \cdots + C_n$;

　　　P_{Qmax}——P_{Qi} 的最大值,即起重机的额定起升载荷;

m——结构疲劳试验曲线的指数,为便于级别的划分,约定取 $m=3$。

根据式(2-2)计算起重机实际载荷谱系数后,可按表2-5确定相应的载荷状态级别。一旦载荷状态级别确定,在进行起重机金属结构设计时,应采用表中载荷谱系数的上限值。例如,实际计算的载荷谱系数为 0.196,那么其载荷状态级别应确定为Q2,在其金属结构的疲劳寿命计算中,载荷谱系数的值应采用 0.250 这一上限值。

3. 起重机整机工作级别的划分

根据起重机的 10 个使用等级和 4 个载荷状态级别,起重机整机的工作级别划分为 A1~A8 共 8 个级别,如表2-6所示。

表 2-6　起重机整机的工作级别(GB/T 3811—2008)

载荷状态级别	起重机的载荷谱系数 K_P	起重机的使用等级									
		U_0	U_1	U_2	U_3	U_4	U_5	U_6	U_7	U_8	U_9
Q1	$K_P \leqslant 0.125$	A1	A1	A1	A2	A3	A4	A5	A6	A7	A8
Q2	$0.125 < K_P \leqslant 0.250$	A1	A1	A2	A3	A4	A5	A6	A7	A8	A8
Q3	$0.250 < K_P \leqslant 0.500$	A1	A2	A3	A4	A5	A6	A7	A8	A8	A8
Q4	$0.500 < K_P \leqslant 1.000$	A2	A3	A4	A5	A6	A7	A8	A8	A8	A8

起重机工作级别的划分遵从对角线原则,即具有相同寿命的组合在同一对角线上,其工作级别相等。在表2-6中,从左下角到右上角的对角线上的工作级别是相同的。在每条对角线上,载荷谱系数(上限值)与利用等级所代表的总工作循环数(上限值)的乘积是相等的,这个乘积反映了结构件的寿命要求。相邻工作级别之间这个乘积相差一倍,这是由工作级别划分依据是金属结构的疲劳设计理论所决定的。对角线原则也称为等寿命原则。

2.2.4　起重机机构的工作级别

设计起重机机构时,必须根据实际载荷的变化情况及其作用时间的长短来选择电动机,计算零部件的强度和寿命。这就要求对机构设计按载荷情况和其作用时间加以划分,这种划分称为起重机机构的工作级别。机构工作级别是将机构作为一个整体,对其载荷轻重程度及运转频繁情况的总体评价,它并不表示该机构中所有的零部件都具有由机构工作级别所表示的相同的载荷状态和运转频繁情况。机构分级的作用是为机构总体设计计算,计算载荷组合的应用及零部件的选择等提供一个基础性的规定。

影响机构及其零部件设计的因素很多,包括载荷变化、使用时间的长短、接电持续率及周围温度等等。与起重机整机同样的分析,可以主要根据两个因素来划分机构工作级别:一是表明机构运转时间长短的机构使用等级,它体现了寿命要求;二是表明机构受载情况的机构载荷状态,它反映了机构受载的满载程度。两个因素同样可以在平面上按对角线原则加以组合。

1. 机构的使用等级

机构的设计预期寿命是指设计预设的该机构从开始使用起到预期更换或最终报废时为止的总运转时间,它只是机构的累计实际运转小时数累计之和,不包括工作中机构的停歇时间。

机构的使用等级用机构的总运转时间来度量,它完全反映了其设计预期寿命的长短和使用的频繁情况,使用等级划分为 10 级,用 T_0,T_1,T_2,$\cdots$,T_9 表示,如表2-7所示。

表 2-7　机构的使用等级

使 用 等 级	总使用时间 t_T/h	机构运转频繁情况
T_0	$t_T \leqslant 200$	很少使用
T_1	$200 < t_T \leqslant 400$	
T_2	$400 < t_T \leqslant 800$	
T_3	$800 < t_T \leqslant 1600$	
T_4	$1600 < t_T \leqslant 3200$	不频繁使用
T_5	$3200 < t_T \leqslant 6300$	中等频繁使用
T_6	$6300 < t_T \leqslant 12500$	较频繁使用
T_7	$12500 < t_T \leqslant 25000$	
T_8	$25000 < t_T \leqslant 50000$	频繁使用
T_9	$50000 < t_T$	

2. 机构的载荷状态级别

机构的载荷状态级别表明了机构所受载荷的轻重情况,由机构的载荷谱系数 K_m 来表征。机构的载荷谱系数 K_m 定义如下:

$$K_m = \sum \left[\frac{t_i}{t_T} \left(\frac{P_i}{P_{max}} \right)^m \right] \qquad (2-3)$$

式中　K_m——机构的载荷谱系数;

　　　P_i——能表征机构在服务期内工作特征的各个大小不同等级的载荷(N 或 kN),$P_i = P_1, P_2, \cdots, P_n$;

　　　t_i——与机构承受各个不同等级载荷 P_i 相应的持续时间(h),$t_i = t_1, t_2, \cdots, t_n$;

　　　t_T——机构承受所有不同等级载荷的时间总和,即代表使用等级的机构总运转时间(h),$t_T = \sum\limits_{i=1}^{n} t_i = t_1 + t_2 + \cdots + t_n$;

P_{max}——机构承受的最大载荷(N 或 kN);

m——机构疲劳试验曲线的指数,进行机构分级时,统一取 $m=3$。

由式(2-3)计算出机构的实际载荷谱系数后,可按表 2-8 确定相应的载荷状态级别,一旦载荷状态级别确定,在进行机构零件疲劳设计时,应采用该表中载荷谱系数的上限值。

机构载荷状态级别按机构的载荷谱系数 K_m 的范围值划分为 L1~L4 共 4 级,如表 2-8 所示。

表 2-8 机构的载荷状态级别及载荷谱系数

载荷状态级别	机构的载荷谱系数 K_m	说　明
L1	$K_m \leqslant 0.125$	机构很少承受最大载荷,一般承受轻小载荷
L2	$0.125 < K_m \leqslant 0.250$	机构较少承受最大载荷,一般承受中等载荷
L3	$0.250 < K_m \leqslant 0.500$	机构有时承受最大载荷,一般承受较大载荷
L4	$0.500 < K_m \leqslant 1.000$	机构经常承受最大载荷

3. 机构工作级别的划分

划分起重机机构工作级别,是将各单个机构分别作为一个整体进行的关于其受载大小程度及运转频繁情况的总体评价,它并不表示该机构中所有的零部件都有与此相同的受载及运转情况。根据机构的 10 个使用等级和 4 个载荷状态级别的组合情况,机构单独作为一个整体进行分级的工作级别划分为 M1~M8 共 8 级,如表 2-9 所示。

表 2-9 起重机机构的工作级别(GB/T 3811—2008)

载荷状态级别	机构载荷谱系数 K_m	机构的使用等级									
		T_0	T_1	T_2	T_3	T_4	T_5	T_6	T_7	T_8	T_9
L1	$K_m \leqslant 0.125$	M1	M1	M1	M2	M3	M4	M5	M6	M7	M8
L2	$0.125 < K_m \leqslant 0.250$	M1	M1	M2	M3	M4	M5	M6	M7	M8	M8
L3	$0.250 < K_m \leqslant 0.500$	M1	M2	M3	M4	M5	M6	M7	M8	M8	M8
L4	$0.500 < K_m \leqslant 1.000$	M2	M3	M4	M5	M6	M7	M8	M8	M8	M8

机构工作级别的划分同样遵从对角线原则,即具有相同寿命的组合在同一对角线上,其工作级别相等。在表 2-9 中,从左下角到右上角的对角线上的工作级别相同的。在每条对角线上,载荷谱系数(上限值)与使用等级所代表的总运转小时数(上限值)的乘积是相等的,这个乘积反映了机械零件疲劳的损伤率或寿命要求,相邻工作级别之间这个乘积相差一倍。按确定的工作级别设计一个机构时,若载荷状态提高

一档,则其机构的使用等级就要降低一档,以保持其寿命不变。

2.2.5　起重机结构件或机械零件的工作级别

1. 结构件或机械零件分级的目的和意义

(1)结构件或机械零件的分级表明了起重机具体的结构件或机械零件在设计预期寿命内应力的变化情况。

(2)结构件或机械零件分级的实际含义、分级计算、相关的数值等,与起重机整机的分级及各个机构的分级一般是不相同的。

(3)结构件或机械零件分级对结构件或机械零件的设计计算,特别是疲劳设计,有直接的指导作用。

2. 确定结构件或机械零件分级的因素

与整机和机构相同,确定结构件或机械零件分级的因素主要有两个:结构件或机械零件的使用等级和应力状态。

3. 结构件和机械零件的使用等级

结构件或机械零件的总使用时间用其设计预期寿命内总应力循环次数来表示。

一个应力循环是指应力从通过平均应力 σ_m 时起至该应力同方向再次通过 σ_m 时为止的一个连续过程,如图 2-1 所示。

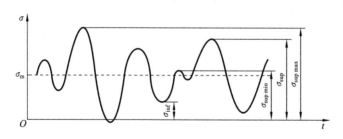

图 2-1　应力循环曲线

结构件的应力循环次数与起重机的起重工作循环数之间有一定关系,但对于许多起重机,一个起重工作循环内某些结构件可能会发生几次应力循环,因此,不同的结构件可以有各不相同的应力循环次数。但当结构件应力循环次数与起重机起重工作循环数之间的比值为已知时,此构件的总应力循环次数可以由决定起重机使用等级的起重机总工作循环数导出。

对于不同机构中的机械零件,其总应力循环次数可由该机构的总运转时间导出,在计算时要考虑影响此机械零件应力循环的转速和其他相关因素。

结构件或机械零件的使用等级,按其总应力循环次数分成 11 个等级,分别以 B_0,B_1,$\cdots$,B_{10} 表示,如表 2-10 所示。

表 2-10 结构件或机械零件的使用等级

使用等级	结构件或机械零件总应力循环次数 n_T
B_0	$n_T \leqslant 1.6 \times 10^4$
B_1	$1.6 \times 10^4 < n_T \leqslant 3.2 \times 10^4$
B_2	$3.2 \times 10^4 < n_T \leqslant 6.3 \times 10^4$
B_3	$6.3 \times 10^4 < n_T \leqslant 1.25 \times 10^5$
B_4	$1.25 \times 10^5 < n_T \leqslant 2.5 \times 10^5$
B_5	$2.5 \times 10^5 < n_T \leqslant 5.0 \times 10^5$
B_6	$5.0 \times 10^5 < n_T \leqslant 1.0 \times 10^6$
B_7	$1.0 \times 10^6 < n_T \leqslant 2.0 \times 10^6$
B_8	$2.0 \times 10^6 < n_T \leqslant 4.0 \times 10^6$
B_9	$4.0 \times 10^6 < n_T \leqslant 8.0 \times 10^6$
B_{10}	$8.0 \times 10^6 < n_T$

4. 结构件或机械零件的应力状态级别

结构件或机械零件的应力状态级别,表明其在总使用时间内发生的应力或应力幅大小变化及其循环情况,用应力谱系数度量,每一个应力谱对应有一个应力谱系数 K_S,且

$$K_S = \sum_{i=1}^{n} \left[\frac{n_i}{n_T} \left(\frac{\sigma_i}{\sigma_{max}} \right)^C \right] \tag{2-4}$$

式中　K_S——结构件或机械零件的应力谱系数;

　　　　σ_i——结构件或机械零件在工作时间内发生的不同应力,$\sigma_i = \sigma_1, \sigma_2, \cdots, \sigma_n$,并
　　　　　　设定 $\sigma_1 > \sigma_2 > \cdots > \sigma_n$;

　　　　n_i——与结构件或机械零件发生的不同应力相应的应力循环次数,$n_i = n_1, n_2,$
　　　　　　$\cdots, n_n$;

　　　　n_T——结构件或机械零件总的应力循环次数,$n_T = n_1 + n_2 + \cdots + n_n = \sum_{i=1}^{n} n_i$;

　　　　σ_{max}——应力 σ_i 中的最大应力;

　　　　C——结构件或机械零件疲劳试验曲线的指数,与材料的性能,结构件或机械零
　　　　　　件的种类、形状和尺寸、表面粗糙度以及腐蚀程度等有关,由实验得出。

根据 K_S 的值,结构件或机械零件的应力状态划分为 S1、S2、S3、S4 共 4 级,如表
2-11 所示。

表 2-11　结构件或机械零件的应力状态级别及应力谱系数

应力状态级别	应力谱系数 K_S
S1	$K_S \leqslant 0.125$
S2	$0.125 < K_S \leqslant 0.250$
S3	$0.250 < K_S \leqslant 0.500$
S4	$0.500 < K_S \leqslant 1.000$

5. 结构件或机械零件的工作级别划分

根据结构件或机械零件的使用等级和应力状态,结构件或机械零件工作级别划分为 E1～E8 共 8 个级别,如表 2-12 所示。

表 2-12　结构件或机械零件的工作级别

应力状态级别	使用等级										
	B_0	B_1	B_2	B_3	B_4	B_5	B_6	B_7	B_8	B_9	B_{10}
S1	E1	E1	E1	E1	E2	E3	E4	E5	E6	E7	E8
S2	E1	E1	E1	E2	E3	E4	E5	E6	E7	E8	E8
S3	E1	E1	E2	E3	E4	E5	E6	E7	E8	E8	E8
S4	E1	E2	E3	E4	E5	E6	E7	E8	E8	E8	E8

与整机和机构的工作级别相同,结构件或机械零件的工作级别划分也遵循对角线原则。

2.3　起重机设计的计算载荷和载荷组合

2.3.1　计算载荷和载荷组合的概念

起重机及其机构的承载能力计算包括金属结构件或机械零(部)件的静强度计算、稳定性计算、疲劳强度计算,还包括起重机的抗倾覆稳定性和抗风滑移安全性的计算。

计算载荷是设计计算时选择的与起重机结构件或零(部)件破坏形式有关的,用来计算承载能力的载荷。

载荷组合是针对不同的计算类型,对外载荷进行适当的选择并根据可能的作业情况对外载荷进行组合,得到作用在计算模型上的一组计算载荷。

当载荷引起的效应随时间变化时,采用等效载荷来计算变化的载荷过程的效应。

2.3.2　计算载荷的类型

国家标准 GB/T 3811—2008 将作用在起重机上的载荷划分为常规载荷、偶然载荷、特殊载荷和其他载荷,并针对结构的设计计算规定了不同载荷情况下载荷组合的方法。

1. 常规载荷

常规载荷是指在起重机正常工作时经常发生的载荷。常规载荷包括由重力产生的载荷,由驱动机构或制动器的作用使起重机加速或减速运动而产生的载荷,因起重机结构的变形或位移引起的载荷(这类载荷用来计算抗屈曲、抗弹性失稳、抗疲劳破坏等),也包括自重的振动影响载荷、起升载荷及其动态影响载荷、卸载引起的动态载荷、起重机运行时其自重及吊重的冲击载荷、加速运动引起的动载荷、结构变形引起的载荷等。

2. 偶然载荷

偶然载荷是指在起重机正常工作时不经常发生而只是偶然出现的载荷。偶然载荷包括工作状态风载荷、冰雪载荷、温度变化及起重机偏斜运行产生的载荷等。在抗疲劳失效的计算中通常不考虑这类载荷,但在静强度计算中必须考虑它们。

3. 特殊载荷

特殊载荷是指起重机非工作状态或非正常工作时的特殊情况下才发生的载荷。特殊载荷包括非工作时的最大风载荷、起重机试验载荷、起重机意外碰撞产生的载荷、起重机(或其一部分发生)倾斜产生的载荷、起重机意外停机和机构失效产生的载荷、起重机受基础激励引起的载荷等。

4. 其他载荷

其他载荷是指起重机在某些特定情况下发生的载荷。其他载荷包括工艺性载荷、作用在起重机的平台或通道上的载荷等。

根据承载能力计算的不同内容,对载荷的选择是有别的。对结构件或机械零件疲劳、磨损、发热的计算,只需考虑常规载荷,特殊情况才需要考虑偶然载荷;对结构件或机械零件的静强度计算,需要考虑常规载荷和不经常作用的偶然载荷的组合;静强度校验和起重机抗倾覆稳定性校验,需要考虑可能出现的最危险的载荷组合。

2.3.3 常规载荷的计算

1. 自重载荷

自重载荷 P_G 是指起重机本身的结构、机械设备、电气设备等质量的重力,还包括起重机工作时始终积结在某些部件上的物料(如附设的漏斗料仓、连续输送机上的物料)等质量的重力。

自重的作用可以是集中载荷和分布载荷。

自重的大小在设计前是未知的,一般可根据同类产品的数据先作估算,在设计计算完成后再按计算结果进行复算或验算。

2. 额定起升载荷

额定起升载荷 P_Q 是指起重机起吊额定起重量时的总起升质量的重力,在起升高度大于 50 m 时,应计及起升钢丝绳的重量。

3. 自重振动载荷

在物品起升离地时,或将悬吊在空中的部分物品突然卸除时,或悬吊在空中的物品下降制动时,起重机结构将因振动而产生动力响应,此动力响应将影响到结构的自重载荷,称之为自重振动载荷。此动力效应用起升冲击系数 φ_1 与自重载荷 P_G 的乘积 $\varphi_1 P_G$ 来度量。

起升冲击系数为

$$\varphi_1 = 1 \pm \alpha, \quad 0 \leqslant \alpha \leqslant 0.1 \tag{2-5}$$

当振动对计算不利时,式(2-5)取正号;当振动对计算有利时,式(2-5)取负号。

4. 起升动载荷

当物品无约束地起升离地时,物品的惯性和冲击将使起升载荷出现动载增大,如图 2-2 所示,该起升动力效应用一个大于 1 的起升动载系数 φ_2 与起升载荷 P_Q 的乘积 $\varphi_2 P_Q$ 来度量。

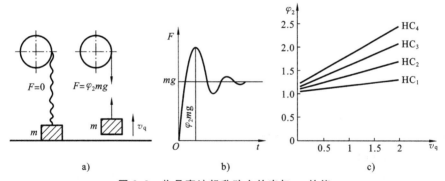

图 2-2　物品离地起升动力效应与 φ_2 的值

a) 物品离地起升示意图　b) 动力效应　c) φ_2-v_q 曲线

起升动载系数为

$$\varphi_2 = \varphi_{2min} + \beta_2 v_q \tag{2-6}$$

式中　φ_{2min}——与起升状态级别相对应的起升动载系数的最小值;

　　　v_q——稳定起升速度(m/s);

　　　β_2——按起升状态级别设定的系数。

v_q 与起升机构驱动控制形式及操作方法有关,如表 2-13 所示,其最大值发生在电动机空载起动且吊具及物品起升离地时,其起升速度已达到稳定起升的最大值(即额定起升速度)。

根据起升操作的平稳程度和物品起升离地时的动力特性的不同,将起升状态划分为 4 个级别(HC$_1$~HC$_4$),每个级别对应的 β_2 和 φ_{2min} 值如表2-14所示。

表 2-13　确定 φ_2 用的稳定起升速度 v_q 值

载 荷 组 合	起升驱动形式及操作方法				
	H1	H2	H3	H4	H5
无风工作 A1、有风工作 B1	v_{qmax}	v_{qmin}	v_{qmin}	$0.5v_{qmax}$	$v_q=0$
特殊工作 C1	—	v_{qmax}	—	v_{qmax}	$0.5v_{qmax}$

注：H1—起升驱动机构只能作常速运转，不能作低速运转；

H2—起重机司机可选用起升机构作稳定低速运转；

H3—起升驱动机构的控制系统能保证物品起升离地前都作稳定低速运转；

H4—起重机司机可以操作实现无级变速控制；

H5—在起升绳预紧后，不依赖于起重机司机的操作，起升驱动机构就能按预定要求进行加速控制；

v_{qmax}—稳定的最高起升速度；

v_{qmin}—稳定的最低起升速度。

表 2-14　β_2 和 φ_{2min} 值

起升状态级别	β_2	φ_{2min}
起升离地平稳 HC$_1$	0.17	1.05
起升离地有轻微冲击 HC$_2$	0.34	1.10
起升离地有中度冲击 HC$_3$	0.51	1.15
起升离地有较大冲击 HC$_4$	0.68	1.20

常用起重机起升动载系数 φ_2 的值在下列范围内：对于建筑塔式起重机和港口门座起重机，$\varphi_2 \leqslant 2.2$；对于其他起重机，$\varphi_2 \leqslant 2.0$。

5. 突然卸载时的动力效应

起重机工作时可能在空中从总起升质量 m 中突然卸除部分起升质量，对结构产生减载振动作用，如图 2-3 所示。此动载效应用突然卸载冲击系数 φ_3 与额定起升载荷 P_Q 的乘积 $\varphi_3 P_Q$ 来度量。

突然卸载冲击系数为

$$\varphi_3 = 1 - \frac{\Delta m}{m}(1 + \beta_3) \tag{2-7}$$

式中　Δm——突然卸除的部分起升质量（kg）；

　　　m——总起升质量（kg）；

　　　β_3——系数，对用慢速卸载装置（如抓斗）的起重机 $\beta_3 = 0.5$，对用快速卸载装置（如电磁铁）的起重机 $\beta_3 = 1$。

6. 运行冲击载荷

起重机在不平的道路或轨道上运行时所发生的垂直冲击动力效应，用起重机自

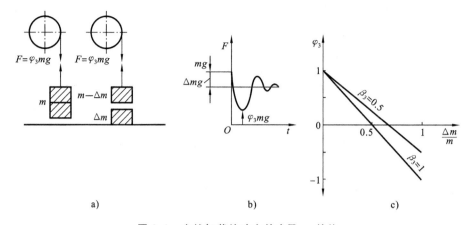

图 2-3　突然卸载的动力效应及 φ_3 的值

a）突然卸载示意图　b）动力效应　c）φ_3-$\dfrac{\Delta m}{m}$曲线

重载荷与额定起升载荷之和再与运行冲击系数 φ_4 的乘积 $\varphi_4(P_G+P_Q)$ 来度量。垂直冲击动力效应取决于起重机的质量分布、弹性、起重机的悬挂或支承方式、运行速度、车轮直径及轨道接头的状况。按以下规定选取：

对于轨道接头状态良好，如轨道焊接连接并打磨的高速运行起重机，$\varphi_4=1$；对于一般轨道接头，起重机通过轨道接头产生垂直冲击效应按下式计算：

$$\varphi_4=1.1+0.058 v_y \sqrt{h} \tag{2-8}$$

式中　φ_4——运行冲击系数；

　　　v_y——起重机运行速度（m/s）；

　　　h ——轨道接头处两轨面的高度差（mm）。

7. 变速运动引起的载荷

起重机驱动机构在起动或制动时会产生惯性力，此惯性力可根据达朗贝尔原理按刚体动力学模型计算。

由于起动或制动时期的骤加载荷会引起机构的弹性振动，以加（减）速动载系数 φ_5 乘以上述刚体惯性力来计及弹性振动的影响。φ_5 的值取决于驱动力的变化特性、质量分布和传动系统的动态特性，可以建立机构弹性振动模型进行分析计算，也可按表 2-15 选取。

下面分别计算各种情况的惯性力，同时考虑弹性振动的影响。

1）运行惯性力

起重机或小车起动或制动时，运行质量的惯性力为

$$P_{g1}=\varphi_5 \frac{P_Q+P_G}{g} a \quad (\text{kN}) \tag{2-9}$$

式中　P_G——起重机（或小车）自重载荷（kN）；

P_Q——额定起升载荷(kN);

a——起动或制动加速度,其参考值见表2-16;

φ_5——考虑结构动力效应的动载系数,$\varphi_5 = 1.5$。

表 2-15 φ_5 的取值范围

序号	工 况	φ_5
1	计算回转离心力时	1.0
2	传动系统无间隙,采用无级变速的控制系统,加速力或制动力呈连续平稳的变化	1.2
3	传动系统存在微小的间隙,采用其他一般的控制系统,加速力呈连续的但非平稳的变化	1.5
4	传动系统有明显的间隙,加速力呈突然的非连贯性变化	2.0
5	传动系统有很大的间隙或存在明显的反向冲击,用质量弹簧模型不能进行准确的估算时	3.0

注:如有依据,φ_5 可以采用其他值。

表 2-16 加速时间和加速度

要达到的速度 /(m/s)	低速和中速 长距离运行		正常使用 中速和高速运行		高加速度、 高速运行	
	加速时间 /s	加速度 /(m/s²)	加速时间 /s	加速度 /(m/s²)	加速时间 /s	加速度 /(m/s²)
4.00	—	—	8.00	0.50	6.00	0.67
3.15	—	—	7.10	0.44	5.40	0.58
2.50	—	—	6.30	0.39	4.80	0.52
2.00	9.10	0.220	5.60	0.35	4.20	0.47
1.60	8.30	0.190	5.00	0.32	3.10	0.43
1.00	6.60	0.150	4.00	0.25	3.00	0.33
0.63	5.20	0.120	3.20	0.19	—	—
0.40	4.10	0.098	2.50	0.16	—	—
0.25	3.20	0.078	—	—	—	—
0.16	2.50	0.064	—	—	—	—

因为轨道摩擦力的限制,最大惯性力不可能超过主动轮与轨道间的黏着力,即

$$P_{g1} \leqslant fP_1 \quad (kN) \tag{2-10}$$

式中 P_{g1}——运行质量的最大惯性力(kN);

P_1——主动轮压之和(kN);

f——黏着系数,室内取 $f=0.15$,室外取 $f=0.12$。

2）回转离心力

回转部分稳定旋转运动时的离心力为

$$P_r = m\omega^2 R \quad (N) \tag{2-11}$$

式中　m——回转部分的质量(kg);

　　　ω——回转角速度(rad/s);

　　　R——回转质量的质心与回转中心之间的距离(m)。

上述计算中取 $\varphi_5 = 1$。

3）回转机构起动或制动的切向惯性力

回转机构起动或制动的切向惯性力为

$$P_j = \varphi_5 m \varepsilon R \quad (N) \tag{2-12}$$

式中　ε——回转角加速度(rad/s^2)。

4）臂架型起重机起升质量的综合水平惯性力

起升质量的综合水平惯性力 P_g 综合考虑了作用在起吊重物上的风力、变幅和回转起动或制动惯性力和回转离心力,用起升钢丝绳偏摆 α 角引起的水平力来综合度量,即

$$P_g = P_Q \tan\alpha \quad (kN) \tag{2-13}$$

式中　α——起升钢丝绳的偏摆角。

最大偏摆角 α_{II} 的推荐值如表 2-17 所示,它用来计算强度和整机稳定性。用于结构件或机械零件疲劳强度寿命计算的正常偏摆角 α_{I} 为 $(0.3\sim0.4)\alpha_{\mathrm{II}}$,用于电动机功率计算的正常偏摆角 α_{I} 为 $(0.25\sim0.3)\alpha_{\mathrm{II}}$。

表 2-17　最大偏摆角 α_{II} 的推荐值

起重机类别及回转速度	装卸用门座起重机		安装用门座起重机		轮胎式和汽车式起重机
	$n \geqslant 2$ r/min	$n < 2$ r/min	$n \geqslant 0.33$ r/min	$n < 0.33$ r/min	—
臂架变幅平面内	12°	10°	4°	2°	3°~6°
垂直于臂架变幅平面内	14°	12°			

8．位移和变形引起的载荷

起重机设计中应考虑由位移和变形引起的载荷,如由预应力产生的结构件变形和位移引起的载荷,由结构本身或安全限制器准许的极限范围内的偏斜引起的载荷,起重机其他必要的补偿控制系统初始响应产生的位移引起的载荷,轨道间距变化引起的载荷,轨道及起重机支承结构发生不均匀沉陷引起的载荷,等等。

2.3.4　偶然载荷的计算

偶然载荷是指在起重机正常工作时不经常发生而只是偶然出现的载荷,它包括工作状态的风、雪、冰、温度变化及偏斜运行引起的载荷。偶然载荷通常用于强度的计算而不用于疲劳失效的计算。

1. 起重机偏斜运行时的水平侧向载荷

起重机偏斜运行引起的水平侧向载荷 P_s 是指装有车轮的起重机或小车在稳定纵向或横向运行时,发生在运行导向装置上由于导向的反作用引起的一种偶然出现

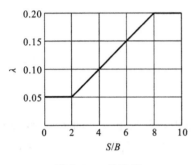

图 2-4　λ 的取值

的水平力,即

$$P_s = \frac{1}{2}\sum P\lambda \quad (\text{kN}) \qquad (2\text{-}14)$$

式中　$\sum P$——起重机承受侧向载荷一侧的端梁(轨道)上相应车轮上经常出现的最大轮压之和;

λ——水平侧向载荷系数。

λ 与起重机的跨度 S 和基距 B 有关,按图 2-4所示曲线选取,其最大值为 0.20。

2. 坡道载荷

起重机的坡道载荷是指位于斜坡上的起重机自重载荷及起升载荷沿斜坡面的分力。对流动起重机,按地面的实际坡度情况计算;对于轨道式起重机,轨道坡度大于 0.5% 时按实际坡度计算,轨道坡度不超过 0.5% 时不考虑坡道载荷。

3. 风载荷

1）风载荷估算的原则

风载荷是露天工作的起重机在工作状态和非工作状态都应该考虑的一种偶然载荷。假定风载荷为沿起重机最不利的水平方向作用的静力,计算风压值按起重机类型及其工作地区选取。

2）计算风压

风压是风对受风物体产生的压力,与风速有关,按下式计算:

$$p = 0.625 v_s^2 \qquad (2\text{-}15)$$

式中　p——计算风压(N/m²);

v_s——计算风速(m/s)。

计算风速为空旷地区离地 10 m 高处的阵风风速,即 3 s 时距的平均瞬时风速。工作状态的阵风风速,其值取为 10 min 时距平均风速的 1.5 倍,非工作状态的阵风风速,其值取为 10 min 时距平均风速的 1.4 倍。

3）工作状态风载荷

工作状态风载荷是指起重机在正常工作状态下应能承受的最大风力,用工作状态计算风压 p_I 和 p_{II} 来表征。

p_I 为工作状态正常风压,是指起重机工作状态正常的计算风压,用于选择电动机功率的阻力计算及发热验算。

p_{II} 为工作状态最大风压,是指起重机工作状态最大的计算风压,用来计算机构零部件和金属结构强度、刚度及稳定性,验算驱动装置的过载能力,起重机整机抗倾覆稳定性及抗风防滑安全性等。工作状态最大风压是起重机允许作业的最大风压。

由《起重机设计规范》(GB/T 3811—2008)所规定的 p_I 和 p_{II} 的取值如表 2-18 所示,如果设计者采用与表中规定不同的计算风速和风压,应予以说明。

表 2-18　工作状态计算风压与计算风速

地　　区		计算风压 p/(N/m²)		与 p_{II} 相应的计算风速 v_s/(m/s)
		p_I	p_{II}	
在一般风力下工作的起重机	内陆	0.6p_{II}	150	15.5
	沿海、台湾省及南海诸岛		250	20.0
在 8 级风中工作的起重机			500	28.3

注:① 沿海地区系指离海岸线 100 km 以内的陆地或海岛地区。

　　② 特殊用途的起重机的工作状态风压允许作特殊规定。流动起重机(即汽车式起重机、轮胎式起重机和履带式起重机)的工作状态计算风压,当起重机臂长小于 50 m 时取为 125 N/m²,当臂长等于或大于 50 m 时按使用要求决定。

4）作用在起重机上的风载荷的计算

① 当风向与挡风结构表面垂直时,有

$$\left.\begin{array}{l} P_{wI} = C p_I A \\ P_{wII} = C p_{II} A \end{array}\right\} \tag{2-16}$$

式中　P_{wI}——作用在起重机上的工作状态正常风载荷(N);

　　　　P_{wII}——作用在起重机上的工作状态最大风载荷(N),是起重机在正常工作状态下能够承受的最大风载荷;

　　　　C——风力系数,如表 2-19 所示,规范对此有详细说明;

　　　　p_I、p_{II}——工作状态计算风压,见表 2-18;

　　　　A——起重机构件垂直于风向的实体迎风面积(m²)。

A 由下式确定:

$$A = A_0 \varphi$$

式中　A_0——构件迎风面的外形轮廓面积(m²);

　　　　φ——结构迎风面充实率。

表 2-19　风力系数 C

类型	说　明		空气动力长细比 l/b 或 l/D					
			$\leqslant 5$	10	20	30	40	$\geqslant 50$
单根构件	轧制型钢、矩形型材、空心型材、钢板		1.30	1.35	1.60	1.65	1.70	1.90
	圆形型钢构件	$Dv_s < 6\ \mathrm{m^2/s}$	0.75	0.80	0.90	0.95	1.00	1.10
		$Dv_s \geqslant 6\ \mathrm{m^2/s}$	0.60	0.65	0.70	0.70	0.75	0.80
	箱型截面构件，大于 350 mm 的正方形和 250 mm ×450 mm 的矩形	$b/d \geqslant 2$	1.55	1.75	1.95	2.10	2.20	—
		$b/d \geqslant 1$	1.40	1.55	1.75	1.85	1.90	
		$b/d \geqslant 0.50$	1.00	1.20	1.30	1.35	1.40	
		$b/d \geqslant 0.25$	0.80	0.90	0.90	1.00	1.00	
单片平面桁架	直边型钢桁架结构		1.70					
	圆形型钢桁架结构	$Dv_s < 6\ \mathrm{m^2/s}$	1.20					
		$Dv_s \geqslant 6\ \mathrm{m^2/s}$	0.80					
机器房等	地面上或实体基础上的矩形外壳结构		1.10					
	空中悬置的机器房或平衡重等		1.20					

注：① 单片平面桁架式结构上的风载荷可按单根构件的风力系数逐根计算后相加，也可按整片方式选用直边型钢或圆形型钢桁架结构的风力系数进行计算；当桁架结构由直边型钢和圆形型钢混合制成时，宜根据每根构件的空气动力长细比和不同气流状态[$Dv_s < 6\ \mathrm{m^2/s}$ 或 $Dv_s \geqslant 6\ \mathrm{m^2/s}$，$D$ 为圆形型钢直径，单位为 m(米)]，采用逐根计算后相加的方法 。

② 除了本表提供的数据之外，由风洞试验或者实物模型试验获得的风力系数值，也可以使用。

对形状复杂的挡风结构，可分解成几何形状规则的组成部分，结构上总的风载荷等于其各个组成部分的风载荷之和。

② 当风向与挡风结构物表面呈一个角度 θ 时，挡风结构物表面的风载荷由下式计算：

$$\left. \begin{array}{l} P_{\mathrm{W \ I}} = Cp_{\mathrm{I}} A \sin^2 \theta \\ P_{\mathrm{W \ II}} = Cp_{\mathrm{II}} A \sin^2 \theta \end{array} \right\} \tag{2-17}$$

多片结构的总迎风面积应考虑挡风效应，从第二片开始迎风面积作折减计算，方法见规范和相关设计手册。

5）作用在吊运物品上的风载荷计算

作用在吊运物品上的风载荷由下式计算：

$$\left. \begin{array}{l} P_{\mathrm{WQ \ I}} = 1.2 p_{\mathrm{I}} A_{\mathrm{Q}} \\ P_{\mathrm{WQ \ II}} = 1.2 p_{\mathrm{II}} A_{\mathrm{Q}} \end{array} \right\} \tag{2-18}$$

式中　P_{wQI} ——作用在吊运物品上的工作状态正常风载荷(N)；

　　　P_{wQII} ——作用在吊运物品上的工作状态最大风载荷(N)；

　　　A_Q ——吊运物品的最大迎风面积(m^2)。

4. 雪和冰载荷

在某些地区,设计起重机应考虑雪和冰载荷,也应考虑冰、雪积结引起的结构受风面积的增大。

2.3.5　特殊载荷的计算

特殊载荷是指在起重机非正常工作或不工作时的特殊情况下才发生的载荷,包括:由起重机试验引起的载荷,非工作状态风力,由缓冲器碰撞、起重机发生倾覆、起重机意外停机、传动机构失效、起重机基础受到外部激励(如地震)等引起的载荷。

抗疲劳计算中不考虑这些载荷。

1. 非工作状态风载荷

起重机非工作状态风载荷 P_{wIII} 是起重机在不工作时能够承受的最大风力,按下式计算:

$$P_{wIII} = CK_h p_{III} A \quad (N) \tag{2-19}$$

式中　p_{III} ——非工作状态计算风压(N/m^2),见表 2-20；

　　　K_h ——风压高度变化系数；

　　　C ——风力系数。

表 2-20　非工作状态计算风压与计算风速

地　　区	计算风压 $p_{III}/(N/m^2)$	与 p_{III} 相应的计算风速 $v_s/(m/s)$
内陆	500～600	28.3～31.0
沿海	600～1000	31.0～40.0
台湾省及南海诸岛	1500	49.0

注:① 非工作状态计算风压的取值:内陆的华北、华中和华南地区宜取小值,西北、西南、东北和长江下游等地区宜取大值;沿海以上海为界,上海可取 800 N/m^2,上海以北取小值,以南取大值。在特定情况下,按用户要求,可根据当地气象资料提供的离地 10 m 处 50 年一遇 10 min 时距年平均最大风速来换算得到作为计算风速的 3 s 时距的平均瞬时风速(但不大于 50 m/s)和计算风压 p_{III}。若用户还要求此计算风速超过 50 m/s 时,则可作为非标准产品进行特殊设计。

② 在海上航行的浮式起重机,可取 p_{III} = 1800 N/m^2,但不再考虑风压高度变化,即取 K_h = 1。

③ 沿海地区、台湾省及南海诸岛港口大型起重机抗风防滑系统、锚定装置的设计,所用的计算风速 v_s 不应不小于 55 m/s。

自然风的风速或风压是随离地高度变化的,设离地 10 m 高处的风压为 p,则离地高度为 h 处的风压按下式计算:

$$p_h = \left(\frac{h}{10}\right)^a p \tag{2-20}$$

根据我国的风压统计资料,内陆取 $a=0.20$,沿海或海上取 $a=0.30$。为简化计算,将高度划分为每 10 m 一段,每段的风压值用此段的平均高度计算,据此计算每段的高度变化系数如表 2-21 所示。

表 2-21　风压高度变化系数 K_h

离地(海)面高度 h/m	陆上	海上及海岛	离地(海)面高度 h/m	陆上	海上及海岛
≤10	1.00	1.00	80～90	1.90	1.53
10～20	1.13	1.08	90～100	1.96	1.56
20～30	1.32	1.20	100～110	2.02	1.60
30～40	1.46	1.28	110～120	2.08	1.63
40～50	1.57	1.35	120～130	2.13	1.65
50～60	1.67	1.40	130～140	2.18	1.68
60～70	1.75	1.45	140～150	2.23	1.70
70～80	1.83	1.49	—	—	—

注:计算非工作状态风载荷时,可沿高度划分成 10 m 高的等风压段,以各段中点高度的系数 K_h(即表列数字)乘以计算风压,也可以取结构顶部的计算风压作为起重机全高的定值风压。

非工作状态风载荷与起重机自重载荷组合,用来验算非工作状态下起重机零部件及金属结构的强度、整机抗倾覆稳定性,进行起重机的抗风防滑装置、锚定装置的设计计算和验算。

2. 碰撞载荷

碰撞载荷是指同一运行轨道上两相邻起重机之间碰撞,或起重机与轨道端部缓冲止挡件碰撞时产生的载荷。起重机应设置减速缓冲装置以减小碰撞载荷。

碰撞载荷的计算按刚体模型和动能原理进行,并乘以系数 φ_7 来考虑其弹性效应。当缓冲器具有线性特性(弹簧)时,$\varphi_7=1.25$;当缓冲器具有矩形特性(液压)时,$\varphi_7=1.6$。

3. 试验载荷

起重机投入使用前,应进行静载试验和动载试验。

(1)静载试验载荷　试验时起重机不移动,以 1.25 倍的额定起升载荷作用于最不利位置,平稳无冲击的加载。

(2)动载试验载荷　1.1 倍的额定起升载荷作用于最不利位置,试验时起重机完成各种运动和组合运动,验算时此试验载荷应乘以动载试验载荷起升动载系数 φ_6,且

$$\varphi_6=0.5(1+\varphi_2) \tag{2-21}$$

4. 意外停机引起的载荷

应考虑意外停机瞬间的最不利驱动状态,即意外停机时的突然制动力或加速力

与最不利的载荷组合,计算相应的惯性力并考虑其弹性振动效应。弹性振动系数为 φ_5。

5. 机构失效引起的载荷

在特殊情况下,机构紧急制动对起重机是有效的保护措施,当机构或部件突然失效时,按机构紧急制动情况计算机构的动载荷。

6. 起重机基础受到外部激励引起的载荷

由于地震或其他外部振动波迫使起重机的基础发生振动,对起重机结构引起载荷。只有在外部激励会引起重大危险时(如在核电站使用的起重机)才对这类载荷加以考虑。

2.3.6　金属结构设计的载荷情况与载荷组合

起重机金属结构设计的基本设计方法可以采用许用应力设计法和极限状态设计法。

1. 起重机设计的载荷情况

在进行起重机及其金属结构计算时,应考虑三种基本载荷情况:

① A——无风工作情况;

② B——有风工作情况;

③ C——受到特殊载荷作用的工作情况或非工作情况。

与可能出现的实际使用情况相对应,每种载荷情况中又有若干个可能的具体载荷组合。

2. 起重机设计的载荷组合

1) 起重机无风工作情况的载荷组合

起重机无风工作情况的载荷组合共四种:

① A1——起重机在正常工作状态下,无约束地起升地面的物品,只应与正常操作控制下的其他驱动机构引起的驱动加速力相组合,即起升载荷及其动载效应与其他机构的惯性力及其动载效应组合。

② A2——起重机在正常工作状态下,突然卸除部分起升质量,应按 A1 的驱动加速力组合。

③ A3——起重机在正常工作状态下,悬吊着物品,应考虑悬吊物品及吊具的重力与正常操作控制的其他机构在一连串运动状态中引起的加速力或减速力进行任何的组合。

④ A4——在正常工作状态下,起重机在不平道路或轨道上运行,应按 A1 的驱动加速力组合。

2) 起重机有风工作情况的载荷组合

起重机有风工作情况的载荷组合共五种:

① B1～B4——与 A1～A4 相同,再加上工作状态风载荷及其他气候影响产生的载荷。

② B5——在正常工作状态下,起重机在带坡度的不平轨道上以恒速偏斜运行,有工作状态风载荷及其他气候影响产生的载荷(其他机构不动)。

3) 起重机受到特殊载荷作用的工作情况和非工作情况的载荷组合

① C1——起重机在工作状态下,用最大起升速度无约束地提升地面载荷,例如电动机无约束地起升地面上松弛的钢丝绳,当载荷离地时起升速度达到最大值,其他机构不动。

② C2——起重机在非工作状态下,有非工作状态风载荷及其他气候影响产生的载荷。

③ C3——起重机在动载试验载荷下,提升动载试验载荷,并有试验状态风载荷,与载荷组合 A1 的驱动加速力相组合。

④ C4——起重机带有额定起升载荷,与缓冲碰撞力产生的载荷相组合。

⑤ C5——起重机带有额定起升载荷,与倾覆力产生的载荷相组合。

⑥ C6——起重机带有额定起升载荷,与意外停机引起的载荷相组合。

⑦ C7——起重机带有额定起升载荷,与机构失效引起的载荷相组合。

⑧ C8——起重机带有额定起升载荷,与起重机基础外部激励产生的载荷相组合。

⑨ C9——起重机在安装、拆卸或运输期间产生的载荷组合。

2.3.7　起重机机构设计计算的载荷情况与载荷组合

1. 起重机机械设计的载荷

起重机机械部分所作用的载荷,根据载荷的来源及作用特性,可以分为 P_M、P_R 两种类型。

1) P_M 型载荷

P_M 型载荷是指由电动机驱动转矩或制动器制动转矩所确定的载荷,具体载荷有:

① 由起升质量垂直位移引起的载荷 P_{MQ};

② 由起重机其他的运动部分的质心垂直位移引起的载荷 P_{MG};

③ 与机构加(减)速有关的起(制)动惯性载荷 P_{MA};

④ 与机构传动效率中未考虑的摩擦力相对应的载荷 P_{MF};

⑤ 工作风压作用在起重机结构、机械设备、起升物品上的风载荷 P_{MW}。

2) P_R 型载荷

P_R 型载荷是指与电动机或制动器的作用无关、作用在机构零件上但不能与驱动轴上的转矩相平衡的反作用力性质的载荷,具体载荷有:

① 由起升质量引起的载荷 P_{RQ}；

② 由起重机零部件质量引起的载荷 P_{RG}；

③ 由起重机或其某些部分作不稳定运动时的加（减）速度引起的惯性载荷 P_{RA}；

④ 由最大非工作风压或锚定装置设计用的极限风压引起的风载荷 P_{RW}。

2. 起重机设计计算的载荷情况

起重机机构设计计算考虑以下三种载荷情况：

① 载荷情况 I：无风正常工作情况。

② 载荷情况 II：有风正常工作情况。

③ 载荷情况 III：特殊载荷作用情况。

对每一种情况，应确定一个最大载荷作为计算的依据。

按上述规定确定各项载荷后，组合时再乘以一个增大系数 γ_m' 来考虑由于计算方法不完善和无法预料的偶然因素导致实际出现的应力超出计算应力的某种可能性，该系数的取值与机构工作级别有关，如表 2-22 所示。

表 2-22　增大系数 γ_m'

机构工作级别	M1	M2	M3	M4	M5	M6	M7	M8
γ_m'	1.00	1.04	1.08	1.12	1.16	1.20	1.25	1.30

3. 载荷情况 I 的载荷组合

1）P_M 型载荷

最大组合载荷 $P_{M\max I}$ 按下式计算：

$$P_{M\max I} = (P_{MQ} + P_{MG} + P_{MA} + P_{MF})\gamma_m' \tag{2-22}$$

式中　$P_{M\max I}$——在载荷情况 I 中出现的 P_M 型的最大组合载荷（N）；

　　　P_{MQ}——由起升质量垂直位移引起的载荷（N）；

　　　P_{MG}——由起重机其他的运动部分的质心垂直位移引起的载荷（N）；

　　　P_{MA}——与机构加（减）速有关的起（制）动惯性载荷（N）；

　　　P_{MF}——与机构传动效率中未考虑的摩擦力相对应的载荷（N）；

　　　γ_m'——增大系数，见表 2-22。

式（2-22）中所考虑的并不是每一项载荷最大值的组合，而是在起重机实际工作中可能发生的最不利的载荷组合时所出现的综合最大载荷值。

2）P_R 型载荷

最大组合载荷 $P_{R\max I}$ 按下式计算：

$$P_{R\max I} = (P_{RQ} + P_{RG} + P_{RA})\gamma_m' \tag{2-23}$$

式中　$P_{R\max I}$——在载荷情况 I 中出现的 P_R 型的最大组合载荷（N）；

　　　P_{RQ}——由起升质量引起的载荷（N）；

　　　P_{RG}——由起重机零部件质量引起的载荷（N）；

P_{RA}——由起重机或它的某些部分作不稳定运动时的加(减)速度引起的惯性载荷(N)。

γ'_m——增大系数,见表 2-22。

4. 载荷情况 Ⅱ 的载荷组合

1) P_M 型载荷

最大组合载荷 $P_{Mmax\,Ⅱ}$ 按以下两个组合计算结果中的较大者确定:

① 考虑对应于计算风压 $p_Ⅰ$ 时的风载荷 $P_{MWⅠ}$ 和载荷 P_{MA} 作用的载荷组合,即

$$P_{Mmax\,Ⅱ} = (P_{MQ} + P_{MG} + P_{MA} + P_{MF} + P_{MWⅠ})\gamma'_m \tag{2-24}$$

式中　$P_{Mmax\,Ⅱ}$——在载荷情况 Ⅱ 中出现的 P_M 型的最大组合载荷(N);

　　　$P_{MWⅠ}$——作用在起重机或起升物品上的工作状态风载荷(N);

　　　其余符号与式(2-22)和式(2-24)的相同。

② 考虑对应于计算风压 $p_Ⅱ$ 时的风载荷 $P_{MWⅡ}$ 作用的载荷组合,即

$$P_{Mmax\,Ⅱ} = (P_{MQ} + P_{MG} + P_{MF} + P_{MWⅡ})\gamma'_m \tag{2-25}$$

式中　$P_{MWⅡ}$——作用在起重机或起升物品上的工作状态风载荷(N);

　　　其余符号与式(2-22)和式(2-24)的相同。

2) P_R 型载荷

P_R 型的最大载荷 $P_{Rmax\,Ⅱ}$ 用 P_{RQ}、P_{RG} 和 P_{RA} 与对应于计算风压 $p_Ⅱ$ 时的风载荷 $P_{RWⅡ}$ 组合,按下式确定:

$$P_{Rmax\,Ⅱ} = (P_{RQ} + P_{RG} + P_{RA} + P_{RWⅡ})\gamma'_m \tag{2-26}$$

式中　$P_{Rmax\,Ⅱ}$——在载荷情况 Ⅱ 中出现的 P_R 型的最大组合载荷(N);

　　　$P_{RWⅡ}$——工作风压引起的相应风载荷(N);

　　　其余符号与(2-23)的相同。

5. 载荷情况 Ⅲ 的载荷组合

载荷情况 Ⅲ 为特殊情况载荷组合。

1) P_M 型载荷

P_M 型载荷的最大组合载荷 $P_{Mmax\,Ⅲ}$ 是在具体的操作条件下电动机实际能传递给机构的最大载荷,其值在机构计算中给出。

2) P_R 型载荷

P_R 型载荷的最大组合载荷可以取为 2.3.6 节所述载荷情况 C2 给出的载荷,由下式计算:

$$P_{Rmax\,Ⅲ} = P_{RG} + P_{RWⅢ\,lmax} \tag{2-27}$$

式中　$P_{Rmax\,Ⅲ}$——在载荷情况 Ⅲ 中出现的 P_R 型的最大组合载荷(N);

　　　P_{RG}——由起重机零部件质量引起的相应载荷(N);

　　　$P_{RWⅢ\,max}$——非工作风压引起的相应最大风载荷(N)。

2.4 起重机械的驱动装置

驱动装置是指起重机械中用来驱动工作机构的动力设备。驱动装置是起重机械最重要的组成部分之一,它在很大程度上决定了起重机械的工作性能和构造特点。它的自重和成本,对起重机械的经济指标也有着重大的影响。因此在设计起重机械时,合理地选择驱动装置的形式,便成为重要问题之一。

在选择起重机械的驱动形式时,首先应该分析该起重机械给定的工作条件和要求,然后提出几种可能的驱动方案作比较,最后确定的驱动方案应当在满足主要要求的前提下,力求做到构造紧凑、自重小、效率高、操作方便、维修简便、价格低。

现代起重机械采用的驱动形式有人力驱动、电力驱动、内燃机驱动和复合驱动等,以电力驱动最为普遍。

根据原动机与工作机构之间的关系,可以分为集中驱动和分别驱动。

集中驱动的起重机械由一台原动机经过机械传动装置驱动几个工作机构,原动机为内燃机或电动机,每个工作机构所需的动力通过操纵式摩擦离合器、电磁离合器、液力传动装置等传递。汽车式起重机、轮胎式起重机等流动起重机械多采用集中驱动。分别驱动的起重机械的每个工作机构都由独立的原动机驱动,原动机一般为电动机、液压马达、液压缸或气缸。

分别驱动的每个工作机构的运动都能独立调节,分组性好,布置、安装及维修均较方便,结构变形对驱动装置的影响较小,虽然其原动机的总功率较集中驱动大,增加了原动机、传动装置等成套设备,但仍获得了广泛的应用。桥式起重机、门式起重机、装卸桥、门座起重机、塔式起重机等大多数起重机械一般都采用分别驱动。

现代起重机最普遍的驱动方式是电力驱动,本节主要介绍电力驱动。

2.4.1 电力驱动概况

电力驱动在起重机械中得到了最普遍的应用,这是因为电力驱动有一系列的优点:① 电力是最普遍而经济的一种能量源;② 起重机械各工作机构可以通过电动机实现分别驱动,从而使机械传动系统大为简化,操纵及维修方便,可调速,可换向,可带载起动,短时过载能力强,便于制动器的装设和操纵,也便于装设安全保护设备及联锁装置,有利于机构工作的安全可靠;③ 对环境无污染。因此,电力驱动不仅对于作业范围有限、行驶路线不变的有轨运行式起重机械是最主要的驱动形式,而且不经常变更作业地点的流动起重机械如轮胎式起重机、履带式起重机、浮式起重机等,也大多采用自装柴油机带动发电机供电或依靠岸电供电,实现电力驱动。

电力驱动的起重机械一般采用起重冶金用系列电动机,包括起重冶金用交流异步电动机和起重冶金直流电动机。与一般工业用的连续运转电动机相比,起重冶金系列电动机具有起动力矩大、转子转动惯量小、过载能力强、机械强度高等特点,以适应起重机械间歇动作、重复短暂的工作要求。

　　起重冶金交流异步电动机分为绕线转子电动机和笼型电动机两种。绕线转子电动机 YZR 系列是起重机械使用最广泛的一种电动机,由于它在转子电路中串入的附加电阻可以根据需要调节,因此起动电流通常不超过额定电流的 2.5 倍,而且也便于调速,但调速范围有限。YZ 系列笼型电动机构造简单,使用方便,价格也较低,但存在起动电流大(可达额定电流的 4~6 倍)、调速性能差,不能承受较频繁的起动等缺点,通常只限于在中小容量、工作不频繁、起动次数不多、没有调速要求的工作性机构或非工作性机构中采用。在笼型电动机与工作机构之间装设液力联轴器可以改造其驱动特性,使之在一定程度上适应起重机械的工作特点。

　　起重机械用的直流电动机,一般小容量选用 ZZY 系列,大中容量选用 ZZJ0 系列。直流电动机的主要优点是调速范围大,过载能力强,机械特性能更好地适应起重机械的工作要求,但是由于一般作业场所缺乏直流电源,需另外装设整流设备,而且直流电动机与同容量的交流异步电动机相比,自重、体积较大,价格、维护费用较高,因此,除了特别重要的和要求在较大范围内平滑调速的起重机械的工作机构,如造船用的门座起重机、浮式起重机的起升机构外,一般都不采用直流电动机。

　　起重冶金专用电动机机械部分的强度和刚度设计得足够大,所以电动机的选择主要是电动机热容量的选择。热容量选择包括发热和过载能力校验。发热校验是校验电动机在工作一段时间后电动机绕组的温升是否超过规定的允许温升;过载能力校验是校验电动机克服机构在短时间内可能出现较大工作载荷的能力。发热校验比较复杂,它与电动机工作制、机构负荷变化情况以及电动机接电持续率等有关。

2.4.2　电动机的工作制

　　电动机绕组的发热及冷却状况与电动机是否连续通电有关,在非连续通电情况下则与通电持续及不通电长短有关。这种与通电连续程度有关的工作情况称为电动机的工作制。按我国旋转电动机相关技术标准,电动机工作制分为十种,以 S1~S10 标记。其中连续工作制(S1)是基本的,与起重机机构有关的为短时工作制(S2)、断续周期工作制(S3)、考虑起动电流影响的断续工作制(S4)。

　　这四种工作制的主要特性如下。

1. 连续工作制

　　电动机在恒定负荷下连续运行至绕组达到稳定温升,这种工作状态称为电动机的连续工作制(S1),其发热曲线见图 2-5a 的曲线 P_1。从图可见,当电动机通电之后绕组温升按指数曲线上升,随着电动机运行时间的延长,温升逐步接近于稳定值,在稳定温升下电动机发出的热量基本上等于电动机向周围介质中散出的热量。对同一台电动机,负荷越大,稳定温升就越高。稳定温升不应高于该电动机绕组允许的温升,这就是这种电动机热容量选择的依据。当电动机在空气中冷却时,各级绝缘等级允许温升如表 2-23 所示。长期运行的电动机只要实际功率小于电动机的允许功率,热容量就满足要求,每种规格电动机的允许功率在铭牌上均有标明,因此,这种电动机选择很简单。连续工作制电动机的允许功率由试验确定。

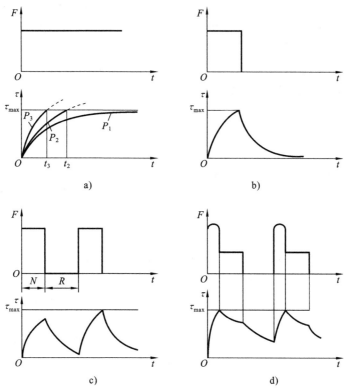

图 2-5　各种工作制电动机的温升曲线

a) S1　b) S2　c) S3　d) S4

表 2-23　电动机绕组绝缘等级的允许温升

绝缘等级	A	E	B	F	H
允许温升/℃	60	70	80	100	125

2. 短时工作制

图 2-5a 的 P_1、P_2、P_3 三条曲线表示同一台电动机在不同功率下长期连续运行时的温升曲线,$P_1 < P_2 < P_3$。若电动机的允许温升为 $\tau_{\max}$,那么从图可见:这台电动机能够以功率 P_1 长期连续运行;若电动机运行时间达 t_2 之后长时间停歇,以使电动机绕组的温度能够降到与周围介质温度相同,那么同一台电动机的允许功率为 P_2,$P_2 > P_1$;若运行时间缩短为 t_3,允许功率可提高到 P_3。以上情况说明了短时工

作制(S2)电动机的工作特点。显然,同一规格电动机在短时工作制下运行时允许的功率比连续工作制时的大,运行时间越短,允许功率越大。短时工作制电动机的选择也很简单,只要使实际需要的功率小于电动机在规定短期运转时间下的允许功率即可。短时工作制电动机允许功率在电动机产品目录上也有标注(在一定运行时间内)。和连续工作电动机一样,这种电动机的允许功率是通过试验得到的,通常为 10 min、30 min、60 min、90 min 等几种。短时工作制的温升曲线如图 2-5b 所示。

3. 断续周期工作制

断续周期工作制(S3)的特点是,电动机经较短时间恒负荷运行后,有一段停歇时间,但停歇时间不长,以至于绕组还未冷却至周围介质温度,电动机又开始恒负荷运行,以后就周而复始这种断断续续的运行。在这种运行方式下,设起动电流对电动机绕组的温升无明显影响,电动机的温升曲线如图 2-5c 所示。从图可见,这种工作制下电动机的允许功率在连续工作制和短时工作制之间。

4. 考虑起动电流影响的断续周期工作制

考虑起动电流影响的断续周期工作制(S4)与 S3 类似,但在每段负荷运行的起动时间内,起动电流对电动机温升有较大影响,必须给予考虑。这一工作制的温升曲线如图 2-5d 所示。

S3、S4 下工作的电动机,一个循环时间包括一次运行和一次停歇,时间一般在 10 min 以内。显然,在相同循环时间下,运行时间占循环时间的比率越大,同一电动机的允许功率越小。这个时间比率称为接电持续率,通常用百分数表示,符号 $JC(\%)$。

起重机起升机构的负荷特点是,起动时间较短(1 s 左右),只占等速运动时间很小的比例,起动时惯性载荷较小,只有满载起升静力矩的 $10\% \sim 20\%$,电动机平均起动转矩为电动机额定转矩的 $1.3 \sim 1.6$ 倍,而且远小于电动机的堵转转矩,因此起升机构电动机的工作制可以认为是 S3。

起重机运行和回转机构的负荷情况与起升机构有较大的差别。这两个机构的静阻力矩都较小,通常只有电动机额定转矩的一半左右。由于低速部分的惯量远大于电动机转子的惯量,为了加大这些惯量,平均起动转矩倍数比较大,最大起动转矩接近电动机的堵转转矩。运行、回转机构的起动时间较长(5~10 s),在有些情况下,起动时间约为等速运动时间的一半。这些特点说明,起动电流对电动机的发热影响较大,所以,运行和回转机构电动机的工作制为 S4。

与 YZR 和 YZ 系列起重冶金用绕线转子异步电动机相关的工作制有 S2、S3、S4 三种类型,以 40% 负载持续率的 S3 工作制为基准工作制。

2.4.3　电动机发热校验

电动机发热校验的方法很多,对不同的工作机构,采用的校验方法也不同。本节简要介绍稳态负载系数法和等值损耗法。

1. 稳态负载系数法

稳态负载系数法适合于采用绕线转子异步电动机的机构。其校验条件是:所选电动机的额定功率不小于机构的稳态平均功率,用下式表示:

$$P_n \geqslant P_s = GP_0 \tag{2-28}$$

式中　P_n——所选电动机在相应的 CZ 值和 JC 值下的额定功率;

　　　G——平均稳态负载系数;

　　　P_s——机构的稳态平均功率;

　　　P_0——机构的计算功率,对起升和运行机构是稳态功率,对回转和变幅机构是等效功率。

JC 值和 CZ 值是电动机发热校验中的两个重要指标。

1) JC 值

JC 值是指电动机在一个工作循环中通电时间与整个工作循环时间之比,称为接电持续率,通常以百分数表示,分为 15%、25%、40%、60% 四级,个别机构电动机的 JC 值可能超过 60%。JC 值是短期积累效应。机构利用等级是一种长期积累效应,是指设计寿命期内的总使用时间,是用来计算机构零件疲劳寿命或磨损的。机构工作级别与 JC 值的对应关系如表 2-24 所示,可供参考。

表 2-24　JC 值与机构工作级别的对应关系

$JC/\%$	15	25	40	60
机构工作级别	M1~M3	M4~M5	M6	M7~M8

2) CZ 值

CZ 值是表示电动机工作繁重程度的一个综合参数。C 是电动机转子转动惯量与机构总转动惯量之比,即

$$C = \frac{J_0}{J_\Sigma} \tag{2-29}$$

式中　J_0——电动机转子的转动惯量($\mathrm{kg \cdot m^2}$);

　　　J_Σ——机构总转动惯量($\mathrm{kg \cdot m^2}$)。

Z 是计算的电动机开动次数,要考虑电动机点动的影响,用如下经验式计算:

$$Z = d_c + g d_i + r f$$

式中　Z——折合的电动机每小时开动次数;

　　　d_c——每小时的全开动次数;

　　　d_i——每小时点动次数;

　　　f——每小时电气制动次数;

　　　r、g——经验系数,按表 2-25 选择。

表 2-25　经验系数 r、g 的选择

系数	绕线转子异步电动机	笼型异步电动机
g	0.25	0.5
r	0.80	3.0

如果有足够的数据,就可以按上述公式计算 JC 值和 CZ 值。

2. 等值损耗法

电动机在 S3 工作制下运行的热容量是比较容易确定的,因为 S3 工作制是由一系列相同的工作周期组成,而每一周期又包括一段恒负荷运行和一段停机时间,起动电流对温升的影响可以忽略不计。冶金起重专用电动机 YZR 系列是以 S3 工作制为基准工作制,也就是以 S3 工作制为基准进行设计的。所以将电动机在 S3 工作制和标准接电持续率下每小时起动 6 次的允许功率 P_t 定为基准功率。等值损耗法就是使同一型号电动机在 S3 工作制和 S4 工作制下的损耗相等(同时考虑散热条件的不同),算出各型号电动机在 S4 工作制下的允许功率 P_{4t},很明显,$P_{4t}<P_t$。若写成 $P_{4t}=XP_t$,则 $X<1$,X 称为功率降低系数,X 可以根据热量等效的原理计算出来,并可以由电动机生产厂家做成产品性能表,在表中提供 S4 工作制下的允许功率 P_{4t},只要机构所需的稳态功率 P_s 小于所选电动机在相应 JC 值和工作制下的允许功率,电动机的发热校验就通过了。

对于起升机构,因为其电动机的工作制接近 S3 工作制,计算出机构静功率值后,从电动机产品目录中选择相应 JC 值的电动机,使所选的电动机在 $CZ=6$ 时的基准功率与计算的静功率接近,一般就不必进行发热校验。但当起升机构的实际接电持续率已知且与标准接电持续率不一致时,就从产品目录中选择一个与实际接电持续率最接近的电动机,使其额定功率 P_n 满足下式:

$$P_n \geqslant P_{st}\sqrt{\frac{(JC)_p}{JC}} \tag{2-30}$$

式中　$(JC)_p$——机构实际的接电持续率(%);

　　　P_{st}——计算的机构静功率。

对于运行、回转机构电动机初选之后必须按上述方法进行发热校验,具体计算公式可见第 5 章、第 6 章的相关内容。

2.5　零件强度的计算

2.5.1　计算原则

机械零件(也包括部件)强度计算也称为承载能力校验,其内容一般分为静强度计算和寿命计算两大类型。

　　静强度计算包括脆性断裂、塑性变形、屈服、压杆稳定性、高速运转轴的临界转速、整机稳定性计算等内容。起重机零部件和机构构件都要经过强度计算或验算。

　　寿命计算包括承受循环应力作用的零件疲劳强度或寿命计算，摩擦副零件的耐磨损计算、电动机的发热校验等内容，这类计算与载荷作用的时间有关。

　　承载能力计算的一般过程和内容为：确定计算载荷，计算构件内力，计算危险截面的应力，确定构件的极限应力和许用应力，比较计算应力与许用应力以判定零件的安全性。承载能力计算的结果是否可信，在很大程度上取决于计算载荷的确定是否准确合理。

2.5.2　传动零件的计算载荷

　　起重机传动零件的载荷一般分为两类：一是与用电动机驱动力矩或制动器制动力矩直接有关的载荷，用零件所在轴的力矩表示；二是直接由外载荷引起的载荷，且不能为驱动力矩所平衡。本节主要介绍前一类载荷。

1. 疲劳计算基本载荷

1）运行和回转机构

　　运行和回转机构属于惯性载荷占比例较大的机构，其零件在机构起动或制动时承受较大的惯性载荷，其疲劳计算基本载荷 $M_{\text{I max}}$ 确定为机构起动惯性力矩和静阻力矩之和。对电动机驱动的机构，零件的疲劳计算基本载荷为

$$M_{\text{I max}} = \varphi_8 M_{\text{n}} \tag{2-31}$$

式中　M_{n}——电动机额定力矩传递到计算零件的计算力矩（N·m）；

　　　φ_8——刚性动载系数，与电动机驱动特性和计算零件两侧的转动惯量之比有关，一般 $\varphi_8 = 1.2 \sim 2.0$。

2）起升和非平衡变幅机构

　　制动器以后的零件承受惯性载荷较小，其疲劳计算基本载荷为

$$M_{\text{I max}} = \varphi_6 M_{\text{Q}} \tag{2-32}$$

式中　M_{Q}——计算零件承受的由起升载荷引起的静力矩（N·m）；

　　　φ_6——动载试验载荷起升动载系数，见式（2-21）。

　　电动机与制动器之间的其他零件的疲劳计算基本载荷为

$$M_{\text{I max}} = (1.3 \sim 1.4) M_{\text{n}} \tag{2-33}$$

3）平衡变幅机构

　　平衡变幅机构中承受惯性载荷较小的零件，其疲劳计算基本载荷取为零件承受的等效变幅阻力矩，其他零件按（2-33）计算。

2. 工作最大载荷

　　工作最大载荷 $M_{\text{II max}}$ 用来计算零件的静强度。

1）运行和回转机构

机构的工作最大载荷取为机构起动或制动时计算零件所承受的的最大振动载荷，即

$$M_{\mathrm{II}\,\max} = \varphi_5\,\varphi_8\,M_n \tag{2-34}$$

式中　φ_5——考虑弹性振动的力矩增大系数，突然起动的机构 $\varphi_5 = 1.5 \sim 1.7$，平稳起动的机构 $\varphi_5 = 1.1 \sim 1.5$。

2）起升和非平衡变幅机构

对于承受惯性载荷较小的零件，有

$$M_{\mathrm{II}\,\max} = \varphi_2 M_Q \tag{2-35}$$

对于电动机与制动器之间的其他零件，有

$$M_{\mathrm{II}\,\max} = (2.0 \sim 2.5)M_n \tag{2-36}$$

3）平衡变幅机构

承受惯性载荷较小的零件，其工作最大载荷取为最大变幅阻力或阻力矩，其他零件按（2-36）计算。

3. 非工作最大载荷

非工作最大载荷由非工作状态最大风载荷和设备自重组合来确定，用来验算零部件的强度，验算非工作状态整机稳定性。

2.5.3　传动零件应力循环次数的计算

在进行传动零件疲劳强度计算时，需要计算在要求的设计寿命内的应力循环次数，零件的总应力循环次数与机构工作级别、应力作用类型、零件工作转速等因素有关，其一般计算式为

$$N = FZ \tag{2-37}$$

式中　N——零件的总应力循环次数；

　　　F——每小时的应力循环次数；

　　　Z——零件总设计寿命（h），由机构使用等级确定。

每小时的应力循环次数 F 可按以下两种情况计算：

① 应力循环次数仅与工作循环数有关的传动零件，有

$$F = K_a S_p \tag{2-38}$$

式中　S_p——每小时内的工作循环数；

　　　K_a——零件在每一工作循环中经受的应力循环次数。

② 应力循环次数与转速有关的零件，有

$$F = \frac{60 n_m k_b}{i_m} \tag{2-39}$$

式中　n_m——电动机的转速（r/min）；

i_m——从电动机到计算零件的传动比；

k_b——零件每旋转一周发生的应力循环次数。

2.5.4　零件疲劳计算的等效载荷

零件疲劳计算的等效载荷是进行零件疲劳计算时作用在零件上的恒定载荷，即

$$M_{eq}=k_m k_n M_{I\,max} \tag{2-40}$$

式中　k_m——载荷系数；

k_n——循环次数系数。

k_m、k_n 按下式计算：

$$k_m=\sqrt[m]{K_m} \tag{2-41}$$

$$k_n=\sqrt[m]{\frac{N}{N_0}} \tag{2-42}$$

式中　N_0——基本应力循环次数，$N_0=10^7$。

当 $N>N_0$ 时，m 以 $2m$ 代替；当 $k_m k_n>1$ 时，取 $k_m k_n=1$。

2.5.5　许用应力

起重机零件的强度计算目前仍然采用许用应力法的设计准则，其强度判据是零件危险截面上的最大工作应力不超过许用应力。

1. 静强度计算的许用应力

按载荷情况 Ⅱ 或载荷情况 Ⅲ 进行静强度计算，零件静强度破坏有屈服变形（即永久变形）和脆性断裂两种。对大多数零件来说，如果产生了永久变形就不能保证正常工作。对于塑性材料制成的零件，应当控制最大应力小于材料的屈服极限，并有一定的安全裕度。对于脆性材料制成的零件，在断裂前没有明显的塑性变形，当最大应力达到材料的强度极限时，零件就脆断，因此其极限应力确定为材料的强度极限，并要求更大的安全裕度。

静强度计算的校核公式如下：

当钢材的屈服极限与强度极限之比小于 0.7 时，按塑性材料计算，即

$$\sigma\leqslant[\sigma]=\frac{\sigma_s}{n_s} \tag{2-43}$$

当屈服极限与强度极限之比大于 0.7 时，按脆性材料计算，即

$$\sigma\leqslant[\sigma]=\frac{\sigma_b}{n_b} \tag{2-44}$$

式中　σ——零件危险截面的最大计算应力；

σ_s、σ_b——零件材料的拉伸屈服极限和强度极限；

n_s、n_b——与屈服极限、强度极限及其载荷情况相对应的安全系数。

安全系数 n_s、n_b 如表 2-26 所示。对灰铸铁，n_b 增加 25%。

表 2-26　安全系数 n_s 和 n_b

载荷情况	n_s	n_b
Ⅰ 和 Ⅱ	1.48	2.2
Ⅲ	1.22	1.8

机械零件危险点的计算应力按通常的材料力学方法计算，对复合应力按强度理论合成。

若危险点的计算应力 σ 满足以下关系，则认为零件满足强度条件，不会发生静强度破坏：

纯拉伸，$1.25\sigma_t \leqslant [\sigma]$，$\sigma_t$ 为计算拉伸应力；

纯压缩，$\sigma_c \leqslant [\sigma]$，$\sigma_c$ 为计算压缩应力；

纯弯曲，$\sigma_f \leqslant [\sigma]$，$\sigma_f$ 为计算弯曲应力；

拉伸与弯曲复合，$1.2\sigma_t + \sigma_f \leqslant [\sigma]$；

压缩与弯曲复合，$\sigma_c + \sigma_f \leqslant [\sigma]$；

纯剪切，$\sqrt{3}\tau \leqslant [\sigma]$；

拉伸、弯曲和剪切复合，$\sqrt{(1.25\sigma_t + \sigma_f)^2 + 3\tau^2} \leqslant [\sigma]$；

压缩、弯曲与剪切复合，$\sqrt{(\sigma_c + \sigma_f)^2 + 3\tau^2} \leqslant [\sigma]$。

2. 机械零件的疲劳计算和疲劳许用应力

机械零件的疲劳强度由零件材料、几何形状、表面质量、尺寸、应力集中因素、循环应力的应力比、零件的应力谱、应力循环次数等多种因素确定。一般情况下，机械零件的疲劳强度要从材料或零件的应力、疲劳循环特性及其相关规律中得出。机械零件疲劳设计的常规方法是以材料的光滑试样在交变拉伸载荷作用下的疲劳极限为基础，并考虑零件的几何形状、表面质量状况、腐蚀状态，尺寸等因素对疲劳强度降低的影响来确定零件的疲劳强度。

零件疲劳强度计算使用的是载荷情况 Ⅰ 的组合，其疲劳强度计算公式为

$$\left.\begin{array}{r}\sigma \leqslant [\sigma_r] \\ \tau \leqslant [\tau_r]\end{array}\right\} \tag{2-45}$$

式中　σ、τ——根据载荷情况 Ⅰ 计算的零件最大计算应力；

$[\sigma_r]$、$[\tau_r]$——对应于循环特征 r 的疲劳许用应力。

$[\sigma_r]$、$[\tau_r]$ 由下式确定：

$$\left.\begin{array}{r}[\sigma_r] = \sigma_r/n_r \\ [\tau_r] = \tau_r/n_r\end{array}\right\} \tag{2-46}$$

式中　n_r——疲劳安全系数。

n_r 由下式确定：

$$n_r = 3.2^{\frac{1}{C}} \qquad (2\text{-}47)$$

式中　C——对数疲劳曲线的斜率，如图 2-6 所示，$C = \tan\varphi$，反映了应力谱系数 K_s 的值。

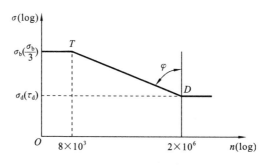

图 2-6　对数疲劳寿命曲线

σ_r、τ_r 为零件的拉压、剪切疲劳强度，其确定方法如下：

对一个已知的机械零件，与其工作级别 j 相应的拉压、剪切疲劳强度为

$$\left.\begin{array}{l} \sigma_r = 2^{\frac{8-j}{C}}\sigma_d \\[2mm] \tau_r = 2^{\frac{8-j}{C}}\tau_d \end{array}\right\} \quad j = 1 \sim 8 \qquad (2\text{-}48)$$

式中　σ_d、τ_d——机械零件的疲劳极限。

对于正应力、交变应力，有

$$\sigma_d = \frac{5}{3-2r}\sigma_{wr}, \quad -1 \leqslant r < 0 \qquad (2\text{-}49)$$

式中　σ_{wr}——机械零件在交变载荷（$r = -1$）下的拉伸、压缩、弯曲作用下的疲劳极限。

对于正应力、脉动应力，有

$$\sigma_d = \frac{\dfrac{5}{3}\sigma_{wr}}{1 - \left(1 - \dfrac{\dfrac{5}{3}\sigma_{wr}}{\sigma_b}\right)r}, \quad 0 \leqslant r \leqslant 1 \qquad (2\text{-}50)$$

式中　σ_{wr} 的意义与式（2-49）相同。

对于剪切应力、交变应力，有

$$\tau_d = \frac{5}{3-2r}\tau_{wr}, \quad -1 \leqslant r < 0 \qquad (2\text{-}51)$$

式中　τ_{wr}——机械零件在交变载荷（$r = -1$）下的扭转剪切疲劳极限。

对于剪切应力、脉动应力，有

$$\tau_d = \frac{\frac{5}{3}\tau_{wr}}{1 - \left(1 - \frac{\frac{5}{3}\sqrt{3}\tau_{wr}}{\sigma_b}\right)r}, \quad 0 \leqslant r \leqslant 1 \qquad (2\text{-}52)$$

式中　τ_{wr} 的意义与式(2-51)的相同。

σ_{wr} 的计算式如下：

$$\sigma_{wr} = \frac{\sigma_{bw}}{K_s K_d K_u K_c} \qquad (2\text{-}53)$$

式中　K_s、K_d、K_u、K_c——考虑机械零件形状、尺寸、表面加工质量和腐蚀状态影响的降低系数。

τ_{wr} 的计算式如下：

$$\tau_{wr} = \frac{\tau_w}{K_s K_d K_u K_c} \qquad (2\text{-}54)$$

式中　K_s、K_d、K_u、K_c 的意义与式(2-53)的相同。

对纯剪切应力作用情况,取纯剪切疲劳极限

$$\tau_{wr} = \tau_w \qquad (2\text{-}55)$$

σ_{bw} 为抛光试件在交变旋转弯曲作用下的疲劳极限($r=-1$),对常用碳钢,由下式给出：

$$\sigma_{bw} = 0.5\sigma_b \qquad (2\text{-}56)$$

τ_w 为抛光试件在交变剪切(纯剪切或扭转)作用下的疲劳极限($r=-1$),由下式给出：

$$\tau_w = \frac{\sigma_{bw}}{\sqrt{3}} \qquad (2\text{-}57)$$

已知零件材料的 σ_b 后,根据上述公式,逐个回代,即可求得 $[\sigma_r]$ 和 $[\tau_r]$,从而可利用式(2-45)校核零件的疲劳强度。

第3章 起重机专用零部件

3.1 钢丝绳

钢丝绳是由多层钢丝捻绕成股,再以绳芯为中心,由一定数量的股捻绕成螺旋状的绳。钢丝绳具有强度高、质量小、运行平稳无噪声(速度不受限制)、卷绕性好、弹性较好、耐冲击、极少出现骤然断折、使用可靠等优点,广泛用于机械、造船、采矿、冶金、林业、建筑、水产及农业等各个方面。

钢丝绳是起重机的重要零件之一,在起重作业中应用比较广泛,用于起升机构、变幅机构、牵引机构(见图 3-1),有时也用于回转机构(见图 3-2),起重机系扎物品也采用钢丝绳(见图 3-3)。此外钢丝绳还用作桅杆式起重机的桅杆张紧绳、缆索起重机与架空索道的支承绳等。

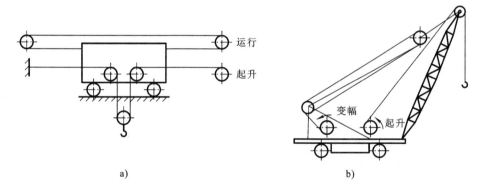

图 3-1 钢丝绳的应用

a) 牵引机构　b) 提升机构

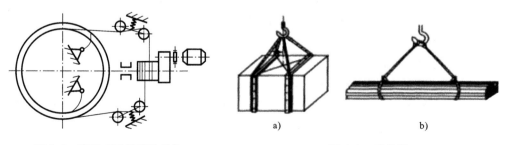

图 3-2 牵引式回转驱动机构

图 3-3 系物绳

a) 立方体物品　b) 长条物品

3.1.1　钢丝绳的构造及分类

1. 钢丝绳的构造

钢丝绳是由经过特殊处理的钢丝捻制而成。常用的钢丝绳是由六束绳股和一根绳芯(一般为麻芯)捻成,如图 3-4 所示。

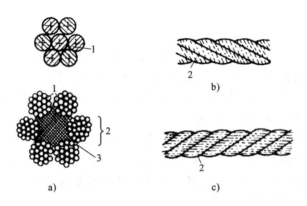

图 3-4　钢丝绳构造

a)钢丝绳横截面　b)交互捻钢丝绳　c)同向捻钢丝绳

1—钢丝　2—股　3—绳芯

1)钢丝

钢丝绳起到承受载荷的作用,其性能主要由钢丝决定。钢丝是碳素钢或合金钢通过多次冷拉而成的圆形(或异形)截面丝材,具有很高的强度和很好的韧性,并根据使用环境条件不同对钢丝进行了表面处理。

钢丝的韧性用钢丝的耐弯折次数度量,分为三级。特级用于重要场合,如载客电梯和浇注起重机;一级用于一般起重机的各工作机构;二级用于次要场合,如捆绑物品的系物绳和张紧绳等。

2)绳芯

绳芯用来增加钢丝绳弹性和韧性、润滑钢丝、减少摩擦,提高使用寿命。常用绳芯有机纤维(如麻、棉)、合成纤维、石棉芯(高温条件)或软金属等材料。

2. 钢丝绳的分类

按其构造和制造工艺的不同,钢丝绳有多种分类方法。

1)根据钢丝绳的捻绕次数分类

(1)单绕绳　若干层钢丝绕钢芯绕制,只有一股。点接触单绕绳强度高,挠性差,僵性阻力大,不宜用作起重绳,可以作为桅索、拉索、架空索道和缆索起重机的承载绳,如图 3-5a 所示。

图 3-5b 所示的封闭式面接触钢丝绳也是一种单绕绳,它只有一股,为了抵消扭

图 3-5　单绕钢丝绳横截面

a) 点接触　b) 封闭式面接触

转趋势,外层钢丝的捻绕方向与内层相反。这种单绕封闭绳有封闭光滑的外表面,耐磨,雨水也不易侵入内部。它常用于缆索起重机与架空索道,作为支承绳,运行小车的带槽车轮在它上面行走。

（2）双绕绳　由钢丝捻绕成股后再由股围绕绳芯捻绕成绳。常用的绳芯为麻芯,高温作业宜用石棉芯或软钢丝捻绕成的金属芯。制绳前绳芯浸涂润滑油,可减少钢丝间互相摩擦所引起的损伤。双绕绳挠性较好,制造简便,应用最广。

（3）三绕绳　把双绕绳作为股,再由股捻绕成绳。它挠性特别好,但由于制造复杂,并且钢丝相对较细,容易磨损折断,故在起重机中不采用。

2）根据股的构造分类

（1）点接触钢丝绳　点接触钢丝绳也称普通钢丝绳,如图 3-6a 所示。它采用等直径钢丝捻制,由于各层钢丝的捻距不等,各层钢丝与钢丝之间形成点接触。为了使各层钢丝有稳定的位置,内外各层的钢丝捻距不同,互相交叉,接触在交叉点上,这就使得钢丝绳的钢丝在反复弯曲时易于磨损折断。为了使各层钢丝受力均匀,取各层的螺旋角大致相同。图 3-7 所示为常用的两种点接触钢丝绳的股。19 丝的股钢丝较粗,比较耐磨耐蚀,应用最多;37 丝的股挠性较好,常用于电动葫芦。

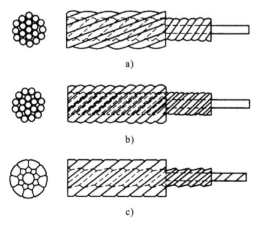

图 3-6　点、线、面接触的钢丝绳

a) 点接触　b) 线接触　c) 面接触

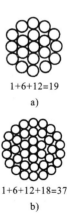

1+6+12=19

a)

1+6+12+18=37

b)

图 3-7　点接触钢丝绳的股

a) 19 丝的股钢丝　b) 37 丝的股钢丝

点接触钢丝绳受载时钢丝的接触应力很大,容易磨损、折断,所以使用寿命较短,其优点是制造工艺简单、价廉。点接触钢丝绳常作为起重作业的捆绑吊索,起重机的工作机构也有采用,过去曾广泛用于起重机,后来已被线接触钢丝绳所代替。

(2) 线接触钢丝绳　如图 3-6b 所示,绳股中各层钢丝的捻距相同,外层钢丝位于内层钢丝之间的沟槽里,内外层钢丝互相接触在一条螺旋线上,这使接触情况得到改善,钢丝绳的使用寿命得以延长。同时,线接触也有利于钢丝之间相互滑动,改善了钢丝的挠性。在直径相同的前提下,线接触钢丝绳比点接触钢丝绳的金属总横截面面积大,因而破断力大。采用线接触钢丝绳时,有可能选用较小的直径,从而可以选用较小的卷筒与滑轮。如小卷筒使减速器的输出轴的力矩小,因而可用较小的减速器,从而减小起升机构的尺寸与质量。由于它有这一系列的优点,现在起重机已多用线接触钢丝绳代替普通的点接触钢丝绳。

点接触钢丝绳的绳股在制造时各层捻距不同,需经多次逐层捻绕方能制成一股,而线接触钢丝绳的绳股则可一次成股,但制绳机较复杂。线接触钢丝绳的绳股,各层钢丝直径不同,各层钢丝直径根据钢丝绳的几何构造决定。根据构成的原理的不同,线接触钢丝绳的绳股有:瓦林吞式(又称粗细式),代号为 W;西鲁式(又称外粗式),代号为 S;填充式,代号为 F(见图 3-8)。

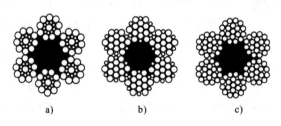

图 3-8　线接触钢丝绳
a) 外粗式钢丝绳　b) 粗细式钢丝绳　c) 填充型钢丝绳

(3) 面接触钢丝绳　面接触钢丝绳也称为密封钢丝绳,如图 3-6c 所示,通常以圆钢丝为股芯,最外一层或几层采用异形截面的钢丝,用挤压方法绕制而成。其特点是表面光滑、挠性好、强度高、耐腐蚀,但制造工艺复杂、价格高,起重机上很少使用(除缆索起重机和架空索道的承载索必须采用之外)。

3) 根据钢丝绳股的形状分类

(1) 圆股钢丝绳　圆股钢丝绳的特点是制造方便,常用。

(2) 异形股钢丝绳　异形股钢丝绳可分为三角股、椭圆股及扁股等(见图 3-9),其特点是与滑轮槽或卷筒槽接触良好,寿命长,但制造复杂。

4) 根据股的数目分类

根据股的数目,钢丝绳可分为 6 股绳、8 股绳(见图 3-10a)和 18 股绳(见图 3-10b)等。外层股的数目越多,钢丝绳与滑轮槽接触的情况越好,使用寿命越长。同

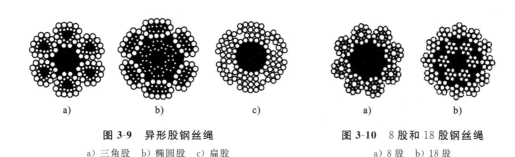

图 3-9　异形股钢丝绳　　　　　　　　图 3-10　8 股和 18 股钢丝绳
a）三角股　b）椭圆股　c）扁股　　　　　　　　a）8 股　b）18 股

样直径的 8 股钢丝绳,由于金属充满率低,它的破断拉力比 6 股绳的约低 10%,但实践证明,8 股绳比 6 股绳的使用寿命更长。电梯一般多用曳引轮驱动,对钢丝绳耐磨要求较高,宜采用 8 股钢丝绳。18×7 钢丝绳(见图 3-10b)及 18×19 钢丝绳,外层有 12 股,内层有 6 股,内外层的捻向相反,在受力后两层股产生的扭转趋势相反,互相抵消,因而称为不旋转钢丝绳。这种钢丝绳适用于货物悬吊在单支钢丝绳的情况,如某些港口装卸起重机及建筑塔式起重机。

　　上述钢丝绳虽然内外层绳股的捻向相反,但实际上两层股的扭转趋势并不完全相等,存在着残余的扭转趋势,并不是完全不旋转。为了满足完全不旋转的要求,目前在大起升高度的起重机中使用了编结的不旋转钢丝绳(见图3-11),其

图 3-11　不旋转钢丝绳

绳股都是对称安排的,完全排除了扭转的因素。但是,这种钢丝绳由于编结时使各股反复交叉,接触情况恶劣,使用寿命较短。

　　5）根据钢丝绳的捻向分类

　　交互捻钢丝绳(见图 3-12a)的绳与股的捻向相反;同向捻钢丝绳(见图 3-12b)的绳与股的捻向相同。绳的捻向就是由股捻绕成绳时的捻制螺旋方向,而股的捻向则是由丝捻绕成股时的捻制螺旋方向。根据绳的捻向,钢丝绳分别称为右捻绳(标记为"Z")与左捻绳(标记为"S")。如果没有特殊要求,规定用右捻绳。

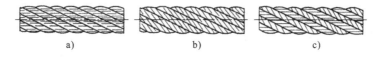

图 3-12　钢丝绳的卷绕
a）交互捻　b）同向捻　c）混合捻

　　交互捻钢丝绳是常用的类型,由于这里绳与股的扭转趋势相反,互相抵消,没有扭转打结的趋势,使用方便。同向捻钢丝绳的挠性较好,寿命较长。但由于有强烈的扭转趋势,容易打结,只能用于经常保持张紧的地方,通常用作牵引绳,不宜用作起升绳。

　　不松散的同向捻钢丝绳,是在制绳时采用预变形的方法,在成形前用几个导轮使绳股得到弯曲的形状。成绳之后残余内应力很小,这就消除了扭转松散打结的趋势,

因而称为不松散钢丝绳 。这种预变形的不松散同向捻钢丝绳,既能发挥同向捻的优点,又免除了扭转打结的缺点,是值得推广的一种类型。而且不松散钢丝绳由于消除了内应力,因而挠性好,使用寿命也长(延长约 50%)。

此外还有半数股为右旋、半数股为左旋的钢丝绳,称为混合捻钢丝绳(见图3-12c),其性质介于交互捻钢丝绳与同向捻钢丝绳之间,应用很少。交互捻钢丝绳的标记为"交"或不记标记,同向捻钢丝绳的标记为"同",混合捻钢丝绳的标记为"混"。

6)根据钢丝表面处理分类

钢丝有光面与镀锌之分,光面钢丝钢丝绳用于无腐蚀场合,镀锌钢丝钢丝绳用于腐蚀场合。

3.1.2 钢丝绳的标记

钢丝绳是标准产品,可按用途需要选择其直径、绳股数、每股钢丝数、抗拉强度和足够的安全系数,它的规格型号可在有关手册中查得。钢丝绳的规格繁多,其主要技术指标为结构形式、尺寸和级别等。

根据国家标准 GB/T 8706—2006 中关于钢丝绳的标记规定,钢丝绳标记系列应由下列内容组成:

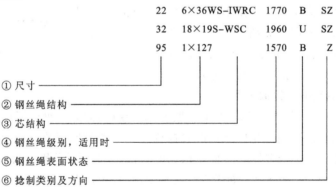

① 尺寸。圆钢丝绳和编制钢丝绳公称直径应以 mm 表示,扁钢丝绳公称尺寸(宽度×厚度)应表明,并以 mm 表示。

② 钢丝绳结构。分多股钢丝绳、单捻钢丝绳和扁钢丝绳根据 GB/T 8706—2006 具体标记。

③ 芯结构。芯的结构按 GB/T 8706—2006 中的规定标记。

④ 钢丝绳级别,适用时。当需要给出钢丝绳的级别时,应标明钢丝绳公称抗拉强度(MPa),如 1770。

⑤ 钢丝表面状态。应用下列字母代号标记:光面或无镀层—U,B 级镀锌—B,A级镀锌—A,B 级锌合金镀层—B(Zn/Al),A 级锌合金镀层—A(Zn/Al)。

⑥ 捻制类别及方向。应用下列字母代号标记:单捻钢丝绳,右捻—Z,左捻—S;多股钢丝绳,右交互捻—SZ,左交互捻—ZS,右同向捻—ZZ,左同向捻—SS,右混合捻—aZ,左混合捻—aS。

钢丝绳标记系列的其他具体描述应按 GB/T 8706—2006 有关规定进行。

3.1.3　钢丝绳的选择计算

1. 钢丝绳型号的选择

根据钢丝绳的构造和性能特点,结合起重机的使用条件和要求,从表 3-1 中选择适合该起重机工作条件的钢丝绳。起重机用钢丝绳应符合 GB/T 20118—2006 的要求,优先采用线接触钢丝绳。选用线接触钢丝绳时,对起升高度很大、吊钩组钢丝绳倍率很小的港口装卸起重机或建筑塔式起重机,宜采用多层股不旋转钢丝绳。当钢丝绳在腐蚀性较强的环境中工作时,应采用镀锌钢丝绳。当起重机进行危险物品装卸作业(如吊运液态熔融金属、高放射性或高腐蚀性物品等),或吊运大件、重要设备且起重机的使用对人身安全及可靠性有较高要求时,应采用 GB 8918—2006 中规定的钢丝绳。钢丝绳的选择应满足 GB/T 3811—2008 适用的起重机对所使用的钢丝绳规定的最低选用要求。

表 3-1　钢丝绳的使用场合及其常用型号

使用场合			常用型号
起升或变幅用	单层卷绕	吊钩及抓斗起重机 $e<20$	6X(31)、6X(37)、6W(36)、6T(25)、8T(25)
		吊钩及抓斗起重机 $e \geqslant 20$	6X(19)、6W(19)、8X(19)、8W(19)、6×21
		起升高度大的起重机	多股不旋转绳 18×7、18×19
	多层卷绕		6W(19)金属芯
牵引用	无导绕系统(不绕过滑轮)		1×19、6×19、6×37
	有导绕系统(绕过滑轮)		与起升绳或变幅绳相同

注:e 为滑轮或卷筒直径与钢丝绳直径之比。

2. 钢丝绳直径的确定

钢丝绳的钢丝在工作中的受力情况很复杂,有拉应力、弯曲应力、挤压应力等,钢丝绳所受荷载除了静载荷外,还有动荷载,所以很难进行精确计算。但是影响钢丝绳寿命的主要因素是静载荷的拉应力,为了简化计算,一般只根据静拉力及安全系数进行近似计算。具体方法有选择系数法和最小安全系数法两种。

1)选择系数法

选择系数法只适用于运动绳。要求选取的钢丝绳直径不应小于按下式计算得到的钢丝绳直径:

$$d_{\min} = C\sqrt{S} \tag{3-1}$$

式中　$d_{\min}$——钢丝绳的最小直径(mm)；

　　　S——钢丝绳最大静拉力(N)；

　　　C——钢丝绳的选择系数，C 的取值与机构工作级别有关，按表 3-2 选取。

表 3-2　钢丝绳的选择系数 C 和安全系数 n

| 机构工作级别 | 选择系数 C | | | | | | | 安全系数 n | |
| | 钢丝公称抗拉强度 σ_t/MPa | | | | | | | | |
	1470	1570	1670	1770	1870	1960	2160	运动绳	静态绳
纤维芯钢丝绳									
M1	0.081	0.078	0.076	0.073	0.071	0.070	0.066	3.15	2.5
M2	0.083	0.080	0.078	0.076	0.074	0.072	0.069	3.35	2.5
M3	0.086	0.083	0.080	0.078	0.076	0.074	0.071	3.55	3
M4	0.091	0.088	0.085	0.083	0.081	0.079	0.075	4	3.5
M5	0.096	0.093	0.090	0.088	0.085	0.083	0.079	4.5	4
M6	0.107	0.104	0.101	0.097	0.095	0.093	0.089	5.6	4.5
M7	0.121	0.117	0.114	0.110	0.107	0.105	0.100	7.1	5
M8	0.136	0.132	0.128	0.124	0.121	0.118	0.112	9	5
钢芯钢丝绳									
M1	0.078	0.075	0.073	0.071	0.069	0.067	0.064	3.15	2.5
M2	0.080	0.077	0.075	0.073	0.071	0.069	0.066	3.35	2.5
M3	0.082	0.080	0.077	0.075	0.073	0.071	0.068	3.55	3
M4	0.087	0.085	0.082	0.080	0.078	0.076	0.072	4	3.5
M5	0.093	0.090	0.087	0.085	0.082	0.080	0.076	4.5	4
M6	0.103	0.100	0.097	0.094	0.092	0.090	0.085	5.6	4.5
M7	0.116	0.113	0.109	0.106	0.103	0.101	0.095	7.1	5
M8	0.131	0.127	0.123	0.120	0.116	0.114	0.108	9	5

注：① 对于吊运危险物品的起重用钢丝绳，一般应比设计工作级别高一级的工作级别选择表中的钢丝绳选择系数 C 和钢丝绳最小安全系数 n 值，对起升机构工作级别为 M7、M8 的某些冶金起重机和港口集装箱起重机等，在使用过程中能监控钢丝绳劣化损伤发展进程，保证安全使用，保证一定寿命和及时更换钢丝绳的前提下，允许按稍低的工作级别选择钢丝绳；冶金起重机最低安全系数不应小于 7.1，港口集装箱起重机主起升钢丝绳和小车曳引钢丝绳的最低安全系数不应小于 6，伸缩臂架用的钢丝绳，安全系数不应小于 4。

② 本表中给出的 C 值是根据起重机常用的钢丝绳 $6\times19W(S)$ 型的最小破断拉力系数 k'，且只针对运动绳的安全系数计算而得，对纤维芯(NF)钢丝绳 $k'=0.330$，对金属芯(IWR)或金属丝股芯(IWS)钢丝绳 $k'=0.356$。

当钢丝绳的最小破断拉力系数 k' 和公称抗拉强度 σ_t 与表 3-2 中不同时，可根据工作级别从表 3-2 中选择安全系数值并根据所选择钢丝绳的 k' 和 σ_t 值按下式换算出适合的钢丝绳选择系数 C，然后再按式(3-1)选择钢丝绳直径。

$$C=\sqrt{\frac{n}{k'\sigma_{t}}} \tag{3-2}$$

式中　C——钢丝绳的最小安全系数,按表 3-2 选取;

　　　n——安全系数,见表 3-2;

　　　k'——钢丝绳最小破断拉力系数,见表 3-2 注;

　　　σ_{t}——钢丝的公称抗拉强度(MPa)。

2)最小安全系数法

最小安全系数法对运动绳和静态绳都适用。按与钢丝绳所在机构工作级别有关的安全系数选择钢丝绳直径。所选钢丝绳的整绳最小破断拉力应满足

$$F_{0}=Sn \tag{3-3}$$

式中　F_{0}——钢丝绳的整绳最小破断拉力(kN);

　　　S——同式(3-1);

　　　n——同式(3-2)。

3.1.4　钢丝绳的使用

1. 用前检查

钢丝绳使用前应进行检查,以确定其安全起重量。检查项目有钢丝绳的磨损、锈蚀、拉伸、弯曲、变形、疲劳、断丝、绳芯露出的程度等。

2. 保养注意事项

① 钢丝绳的使用期限与使用方法有很大的关系,因此应做到按规定使用,禁止拖拉、抛掷,使用中不准超负荷,不准使钢丝绳发生锐角折曲,不准急剧改变升降速度,避免冲击载荷;

② 钢丝绳有铁锈和灰垢时,用钢丝刷刷去并涂油;

③ 钢丝绳每使用四个月涂油一次,涂油时最好用热油(50 ℃左右)浸透绳芯,再擦去多余的油;

④ 钢丝绳盘好后应放在清洁干燥的地方,不得重叠堆置,防止扭伤;

⑤ 钢丝绳端部用钢丝扎紧或用熔点低的合金焊牢,也可用铁箍箍紧,以免绳头松散;

⑥ 使用中,钢丝绳表面如有油滴挤出,表示钢丝绳已承受相当大的力量,这时应停止增加负荷,并进行检查,必要时更换新钢丝绳。

3. 延长钢丝绳使用寿命的措施

钢丝绳的使用寿命就是达到报废标准的使用期限。为了延长钢丝绳的使用寿命,除了根据起重机具体工作条件选用合适的钢丝绳外,还可以采取下述几方面的措施:

① 提高安全系数值,也就是降低钢丝绳的应力。

② 尽量减少钢丝绳的弯曲次数,即不要使钢丝绳绕过太多的滑轮。钢丝绳绕过滑轮数越多,对使用寿命破坏越大。设计时更应避免采用有反复弯曲的钢丝绳卷绕

系统,钢丝绳反向弯曲对使用寿命的影响比同向弯曲更严重,钢丝绳反向弯曲的使用寿命约为其同向弯曲使用寿命的 50%。

③ 选用较大的滑轮与卷筒直径,滑轮或卷筒直径与钢丝绳直径的比值越大,钢丝弯曲应力越小,对延长钢丝绳使用寿命越有利。钢丝绳绕过滑轮所受的损伤是其绕入、绕出卷筒的损伤的 2 倍。放大滑轮直径对延长钢丝绳使用寿命是很有利的,如将滑轮直径增大到钢丝绳直径的 35 倍以上,则可以大大延长钢丝绳使用寿命。

4. 钢丝绳的报废

钢丝绳在使用过程中,因强大的拉应力、反复弯折和挤压造成的金属疲劳、由于运动引起的磨损等,使用一段时间后,会出现钢丝绳缺陷,表现在断丝、锈蚀磨损、变形等方面。一般情况下,钢丝绳的破坏首先发生在外层钢丝上。钢丝绳破坏达到一定程度,则应予以报废。

1）断丝与磨损指标

① 可见断丝数达到 GB/T 5792—2009 的规定值时,应予报废。

② 钢丝绳锈蚀或磨损时,应将断丝数按表 3-3 折减,并按折减后的断丝数报废。

表 3-3　折减系数表

钢丝表面磨损或锈蚀量/%	10	15	20	25	30～40	>40
折减系数	85	75	70	60	50	0

③ 吊运炽热金属或危险品的钢丝绳的报废断丝数,取一般起重机钢丝绳报废断丝数的一半,其中包括钢丝表面磨蚀进行的折减。

④ 绳端部断丝。当绳端或其附近出现断丝,即使断丝数少,如果绳长允许,应将断丝部位切去,重新安装。

⑤ 断丝的局部聚集程度。如果断丝聚集在小于一个节距的绳长内,或集中在任一绳股里,即使断丝数较少,也应予以报废。

⑥ 断丝的增长率。当断丝数逐渐增加,其时间间隔趋短,应认真检查并记录断丝增长情况,判明规律,确定报废日期。

⑦ 钢丝绳某一绳股整股断裂,应予报废。

⑧ 磨损。当外层钢丝磨损达 40%,或由于磨损引起钢丝绳直径减小 7%,应予报废。

⑨ 腐蚀。当钢丝表面出现腐蚀深坑,或由于绳股生锈引起的绳径增大或减小,应予报废。

2）绳芯损坏

若由于绳芯损坏而引起绳径显著减小、绳芯外露、绳芯挤出等,钢丝绳应予报废。

3）弹性降低

钢丝绳弹性降低一般伴随有下述现象:绳径减小、绳节距伸长、钢丝或绳股之间空隙减小、绳股凹处出现细微褐色粉末、钢丝绳明显不易弯曲。这种情况下钢丝绳应予报废。

4）变形

变形是指钢丝绳失去正常形状产生可见畸变,从外观上看可分为以下几种:波浪形畸变、笼形畸变、绳股挤出、钢丝挤出、绳径局部增大、扭结、局部被压扁、弯折。这种情况下钢丝绳应予报废。

5）过热

过热是指钢丝绳受到电弧打击、过烧或外表出现可识别的颜色改变等。这种情况下钢丝绳应予报废。

3.2　滑轮及滑轮组

3.2.1　滑轮

1. 滑轮的构造

在起重机的起升机构中,钢丝绳要先绕过若干个滑轮,然后固定在卷筒上。滑轮根据其用途分为定滑轮和动滑轮两种。定滑轮固定不动,用以改变钢丝绳的方向;动滑轮装在移动的心轴上,可与定滑轮一起组成滑轮组以达到省力、增速的目的。滑轮也常作为均衡滑轮来均衡两支钢丝绳的拉力。

滑轮的种类按制造工艺可分为锻造滑轮、铸造滑轮和焊接滑轮三种。滑轮的构造一般由轮缘、轮辐和轮毂三部分组成,如图 3-13 所示。

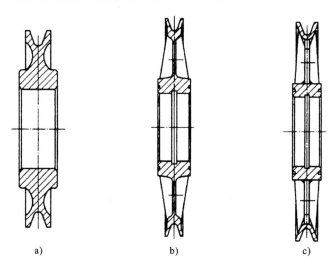

　　　　　a)　　　　　　　　　　b)　　　　　　　　　　c)

图 3-13　滑轮

a)、b) 铸造滑轮　c) 焊接滑轮

1）滑轮的槽形

滑轮绳槽的形状及尺寸,对钢丝绳的寿命影响很大,U 形绳槽使钢丝绳的损坏最小,它是由一个圆弧形的槽底与两个倾斜的侧壁组成(见图 3-14)。

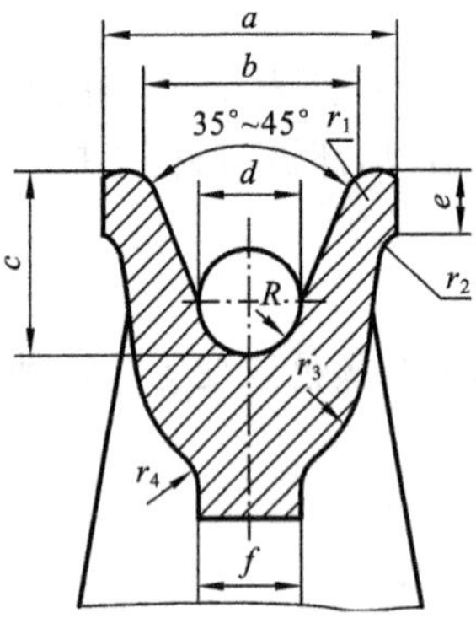

对槽形的要求如下:

① 钢丝绳与绳槽应有足够的接触面积。钢丝绳圆周的接触角必在 135°左右(一般为 120°～150°)。槽底的直径与钢丝绳的直径 d 必须相适应,滑轮槽底半径 R 应稍大于钢丝绳半径,一般取 $R=(0.54\sim0.6)d$;钢丝绳直径小时 R 取大些,钢丝绳直径大时 R 取小些。槽底直径与钢丝绳直径相比太大或太小都会加速钢丝绳

图 3-14　滑轮的槽形

的损坏。槽底太狭时,钢丝绳被槽夹住引起变形,将妨碍钢丝绳的正常转动。槽底太大时,钢丝绳由于局部压力而呈扁平形,助长其钢丝绳的疲劳,此外,钢丝绳的摩擦也促使滑轮过早损坏。

② 允许钢丝绳有一定的偏斜角(角度的正切约为 1/10),而不致使钢丝绳与绳槽侧壁相摩擦。为此,绳槽侧壁应有适当的夹角 α,通常取 $\alpha=35°\sim45°$。α 过小,钢丝绳允许偏斜角减小;α 过大,钢丝绳的接触角(180-α)减小。

③ 绳槽应有足够的深度 c,以防止钢丝绳脱槽。

常用铸造滑轮轮缘尺寸如表 3-4 所示。

表 3-4　常用铸造滑轮轮缘尺寸　　　　　　　　　　　　　　(单位:mm)

钢丝绳直径 d	a	b	c	e	f	R	r_1	r_2	r_3	r_4
7.7～9.0	25	17	11	5	8	5	2.5	1.5	10	5
11～14	40	28	25	8	10	8	4	2.5	16	8
15～18	50	35	32.5	10	12	10	5	3	20	10
18～23.6	65	45	40	13	16	13	6.5	4	26	13
25～28.5	80	55	50	16	18	16	8	5	32	16
31～34.5	95	65	60	19	20	19	10	6	38	19
36.5～39.5	110	78	70	22	22	22	11	7	44	22
43～47.5	130	95	85	26	24	26	13	8	50	26

2）滑轮的材料

滑轮材质对钢丝绳的寿命影响很大。

(1) 铸铁滑轮　最常用的滑轮材料是灰铸铁,如 HT200,它价廉,易于切削加工,同时,它的弹性模量较低,挤压应力较小,因而有利于钢丝绳使用寿命的延长。灰铸铁滑轮的缺点是容易碰碎轮缘,使用寿命较短,因而在工作频繁、冲击力大、不便检

修的条件下不宜使用。

（2）铸钢滑轮　钢质滑轮的材料目前多用铸钢,如 ZG230-450,其强度和冲击韧度都很高,但由于表面较硬,对钢丝绳寿命有不利的影响。在铸钢中添加硼元素可以改善绳槽的耐磨性,延长钢丝绳的使用寿命。

（3）球墨铸铁滑轮　球墨铸铁（如 QT400-15）具有一定的强度和韧度,不易脆裂,对延长钢丝绳的使用寿命有利,工艺性也较好,是铸钢滑轮较好的替代材料。

（4）焊接滑轮　铸造滑轮自重较大,为了减小自重,越来越多地用钢板焊接滑轮代替铸造滑轮,特别是单件生产的大尺寸滑轮已多用焊接制造。采用焊接性能好的 Q235 钢,轮缘可用扁钢或角钢压成,由两块或几块拼接。轮辐可用扁钢、角钢或圆钢。有的焊接滑轮的自重可减到铸钢滑轮的 1/4。减小滑轮自重对于臂架型起重机的臂端滑轮有特别重要的意义,因为这样可以减小起重机的倾覆力矩。

（5）铝合金滑轮　铝合金密度小,硬度低,对于延长钢丝绳的使用寿命有利,但其价格较高,可以在要求滑轮自重很小的场合使用,如臂端滑轮采用铝合金滑轮是值得的,也是经济的。

（6）尼龙滑轮　近年来开始采用尼龙制造滑轮,在流动起重机上,自重小的尼龙滑轮（自重为铸铁滑轮的 1/5,为热轧滑轮的 1/4）已获得广泛应用,因为它对延长钢丝绳的使用寿命特别有利,并且随着化学工业的发展,它的价格会越来越低。这类滑轮耐磨性好,制造工艺简单,造价较低,发展前景良好。其不足在于容易变形,刚度和硬度受温度影响而变化。将铝合金或尼龙嵌入钢制滑轮绳槽作为衬垫,也可以改善钢丝绳的磨损情况。

2. 滑轮的效率

1）钢丝绳绕过滑轮的阻力

图 3-15 所示为钢丝绳绕过滑轮的阻力。可见,钢丝绳绕过滑轮时,钢丝绳两端的张力大小不相等。绕出端的张力要比绕入端的张力大。因为绕出端的张力除了要平衡绕入端的张力外,还要克服钢丝绳绕过滑轮时的附加阻力。附加阻力由两部分组成,一部分是由钢丝绳内部摩擦产生的僵性阻力,一部分是滑轮轴承的摩擦阻力。

（1）僵性阻力　僵性阻力来源于钢丝之间的摩擦力,它随钢丝之间的压力而定,这种压力一方面由钢丝绳捻制工艺过程产生,一方面由钢丝绳的张力产生,旧钢丝绳与预变形的钢丝绳的僵性阻力较小。

滑轮直径越小,钢丝绳弯曲与伸直时的摩擦位移越大,摩擦功也越大,因此僵性阻力也越大。所以增大滑轮直径对减小滑轮阻力也是有利的。

由于僵性阻力是钢丝绳绕入绕出滑轮时的摩擦功引起的,因此它与钢丝绳在滑轮上停留的弧长大小无关,也就是说,僵性阻力一般说来与包角大小有关。但当包角小于一定值（约为 30°）后,僵性阻力随包角成比例降低,这是因为钢丝绳的实际弯曲已达不到与滑轮曲率密切接触的程度了。

僵性阻力通常用如下简单公式计算：

$$F_j = \lambda S \qquad\qquad (3\text{-}4)$$

式中 F_j——僵性阻力；

　　　　λ——僵性系数，在一般条件下，$\lambda \approx 0.01$；

　　　　S——钢丝绳的张力。

（2）轴承阻力   轴承阻力可按下式计算：

$$F_{zh} = \mu \frac{d}{D} N = 2\mu \frac{d}{D} S \cdot \sin \frac{\theta}{2} \qquad (3\text{-}5)$$

式中 F_{zh}——轴承阻力；

　　　　d——轴承名义直径；

　　　　D——滑轮直径；

　　　　θ——包角；

　　　　μ——轴承的摩擦系数。

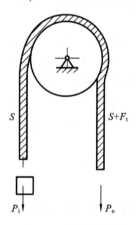

图 3-15   钢丝绳绕过滑轮
　　　　的阻力

（3）滑轮阻力   滑轮的总阻力为

$$F_t = F_j + F_{zh} = \left(\lambda + 2\mu \frac{d}{D} \sin \frac{\theta}{2}\right) S = eS \qquad (3\text{-}6)$$

式中 e——滑轮阻力系数，滚动轴承取 $e \approx 0.02$，滑动轴承取 $e \approx 0.05$。

2. 滑轮的效率

如图 3-15 所示，滑轮效率为

$$\eta = \frac{P_i}{P_o} = \frac{S}{S + F_t} = \frac{1}{1 + e} \approx 1 - e \qquad (3\text{-}7)$$

式中 P_i——滑轮绕出端承受的载荷；

　　　　P_o——滑轮绕入端施加的载荷；

　　　　S——钢丝绳的张力。

近似地，滚动轴承取 $\eta = 0.98$，滑动轴承取 $\eta = 0.96$。

3.2.2　滑轮组

1. 滑轮组及其种类

1）按功能分

滑轮组由若干动滑轮与定滑轮组成。根据滑轮组的功用分为省力滑轮组与增速滑轮组。

省力滑轮组如图 3-16 所示，它是最常用的滑轮组。电动与手动起重机的起升机构都是用省力滑轮组，通过它可以用较小的绳索拉力吊起质量较大的物品。

增速滑轮组如图 3-17 所示，它的构造与省力滑轮组完全一样，不过是反过来应用而已。主动部分施力大，从动部分得到的力量小，但是主动部分只需移动较小的距离,就可以使从动部分得到相当大的位移。增速滑轮组用于液压或气压驱动的起升机构中,可使液压缸或气缸的行程缩短。在门座起重机和装卸桥的供电电缆卷筒上,如果采用重锤张紧,就要用增速滑轮组以缩短重锤的运动距离。

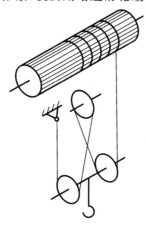 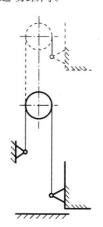

图 3-16　省力滑轮组　　　　　　　　　图 3-17　增速滑轮组

2）按构造特点分

按照构造特点滑轮组可分为单联滑轮组与双联滑轮组。单联滑轮组用于门座起重机、汽车式起重机、塔式起重机等臂架型的起重机,由于有端部滑轮导向,当卷筒收入、放出钢丝绳时,虽然钢丝绳沿卷筒移动,吊钩并不随着作水平位移。但是,对于桥式起重机,如果采用单联滑轮组,在吊钩升降时就会引起水平方向的位移(见图3-18)。这不仅引起操作不便,而且使物重力在两根主梁上的分配不等。采用如图3-19所示的双联滑轮组就可以消除这个缺点。

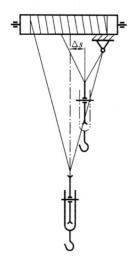 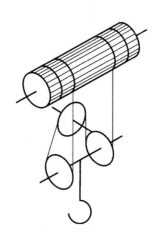

图 3-18　单联滑轮起升时的水平位移　　　　　图 3-19　双联滑轮组

2. 滑轮组的倍率

在起重机中应用省力滑轮组后，当起升载荷一定时，绕入卷筒的钢丝绳拉力要比不用滑轮组时小，相应起升载荷的升降速度却比不用滑轮组时降低了。减速的倍数在理论上正好等于省力的倍数，其值决定于滑轮组的形式及定滑轮与动滑轮的数量。

滑轮组的倍率 a 是表明滑轮组省力的倍数或减速的倍数，也就是它的传动比，即钢丝绳卷绕速度与物品起升速度之比。a 可用下式定义：

$$a = \frac{\text{起升载荷 } P_Q}{\text{理论提升力 } S_0} = \frac{\text{钢丝绳卷绕速度 } v_{绳}}{\text{物品提升速度 } v_{物}} = \frac{\text{钢丝绳卷绕长度 } L}{\text{物品移动距离 } H}$$

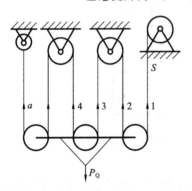

图 3-20　省力单联滑轮组展开图

图 3-20 为省力单联滑轮组展开图，如果忽略滑轮阻力，钢丝绳每一分支所受的拉力是相同的，都等于 S，根据平衡条件可知

$$\left. \begin{array}{l} S_0 = \dfrac{P_Q}{i} \\[2mm] i = \dfrac{P_Q}{S_0} = a \end{array} \right\} \qquad (3\text{-}8)$$

式中　　P_Q——起升载荷；

S_0——理论提升力；

i——滑轮组钢丝绳的分支数。

由此可见，单联滑轮组的倍率等于钢丝绳分支数，即 $a=i$。

同理，双联滑轮组的倍率等于钢丝绳分支数的一半，即 $a=i/2$。

在起升机构中，恰当地确定滑轮组倍率是很重要的。选用较大的倍率，可使钢丝绳的直径，卷筒、滑轮的直径减小。减小卷筒直径使卷筒转矩减小，也就是使减速器输出轴的转矩减小，使其速比减小，这就可以选用较小的减速器，从而使整个起升机构达到尺寸紧凑、自重小的效果。但是，滑轮组的倍率过大又使滑轮组本身笨重、复杂，同时使效率降低，钢丝绳磨损严重。

确定倍率的一般原则是：大起重量选用较大的倍率，以免采用过粗的钢丝绳；双联滑轮组采用较小的倍率，因为这时分支数与滑轮的数目较多；起升高度很高时，宜选用较小的倍率，以免卷筒过长，避免采用多层卷绕。表 3-5 列出了滑轮组倍率的参考值。

表 3-5　滑轮组倍率 a 的参考值

起重量/t	≤5	8～32	50～100	125～250
单联滑轮组	1～4	3～6	6～8	8～12
双联滑轮组	1～2	2～4	4～6	6～8

3. 滑轮组滑轮的布置

图 3-21 所示为桥式起重机滑轮组的布置。当滑轮组的倍率为单数时,平衡轮在吊钩挂架上,由它引出的两支钢丝绳的张力有使吊钩挂架产生扭转的趋势。因此,最好将滑轮组倍率取为偶数,这时平衡轮在小车架上,吊钩挂架是完全对称的。

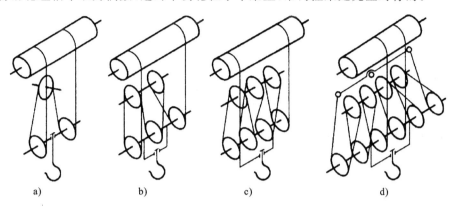

图 3-21　桥式起重机滑轮的布置

a) $m=2$　b) $m=3$　c) $m=4$　d) $m=6$

当滑轮组倍率 $a \leqslant 4$ 时,从卷筒引出的钢丝绳两个分支一般引到吊钩挂架最外边的两个滑轮上;当滑轮组的倍率 $a > 4$ 时,吊钩挂架最外面的两个滑轮相距太远,使卷筒中间光滑部分的长度增加,从而使卷筒总长增加。这时宜将从卷筒引出的两支钢丝绳引至吊钩挂架中央两个滑轮上。为了避免从卷筒引出的钢丝绳在工作过程中与其他分支相碰,中央两个滑轮的直径应做得大一些。

4. 滑轮组的效率

由于滑轮组中各个滑轮阻力的影响,使得货物质量不能均匀地分配到钢丝绳各分支上,因而各分支的拉力不相等。为了计算和选择钢丝绳,必须求出钢丝绳的最大静拉力。因此,需要先确定滑轮组的效率。

滑轮组的效率可由绕入卷筒钢丝绳不考虑阻力时的拉力与实际拉力之比来定义,即

$$\eta_z = \frac{理想拉力 \ S_0}{实际拉力 \ S} < 1 \tag{3-9}$$

当滑轮无阻力时钢丝绳每一分支承受的拉力为

$$S_0 = \frac{P_Q}{a} \tag{3-10}$$

因此,当滑轮有阻力时绕入卷筒钢丝绳的实际拉力为

$$S = \frac{P_Q}{a\eta_z} \tag{3-11}$$

如图 3-20 所示,在起升过程中,计入滑轮阻力时,滑轮组各分支钢丝绳中的拉力

不相等,分别为 $S_1 > S_2 > S_3 > \cdots > S_a$,它们的总和应等于载荷 P_Q,即

$$P_Q = S_1 + S_2 + S_3 + \cdots + S_a \qquad (3\text{-}12)$$

另有

$$S_1 = S$$

$$S_2 = S_1 \eta = S \eta^2$$

$$\vdots$$

$$S_a = S_{a-1} \eta = S \eta^{a-1}$$

式中　η——单个滑轮的效率。

将 $S_1, S_2, \cdots, S_a$ 代入式(3-12),得

$$P_Q = S(1 + \eta + \eta^2 + \cdots + \eta^{a-1}) \qquad (3\text{-}13)$$

上式括号内各项形成一等比级数,公比是 η,前 a 项的和是 $\dfrac{1-\eta^a}{1-\eta}$,故

$$S = P_Q \frac{1-\eta}{1-\eta^a}$$

所以滑轮组的效率为

$$\eta_z = \frac{\dfrac{P_Q}{a}}{P_Q \dfrac{1-\eta}{1-\eta^a}} = \frac{1-\eta^a}{a(1-\eta)} \qquad (3\text{-}14)$$

表 3-6 给出了不同倍率时滑轮组的效率。

表 3-6　不同倍率时滑轮组的效率 η_z

轴承形式	单个滑轮的效率 η	滑轮阻力系数 e	a						
			2	3	4	5	6	8	10
滚动轴承	0.98	0.02	0.99	0.98	0.97	0.96	0.95	0.935	0.916
滑动轴承	0.95	0.05	0.975	0.95	0.925	0.90	0.88	0.84	0.80

由表 3-6 可以看出,单个滑轮的效率小于倍率为 2 的滑轮组效率,也就是说,动滑轮的效率高于定滑轮的效率。倍率为 2 的滑轮组通常称为动滑车,它的效率为

$$\eta_z = 1 - \frac{k}{2} \qquad (3\text{-}15)$$

也就是说,动滑车的损失为定滑轮的一半。这是因为当主动力 P 的位移值都是 h 时,动滑轮的角位移仅为定滑轮的一半,因而摩擦力也只有一半(见图3-22)。

考虑滑轮组的效率,滑轮组钢丝绳的最大静拉力的计算方法是:

对于单联滑轮组,有

$$S = \frac{P_Q}{a \eta_z} \qquad (3\text{-}16)$$

对于双联滑轮组,有

$$S=\frac{P_Q}{2a\eta_z} \qquad (3\text{-}17)$$

式中　P_Q——起升载荷。

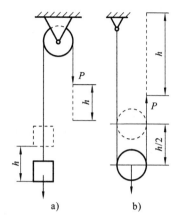

图 3-22　定滑轮与动滑轮

a) 定滑轮　b) 动滑轮

在水电站坝顶门式起重机上,因为起升高度达到几十米甚至超过百米,为了卷绕钢丝绳的需要,也常采用四联滑轮组。

把上述钢丝绳静拉力写成一般公式,即

$$S=\frac{P_Q}{xa\eta_z} \qquad (3\text{-}18)$$

式中　x——滑轮组形式系数,单联取 $x=1$,双联取 $x=2$,四联取 $x=4$。

3.2.3　卷筒

1. 卷筒的构造与材料

卷筒在起升机构、变幅机构或牵引机构中用来卷绕钢丝绳,把原动机的驱动力传递给钢丝绳,并将原动机的回转运动转换为重物升降或水平移动的直线运动。

卷筒通常为中空的圆柱形,特殊要求的卷筒也有制成圆锥或曲线形的。在变幅过程中为了使货物高度不变,有时采用卷筒补偿法,此时卷筒就要做成圆锥形或曲线形的。摩擦卷筒为了使钢丝绳的工作圈能始终在中部,要采用曲线形卷筒。当起升高度很大时,就要考虑钢丝绳的自重,为了保证在起升过程中卷筒力矩维持不变,就要用到圆锥形卷筒。

按照钢丝绳在卷筒上的卷绕层数,卷筒分单层绕卷筒和多层绕卷筒两种。一般起重机大多采用单层绕卷筒。只有在绕绳量特别大或要求机构紧凑的情况下,为了缩小卷筒的外形尺寸,才采用多层绕卷筒。在水利水电工程上使用的门式起重机、塔式起重机的起重量和起升高度一般都很大,通常采用多层绕卷筒,卷绕层数可达 6 层。在水电站上使用的起吊闸门用的大型启闭机(特别是门式启闭机和固定卷扬启闭机)起重量特别大,滑轮组倍率很高,而且这类启闭机扬程(起升高度)很高,所以绕绳量很大,一般多采用双层绕卷筒。多层绕卷筒的主要缺点是钢丝绳承受巨大的挤压和相互摩擦,使用寿命要缩短。此外,卷绕层数的增加,必然使卷筒的计算直径增大,这时如果钢丝绳中拉力不变,则卷筒所受的载重力矩就要增大,提升速度也要增高。

按卷筒的表面不同,卷筒分光面卷筒和螺旋槽卷筒两种。光面卷筒多用于多层卷绕(见图 3-23a),其构造比较简单,钢丝绳按螺旋形紧密地排列在卷筒表面上,绳圈的节距等于钢丝绳的直径。由于钢丝绳与卷筒表面的接触应力较大,相邻绳圈在工作时又有摩擦,所以钢丝绳使用寿命要缩短。为了使钢丝绳在卷筒表面排列整齐,单层绕卷筒一般都带有螺旋槽(见图 3-23b)。有了绳槽后,钢丝绳与卷筒接触面积增大了,因而减小了它们之间的接触应力,也消除了在卷绕过程中绳圈间可能产生的摩擦,因此可延长钢丝绳的使用寿命。目前,多层绕卷筒也常制成带绳槽的。尤其是水电站起吊闸门用的启闭机,刚开始起吊时(第一层卷绕)钢丝绳拉力特别大,而以后(第二层卷绕)钢丝绳拉力减小很多。因此,对于这种用途的卷筒制成带绳槽的更为合理。绳槽在卷筒上的卷绕方向可以制成左旋或右旋。单联滑轮组的卷筒,只有一条螺旋绳槽;双联滑轮组的卷筒,两侧应分别由一条左旋和右旋的绳槽。绳槽的形状分为标准绳槽和深槽两种(见图 3-24)。

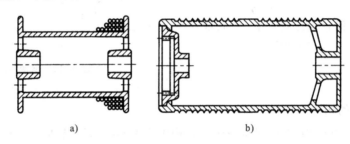

图 3-23　卷筒

a) 多层卷绕卷筒　b) 单层绕卷筒

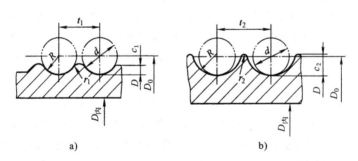

图 3-24　卷筒绳槽

a) 标准槽　b) 深槽

卷筒绳槽槽底半径为 R,槽深为 c,槽的节距为 t,其尺寸关系为

$$R \approx 0.55d \quad (d \text{ 为钢丝绳直径})$$

对于标准槽,有

$$c_1 \approx (0.3 \sim 0.4)d, \quad t_1 = d + (2 \sim 4) \text{ (mm)}$$

对于深槽,有

$$c_2 \approx 0.6d, \quad t_2 = d + (6 \sim 8) \text{ (mm)}$$

标准槽节距小,为了使机构紧凑,一般采用标准槽。深槽的优点是不易脱槽,但其节距大,使卷筒长度增大。只在钢丝绳有脱槽危险时才采用深槽,例如抓斗起重机的起升机构,或钢丝绳向上引出的卷筒。如果不采用深槽,可装设压绳器,防止钢丝

绳脱槽。

卷筒的材料一般采用强度不低于 HT200 强度的灰铸铁。如前所述,采用灰铸铁对钢丝绳的使用寿命是有利的。铸钢卷筒由于成本高,并且限于铸造工艺,壁厚不能减小太多,因而很少采用。重要卷筒可以采用高强度灰铸铁或球墨铸铁。大型卷筒多用 Q235 钢板弯卷成筒形焊接而成,质量可大大减小。焊接卷筒特别适合单件生产。

卷筒除两端以辐板支承外,中间不宜布置任何纵向或横向的加强肋。因为在这些加强肋的附近产生很大的局部弯曲应力,使卷筒在该处碎裂(见图 3-25)。辐板可以与卷筒铸成一体(见图 3-26a),也可以分别铸造,加工后用螺钉连接(见图 3-26b、c)。图 3-26c 所示的构造形状最简单,便于铸造,尤其是可以采用离心铸造或连续铸造等先进工艺。

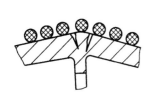

图 3-25 卷筒横筋处的碎裂

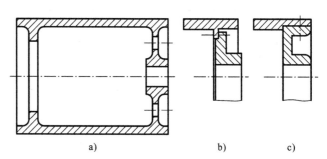

图 3-26 卷筒端部构造

a) 辐板与卷筒铸成一体 b)、c) 辐板、卷筒分别铸造,再用螺钉连接

2. 卷筒的主要尺寸

1）卷筒的直径

卷筒直径 D 与滑轮直径一样,是以槽底计算的直径。卷筒直径的确定方法与滑轮完全相同。为使钢丝绳具有适当的寿命,滑轮和卷筒直径应尽可能大,不能过小。根据起重机设计规范的规定,卷筒和滑轮的卷绕直径(即计算直径)由下式确定:

$$D_0 \geqslant hd \tag{3-19}$$

式中 D_0——按钢丝绳中心计算的滑轮或卷筒的卷绕直径(mm),$D_0 = D + d$;

h——卷筒、滑轮和平衡滑轮的卷绕直径与钢丝绳直径的比值,不应小于表 3-7 的规定值;

d——公称钢丝绳直径(mm)。

从有利于传动机构方面来看,卷筒直径越小越有利,因为卷筒直径小,可能降低减速机构的速比,可以选用较小的减速器,使机构紧凑。在起升高度很大时,常常为了不使卷筒太长,选用较大的卷筒直径。

表 3-7　h_1、h_2、h_3 的值

机构工作级别	卷筒 h_1	滑轮 h_2	平衡滑轮 h_3
M1	11.2	12.5	11.2
M2	12.6	14	12.5
M3	14	16	12.5
M4	16	18	14
M5	18	20	14
M6	20	22.4	15
M7	22.4	25	16
M8	25	28	18

注:① 采用抗扭转钢丝绳时,h 值按比机构工作级别高一级的值选取。

② 对于流动起重机及某些水工工地用的臂架型起重机,建议取 $h_1 = 16$,$h_2 = 18$,与工作级别无关。

③ 臂架伸缩机构滑轮的 h_2 值,可选为卷筒的 h_1 值。

④ 桥式和门式起重机,取 h_3 等于 h_2。

⑤ 用有关规范给出的方法求出的最小钢丝绳直径并由此确定了卷筒和滑轮的最小直径后,只要实际采用的钢丝绳直径不大于原算得的最小直径的 25%、钢丝绳实际的拉力不超过原计算钢丝绳最小直径时用的最大工作静拉力 S 值,则新选的钢丝绳仍可以与算得的卷筒和滑轮的最小直径配用。

⑥ 本表的 h 值不能限制或代替钢丝绳制造厂和起重机制造厂之间的协议,当考虑采用不同柔性的新型钢丝绳时尤其如此。

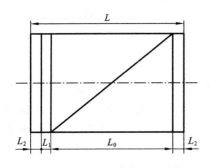

图 3-27　单联卷筒的长度计算

2）卷筒的长度

（1）单层绕卷筒的长度　单层绕卷筒又分为单联卷筒与双联卷筒。单联卷筒只引出一支钢丝绳,用于单联滑轮组及悬于单支钢丝绳上的吊钩;双联卷筒具有对称的螺旋槽,引出两支钢丝绳,用于双联滑轮组。

① 单联卷筒的总长度（见图 3-27）为

$$L = L_0 + L_1 + 2L_2 \qquad (3-20)$$

$$L_0 = \left(\frac{Ha}{\pi D_0} + n \right) t$$

式中　L_0——绳槽部分长度;

　　　H——起升高度;

　　　a——滑轮组倍率;

　　　D_0——卷筒卷绕直径;

　　　t——绳槽节距,光面卷筒取 $t = d$;

　　　n——附加安全圈数,使钢丝绳绳端受力减小,便于固定,通常取 $n = 1.5 \sim$

3 圈；

L_1——固定钢丝绳所需要的长度，一般取 $L_1 = 3t$；

L_2——两端的边缘长度（包括凸台在内），根据卷筒结构加工需要决定，一般取 $L_2 = 2t$。

② 双联滑轮组的卷筒长度（见图 3-28）为

$$L = 2(L_0 + L_1 + L_2) + L_3 \qquad (3-21)$$

式中　L_3——卷筒中部不切槽部分的长度；

L_0、L_1、L_2 的意义与式(3-20)中的相同。

L_3 由钢丝绳允许的偏斜度决定，允许偏斜度通常约为 1：10，故

$$B - 0.2h_{min} \leqslant L_3 \leqslant B + 0.2h_{min}$$

式中　B——由卷筒引入吊钩挂架两个滑轮的间距；

h_{min}——吊钩最高位置时动滑轮轴线与卷筒轴线间的距离。

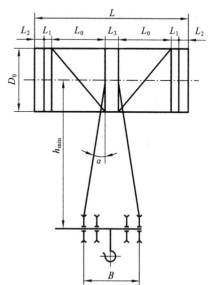

图 3-28　双联卷筒的长度计算

（2）多层绕卷筒的长度　如图 3-29 所示，绕在卷筒上的钢丝绳共绕 n 层，每层有 z 圈，设各层的卷绕直径分别为 $D_1, D_2, \cdots, D_n$，则总的绕绳长度为

$$L_{sh} = z\pi(D_1 + D_2 + \cdots + D_n) \qquad (3-22)$$

$$D_1 = D + d$$

$$D_2 = D_1 + 2d = D + 3d$$

$$D_3 = D_2 + 2d = D + 5d$$

$$\vdots$$

$$D_n = D + (2n - 1)d$$

将 $D_1, D_2, \cdots, D_n$ 代入式(3-22)，得

$$L_{sh} = z\pi\{nD + d[1 + 3 + 5 + \cdots + (2n-1)]\} \qquad (3-23)$$

式(3-23)中，括号内各项形成一公差为 2 的等差级数，这一数列的总和为 n^2，所以

$$L_{sh} = z\pi n(D + nd) \qquad (3-24)$$

从而得出每层卷绕圈数为

$$z = \frac{L_{sh}}{\pi n(D + nd)} \qquad (3-25)$$

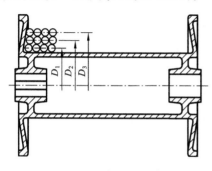

图 3-29　多层绕卷筒

必需的绕绳长度为起升高度 H 与滑轮

组倍率 a 之乘积,即

$$L_{sh} = Ha$$

钢丝绳卷绕节距为

$$t \approx d$$

所以,多层绕卷筒的卷绕长度为

$$L_0 = 1.1zt = 1.1 \frac{Had}{\pi n(D + nd)} \qquad (3\text{-}26)$$

式中,系数 1.1 为钢丝绳卷绕不均匀系数。

3)卷筒壁厚

卷筒壁厚 δ 可先按经验公式初步确定,然后进行强度计算。

对于铸铁卷筒,有

$$\delta = 0.02D + (6 \sim 10) \quad (mm)$$

对于钢卷筒,有

$$\delta \approx d$$

考虑到工艺要求,铸铁卷筒壁厚不应小于 12 mm,铸钢卷筒壁厚不应小于 15 mm。

3. 卷筒的强度计算

卷筒在钢丝绳的拉力作用下,产生弯曲、扭转和压应力。其中压应力最大,它是由钢丝绳缠绕箍紧所产生的。

1)钢丝绳缠绕箍紧所产生的压应力

钢丝绳缠绕箍紧所产生的压应力可根据图 3-30 所示的卷筒压应力分析中的平衡条件求出。取宽度为一个绳槽节距 t 的圆环,卷筒壁中压应力的分布是不均匀的,内表面应力较高。当卷筒壁厚不大时,应力差别不大,可以近似认为是均匀分布的。由平衡条件得

$$S_{max} = \sigma_y \delta t$$

即

$$\sigma_y = \frac{S_{max}}{\delta t} \qquad (3\text{-}27)$$

式中　σ_y——钢丝绳缠绕箍紧所产生的压应力;

　　　S_{max}——钢丝绳最大拉力;

　　　t——钢丝绳绳槽节距;

　　　δ——卷筒壁厚。

多层卷绕卷筒中的压应力按下式计算:

$$\sigma_y = A \frac{S_{max}}{\delta t} \qquad (3\text{-}28)$$

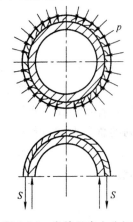

图 3-30　卷筒压应力分析

式中　A——考虑卷绕层数的系数,见表 3-8。

表 3-8　卷绕层数影响系数

卷绕层数	2	3	4	≥5
A	1.75	2	2.25	2.5

2）钢丝绳缠绕所产生的局部弯曲应力

钢丝绳缠绕所产生的局部弯曲应力如图 3-31 所示，该图表示了单圈箍紧时卷筒壁局部弯曲变形情况。卷筒实际工作时，这种局部弯曲应力主要产生在卷筒壁靠近支承辐板处，以及卷绕末圈附近。这项应力很难计算，而只在安全系数中予以考虑。

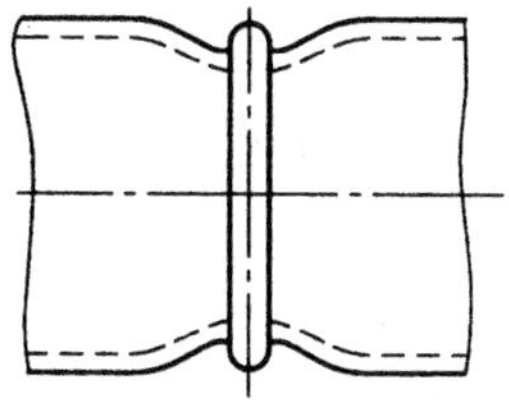

图 3-31　卷筒受箍后的局部弯曲变形

3）扭转应力

扭转应力为

$$\tau = \frac{M_t}{W_p} \qquad (3\text{-}29)$$

式中　M_t——卷筒筒体承受的扭矩；

　　　W_p——卷筒筒体的抗扭截面系数。

对于单联卷筒，有

$$M_t = \frac{S_{max} D_0}{2}$$

对于双联卷筒，有

$$M_t = \frac{2S_{max} D_0}{2} = S_{max} D_0$$

式中　S_{max}——钢丝绳的最大静拉力。

$$W_p = \frac{\pi}{16} \times \frac{D^4 - (D - 2\delta)^4}{D}$$

更简单一些，可用以下方法近似计算：

对于单联卷筒，有

$$\tau = \frac{S_{max}}{\pi D \delta} \qquad (3\text{-}30)$$

对于双联卷筒，有

$$\tau = \frac{2S_{max}}{\pi D \delta} \qquad (3\text{-}31)$$

扭转应力通常很小，可以忽略不计。

4）弯曲应力

弯曲应力为

$$\sigma_w = \frac{M_w}{W} \qquad (3\text{-}32)$$

式中　M_w——卷筒筒体中部截面的弯矩，$M_w = S_{max} \dfrac{L - L_3}{2}$；

$\quad\quad\ W$——卷筒筒体的截面系数，$W = \dfrac{\pi}{22} \times \dfrac{D^4 - (D - 2\delta)^4}{D}$；

$\quad\quad\ L_3$——卷筒中部不切槽部分的长度，见图 3-28。

当卷筒长度 $L \leq 3D$ 时，σ_w 可以忽略不计。

5）合成应力

卷筒的强度验算可按下式所示的合成应力计算：

$$\sigma = \sigma_w + \frac{[\sigma_l]}{[\sigma_y]} \sigma_y \leq [\sigma_l] \tag{3-33}$$

式中　$[\sigma_l]$——许用拉应力，对于钢有 $[\sigma_l] = \sigma_s/2$，对于铸铁有 $[\sigma_l] = \sigma_s/5$（σ_s 表示材料的抗拉强度）；

$\quad\quad\ [\sigma_y]$——许用压应力，对于钢有 $[\sigma_y] = \sigma_s/1.5$，对于铸铁有 $[\sigma_y] = \sigma_{By}/4.25$（$\sigma_{By}$ 表示材料的抗压强度）。

当卷筒长度 $L \leq 3D$ 时，卷筒可按下式验算强度：

$$\sigma_y = A \frac{S_{max}}{\delta t} \leq [\sigma_y] \tag{3-34}$$

3.3　取物装置

3.3.1　取物装置概述

起重机必须通过取物装置将起吊物品与起升机构联系起来，从而进行这些物品的装卸、吊运、安装等作业。

对取物装置的要求主要有以下几方面：

① 提高生产率，即减小自重，缩短装卸时间。

② 减轻体力劳动，即尽量减少辅助人员数量，减轻装卸劳动强度。自动装卸的取物装置，如抓斗、起重电磁铁、真空吸盘等，不仅完全不需要装卸辅助人员，而且装卸时间也大大缩短。

③ 安全作业。这有两方面意义：对于吊运的物品应防止坠落或其他损伤；对于作业人员应防止发生人身伤亡事故。

吊运成件物品、散粒物品以及液体物品，分别采用不同的取物装置。此外，由于物品的几何形状、物理性质以及装卸效率的要求不同，取物装置种类繁多，如吊钩（见图 3-32）、吊环（见图 3-33）、吊索（见图 3-34）、夹钳（见图 3-35）、托爪（见图 3-36）、吊梁（见图 3-37）、起重电磁铁（见图 3-38）、真空吸盘（见图 3-39）、抓斗（见图 3-40）、料斗（见图 3-41）、盛桶（见图 3-42），此外还有卸扣（见图 3-43）、吊耳、集装箱吊具等。

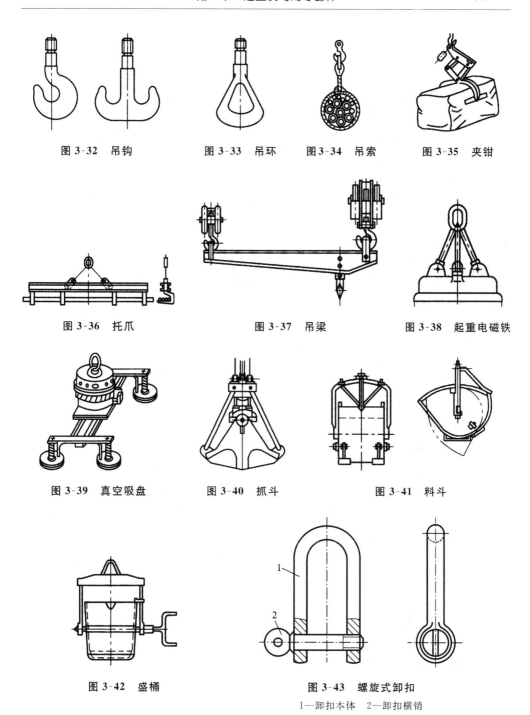

图 3-32　吊钩　　　　图 3-33　吊环　　　图 3-34　吊索　　　图 3-35　夹钳

图 3-36　托爪　　　　　　图 3-37　吊梁　　　　　　图 3-38　起重电磁铁

图 3-39　真空吸盘　　　　图 3-40　抓斗　　　　　图 3-41　料斗

图 3-42　盛桶　　　　　　图 3-43　螺旋式卸扣

1—卸扣本体　2—卸扣横销

3.3.2 吊钩组

1. 吊钩及吊钩组的构造

1) 吊钩的材料

吊钩断裂可能导致重大的人身及设备事故,因此,吊钩的材料要求没有突然断裂的危险。从减小吊钩自重的角度出发,要求吊钩的材料具有高的强度,但强度高的材料通常对裂纹和缺陷很敏感,材料的强度越高,突然断裂的可能性越大。目前吊钩广泛采用低碳钢制造。

中小起重量起重机的吊钩是锻造的。大起重量起重机的吊钩采用钢板铆合,称为片式吊钩。随着锻压能力的提高,目前大起重量起重机的吊钩也有采用锻造的。锻造吊钩通常采用屈服强度不低于 235 MPa 的结构钢或合金钢,其成分和性能应符合 GB/T 10051.1—2010 的规定。片式吊钩由若干块厚度不小于 20 mm 的 Q235 钢、20 钢或 Q345 钢板制造。片式吊钩不会因突然断裂而破坏,因为缺陷引起的断裂只局限于个别钢板,剩余的钢板仍然能支持吊重,因此比锻造吊钩有更好的安全性。片式吊钩损坏的钢板可以更换,这也是它的一大优点,它不像锻造吊钩那样一旦破坏就整体报废。但片式吊钩自重较大,因为它的截面形状不如锻造吊钩合理。

用铸造方法制造的吊钩,截面形状可能更加合理,但由于工艺上尚不能排除铸造缺陷,因此不符合安全要求,目前不允许使用。

由于钢材在焊接时难免产生裂纹等缺陷,因此也不允许使用焊接制造和修复的吊钩。

2) 吊钩的种类

除根据制造方法的不同分为锻造吊钩和片式吊钩之外,根据形状的不同,吊钩还可分为单钩和双钩两种(见图 3-44)。单钩的优点是制造和使用比较方便;双钩的优点是自重小,它的受力比较合理。单钩用于起重量较小的场合;当起重量较大时,为了不使吊钩过重,多采用双钩。

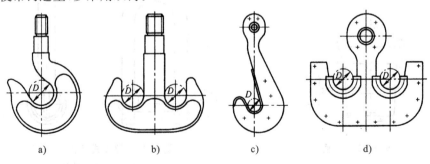

图 3-44 吊钩种类

a) 锻造单钩 b) 锻造双钩 c) 片式单钩 d) 片式双钩

3）吊钩的构造

吊钩钩身（弯曲部分）的截面形状有圆形、矩形、梯形、T 形等（见图 3-45）。从受力情况来看，T 形截面最合理，可以得到较轻的吊钩，它的缺点是锻造工艺复杂。目前最常用的吊钩截面是梯形，它的受力情况比较合理，锻造也较容易。矩形截面只用于片式吊钩，截面的承载能力未能充分利用，因而比较笨重。圆形截面只用于简单的小型吊钩。

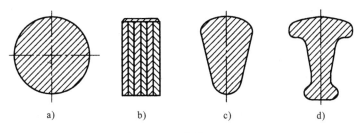

图 3-45　吊钩截面形状

a）圆形　b）矩形　c）梯形　d）T 形

装在吊钩组上的锻造吊钩，其尾部通常制成带螺纹的形式，通过螺母将吊钩支承在吊钩横梁上。小型吊钩通常采用管螺纹，这种螺纹制造方便，但应力集中严重，容易在螺纹处断裂，因此，大型吊钩多采用梯形或锯齿形螺纹。为了更好地减轻应力集中，还可以采用圆螺纹。

小型起重机的吊钩有采用如图 3-46 所示不带螺纹的吊钩的结构，它省去了尾部螺纹，减小了应力集中。

片式吊钩及悬挂在单支钢丝绳上的吊钩，其尾部带有圆孔（见图 3-44c、d），用销轴与其他部件连接。

为了防止系物脱钩，有的吊钩装有闭锁装置（见图 3-47a）。轮船装卸用的吊钩通常

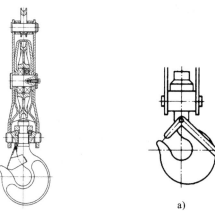

图 3-46　不带螺纹的吊钩

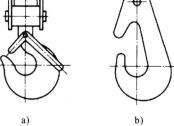

图 3-47　轮船装卸用吊钩

a）闭锁钩　b）鼻状钩

制成如图 3-47b 所示的形状,突出的鼻状部分是为了防止吊钩在起升时挂住舱口。

片式吊钩的钩口通常有软钢垫块,垫块上方为圆弧形,以免损伤系物绳,下方与钩口紧密配合,使载荷均匀分配到各片上去。

4）吊钩组

吊钩组是吊钩与滑轮组动滑轮的组合体。吊钩组有长型与短型两种(见图 3-48)。长型吊钩组采用普通的短吊钩(钩柄较短的吊钩),支承在吊钩横梁上,滑轮支承在单独的滑轮轴上,它的高度较大,使有效起升高度减小。短型吊钩组过去采用长吊钩,这种吊钩组的滑轮直接装在吊钩横梁上,高度大大减小,但它只能用于双倍率滑轮组。因为单倍率滑轮组的平衡轮在下方,只有用长型吊钩组才能安装这个平衡轮。现在生产的短型吊钩组在结构上有些类似长型吊钩组,但具有短型吊钩组的特点。短型吊钩组只能采用较小的滑轮组倍率,当倍率较大时,滑轮数目增多,吊钩横梁过长,因而弯曲力矩过大,从而使吊钩组自重过大。因此,短型吊钩组只用于起重量较小的情况。

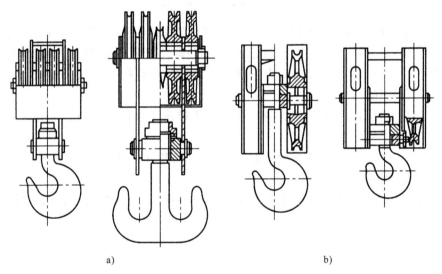

a)　　　　　　　　　　　　　　　　b)

图 3-48　吊钩组

a) 长型　b) 短型

为了方便系物工作,吊钩应能绕竖直轴线与水平轴线旋转。为此吊钩用止推轴承支承在吊钩横梁上,吊钩尾部的螺母压在这个止推轴承上。螺母应有可靠的防松装置,止推轴承应有防尘装置。为了使吊钩能绕水平轴线旋转,长型吊钩组横梁的轴端与定轴挡板相配处制成环形槽,允许横梁转动;相反,上方滑轮轴的轴端则为扁缺口,不容许滑轮轴转动。

单支钢丝绳的吊钩,由于自重不足,常需附加重锤,便于空钩下降,如港口起重机用的带重锤的吊钩(见图 3-49)。

2. 吊钩的计算

吊钩已有标准,一般都只根据起重量从标准中选用,不要再进行计算或强度校核。这里介绍吊钩计算的目的在于掌握吊钩计算方法,以便有必要核验吊钩强度和设计新吊钩时应用。对于吊钩通常验算它的几个危险截面、尾部螺纹以及吊挂装置的几个构件的强度。

1）钩身强度的验算

吊钩钩身的强度,过去常采用直梁偏心弯曲的方法计算,但误差太大,目前多用曲梁理论计算。这种计算方法是按最大应力不超过材料的屈服极限进行。一般机械零件如轴、齿轮等,一旦最大应力超过屈服极限就会产生永久变形,不能继续使用。对于吊钩,几何尺寸略有变化并不影响正常使用和安全承载,考虑塑性变形的极限承载能力法更为合理。

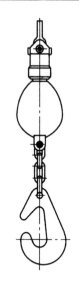

图 3-49　带重锤的吊钩

（1）单钩　图 3-50 为单钩计算简图。对于单钩,验算截面 1—2 与截面 3—4 的强度。

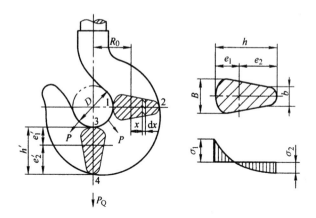

图 3-50　单钩计算简图

① 截面 1—2。起升载荷 P_Q 作为偏心拉力,偏心距为 $D/2+e_1$,因而它同时承受弯曲力矩 $M=P_Q(D/2+e_1)$,e_1 为截面重心距最大应力边缘的距离。由于在截面 1—2 附近截面重心轴线弯曲曲率很大,按直梁计算其弯曲应力误差很大,因而应按曲梁计算。应力分布如图 3-50 所示,截面内缘 1 点应力为最大拉应力 σ_1,截面外缘 2 点的应力为最大压应力 σ_2,它们的值分别由下式计算:

$$\sigma_1 = \frac{KP_Q}{AK_B} \cdot \frac{2e_1}{D} \leqslant [\sigma] \tag{3-35}$$

$$|\sigma_2| = \left| \frac{KP_Q}{AK_B} \cdot \frac{2e_2}{D+2h} \right| \leqslant [\sigma] \tag{3-36}$$

式中　　A——截面 1—2 的面积；

$\quad\quad\quad e_1$——截面重心至内缘距离；

$\quad\quad\quad e_2$——截面重心至外缘距离；

$\quad\quad\quad K$——单钩的动力系数；

$\quad\quad\quad K_B$——依曲梁截面形状而定的系数。

系数 K_B 由下式确定：

$$K_B = -\frac{1}{A}\int_{-e_1}^{e_2}\frac{x}{R_0 + x}\mathrm{d}A \tag{3-37}$$

对于梯形截面有

$$K_B = \frac{2R_0}{(B+b)h}\left\{\left[b+\frac{B+b}{h}(R_0+e_2)\right]\ln\frac{R_0+e_2}{R_0-e_1}-(B-b)\right\}-1 \tag{3-38}$$

式中
$$R_0 = \frac{D}{2}+e_1$$

$$e_1 = \frac{B+2b}{B+b}\cdot\frac{h}{3}$$

$$e_2 = h - e_1$$

对于矩形截面，有

$$K_B = \frac{D+h}{2h}\ln\frac{D+2h}{D}-1 \tag{3-39}$$

也可按下式近似计算：

$$K_B \approx \frac{1}{3}u^2 + \frac{1}{5}u^4 + \frac{1}{7}u^6 \tag{3-40}$$

式中
$$u = \frac{h}{a+h}$$

对于圆形和椭圆形截面，有

$$K_B \approx \frac{1}{4}\left(\frac{h}{2R_0}\right)^2 + \frac{1}{8}\left(\frac{h}{2R_0}\right)^4 + \frac{5}{64}\left(\frac{h}{2R_0}\right)^6 \tag{3-41}$$

② 截面 3—4。最危险的受力情况是当两系物绳倾角增大为 α_{max} 时，有

$$P = \frac{KP_Q}{2\cos\alpha_{max}} \tag{3-42}$$

将此力分解为

$$\left.\begin{array}{l} P\sin\alpha_{max} = \dfrac{KP_Q}{2}\tan\alpha_{max} \\[2mm] P\cos\alpha_{max} = \dfrac{KP_Q}{2} \end{array}\right\} \tag{3-43}$$

$\dfrac{KP_Q}{2}\tan\alpha_{max}$ 产生与上一节相似的受力情况，为偏心拉力，$P\cos\alpha = \dfrac{KP_Q}{2}$ 产生切应

力,切应力 $\tau = \dfrac{KP_Q}{2F}$,通常 $\tau = 0.1\sigma_3$,所以忽略不计。截面 3—4 上的正应力为

$$\sigma_3 = \frac{KP_Q \tan\alpha_{max}}{A'K'_B} \cdot \frac{e'_1}{D} \leqslant [\sigma] \tag{3-44}$$

$$|\sigma_4| = \left| -\frac{KP_Q \tan\alpha_{max}}{2A'K'_B} \cdot \frac{2e'_2}{D+2h'} \right| \leqslant [\sigma] \tag{3-45}$$

通常按 $\alpha_{max} = 45°$ 计算,即

$$\sigma_3 = \frac{KP_Q}{A'K'_B} \cdot \frac{e'_1}{D} \leqslant [\sigma] \tag{3-46}$$

$$|\sigma_4| = \left| -\frac{KP_Q}{A'K'_B} \cdot \frac{e'_2}{D+2h'} \right| \leqslant [\sigma] \tag{3-47}$$

式中　A'——截面 3—4 的面积;

　　　K'_B——截面 3—4 的形状系数。

由于截面 3—4 处有强烈磨损,应力应按报废时的截面尺寸计算。当截面高度磨损达 5% 时即行报废。

(2)双钩　图 3-51 为双钩计算简图。对于双钩一般也是验算两个危险截面,即截面 1—2 和截面 3—4。危险载荷则都是最大倾角 α_{max} 的系物绳张力 P。

① 截面 1—2。截面 1—2 最大正应力为

$$\sigma_1 = \frac{KP_Q}{AK_B} \cdot \frac{\sin(\alpha_{min}+\beta)}{\cos\alpha_{max}} \cdot \frac{e_1}{D} \tag{3-48}$$

$$\sigma_2 = -\frac{KP_Q}{AK_B} \cdot \frac{\sin(\alpha_{max}+\beta)}{\cos\alpha_{max}} \cdot \frac{e_2}{D+2h} \tag{3-49}$$

当 $\alpha_{max} = 45°$ 时,有

$$\sigma_1 = \frac{KP_Q}{AK_B} \cdot \frac{\sin(45°+\beta)}{\cos 45°} \cdot \frac{e_1}{D} \tag{3-50}$$

$$\sigma_2 = -\frac{KP_Q}{AK_B} \cdot \frac{\sin(45°+\beta)}{\cos 45°} \cdot \frac{e_2}{D+2h} \tag{3-51}$$

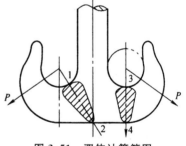

图 3-51　双钩计算简图

② 截面 3—4。应力计算与单钩完全相同,即

$$\sigma_3 = \frac{KP_Q \tan\alpha_{max}}{A'K'_B} \cdot \frac{e'_1}{D} \leqslant [\sigma] \tag{3-52}$$

$$|\sigma_4| = \left| -\frac{KP_Q \tan\alpha_{max}}{2A'K'_B} \cdot \frac{2e'_2}{D+2h'} \right| \leqslant [\sigma] \tag{3-53}$$

当 $\alpha_{max} = 45°$ 时,有

$$\sigma_3 = \frac{KP_Q}{A'K'_B} \cdot \frac{e'_1}{D} \leqslant [\sigma] \tag{3-54}$$

$$|\sigma_4| = \left| -\frac{FP_Q}{A'K'_B} \cdot \frac{e'_2}{D+2h'} \right| \leqslant [\sigma] \tag{3-55}$$

(3)吊钩的许用应力　吊钩的许用应力为

$$[\sigma] = \frac{\sigma_s}{n} \tag{3-56}$$

式中　n——安全系数,一般用途取 $n=1.3$,用于吊运液态金属取 $n=2.5$。

2）尾部螺纹部分强度验算

（1）螺纹尾部的拉应力　螺纹尾部的拉应力为

$$\sigma = \frac{KP_Q}{A} = \frac{KP_Q}{\dfrac{\pi d_1^2}{4}} \leqslant [\sigma] \tag{3-57}$$

式中　P_Q——额定起升载荷;

　　　　K——动力系数;

　　　　A——螺纹根部截面面积;

　　　　$[\sigma]$——许用应力,$[\sigma] = \dfrac{\sigma_s}{n}$,通常 $n=4$。

（2）螺母高度验算　螺母的高度的主要依据是螺纹间的挤压应力。挤压应力按下式计算:

$$\sigma_j = \frac{KP_Q}{Z\dfrac{\pi}{4}(d^2 - d_2^2)} + \frac{KP_Q}{\dfrac{H}{t} \cdot \dfrac{\pi}{4}(d^2 - d_2^2)} \leqslant [\sigma_j] \tag{3-58}$$

式中　Z——螺纹圈数;

　　　　H——螺母的螺纹高度;

　　　　t——螺纹的螺距;

　　　　d——螺纹大径;

　　　　d_2——螺母小径;

　　　　$[\sigma_j]$——许用挤压应力。

由于压力在各圈螺纹间分布很不均匀,挤压应力取较低的许用值,对于 Q235 钢螺母和专用钢制吊钩有

$$[\sigma_j] = \frac{\sigma_s}{n}$$

通常 $n=5$。

一般情况下,$H \approx (1 \sim 1.5)d$,由此计算的挤压应力是比较低的。

3）吊钩横梁的验算

图 3-52 为吊钩横梁计算简图,其中间部分应按弯曲强度进行验算,即

$$\left. \begin{aligned} \sigma &= \frac{M}{W} = \frac{3}{2} \cdot \frac{KQL}{(B - d_3)h^2} \leqslant [\sigma] \\ [\sigma] &= \frac{\sigma_s}{n}, \quad n = 2.4 \end{aligned} \right\} \tag{3-59}$$

吊钩横梁的轴颈,通常按平均挤压应力进行验算,即

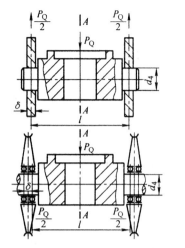
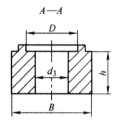

图 3-52　吊钩横梁计算简图

$$\left.\begin{array}{l} \sigma_{j}=\dfrac{KP_{Q}}{2d_{4}\delta}\leqslant[\sigma_{j}] \\[3mm] [\sigma_{j}]=\dfrac{\sigma_{s}}{n},\quad n=3 \end{array}\right\} \tag{3-60}$$

4）吊钩夹板的验算

图 3-53 为吊钩夹板计算简图,主要验算其有孔截面的抗拉强度,即

$$\left.\begin{array}{l} \sigma_{1}=\dfrac{KP_{Q}}{2(b-d_{4})(\delta+\delta')}d_{j}\leqslant[\sigma_{1}] \\[3mm] [\sigma_{1}]=\dfrac{\sigma_{s}}{n},\quad n=2.5 \end{array}\right\} \tag{3-61}$$

式中　d_{j}——应力集中系数,见图 3-54。

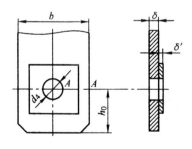
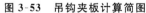
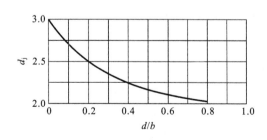

图 3-53　吊钩夹板计算简图　　　　　图 3-54　应力集中系数 d_{j}

轴孔的平均挤压应力按下式计算:

$$\left.\begin{array}{l} \sigma_{j}=\dfrac{KP_{Q}}{2d_{4}(\delta+\delta')}\leqslant[\sigma_{j}] \\[3mm] [\sigma_{j}]=\dfrac{\sigma_{s}}{n},\quad n=3 \end{array}\right\} \tag{3-62}$$

3.3.3　抓斗

抓斗是一种完全自动的取物装置,主要用来装卸大量散粒物料或长材,应用很广,它的抓取与卸料动作完全由司机操纵,不需要辅助人员协助,生产效率较高。抓斗的主要缺点是自重大。抓斗起重机的起重量是抓斗自重与抓取物料质量之和。在水中抓取物料的抓斗,要考虑有真空吸力作用,增大起重量。

1. 抓斗的种类

抓斗种类较多,按照抓斗的操作特点,可分为单绳抓斗、双绳抓斗和电动抓斗,如图 3-55 所示。

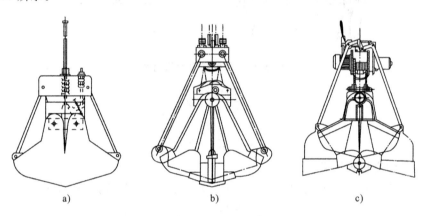

图 3-55　抓斗
a) 单绳抓斗　b) 双绳抓斗　c) 电动抓斗

单绳抓斗用于只有一个起升卷筒的普通起重机。它只有一根工作绳,轮流担负起升和开闭抓斗的任务,任务的转换通过专门的装置来实现。单绳抓斗生产率低,不宜用于经常装卸散粒物料的场合。

双绳抓斗颚板的开闭或升降分别由开闭绳和起升绳驱动。因此双绳抓斗只能用于专门的双卷筒起升机构中。它生产率高,构造简单,自重小,是应用最广的一种抓斗。

电动抓斗属于特殊的单绳抓斗。钢丝绳只作升降抓斗用,颚板的开闭靠固定在横梁上的电动绞车来实现。它的生产率较高,结构复杂,重心高,易倾翻。这种抓斗要求有专门的电缆供电,使用较少。

2. 抓斗的工作原理

1) 单绳抓斗的工作原理

单绳抓斗主要由上横梁、撑杆、颚板及下横梁组成。它通过特殊的闭锁装置来实现起升绳和开闭绳的转换。单绳抓斗的结构形式很多,各有优缺点和应用范围,但工作原理基本相似。

　　图 3-56 所示是一种应用较广的单绳抓斗的工作原理。其闭锁装置由固定在钢丝绳上的一个钢球和上横梁装有一钢叉组成。卸料时(见图 3-56d),先将抓斗落在料堆上,放下钢丝绳,使球体卡在钢叉中,然后再提升钢丝绳,颚板在料重的作用下开斗卸料。这时钢球以下部分钢丝绳是松弛的,允许颚板张开,钢球以上部分钢丝绳作起升绳用。卸完料后,抓斗仍以开斗状态进行竖直和水平运动。下一次抓取物料时,先将抓斗落在料堆上(见图 3-56a),使钢丝绳偏过一边,让球体从钢叉中脱出,再提升钢丝绳(见图 3-56b),即可进行抓取物料。这时钢丝绳起开闭绳作用。钢丝绳继续上升,依满载抓斗闭合上升(见图 3-56c),然后水平运移抓斗至卸料处卸料,完成上述重复动作。

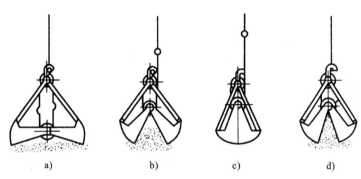

图 3-56　单绳抓斗的工作原理

a) 开斗落于料堆　　b) 抓取物料　　c) 起升　　d) 开斗卸料

2）双绳抓斗的工作原理

　　如图 3-57 所示,双绳抓斗主要由颚板、下横梁、撑杆及上横梁等部分组成。起升绳用来升降抓斗,它的一端固定在上横梁上,另一端连起升卷筒。开闭绳用来操纵斗的开闭,它绕在上下横梁的滑轮组上,另一端与开闭卷筒连接。其倍率通常为 2～6。

　　双绳抓斗的工作原理是:抓斗以张开状态下降到料堆地上(见图 3-58a);开闭卷筒回转,使开闭绳上升,此时起升卷筒停止不动,抓斗逐渐闭合,抓斗颚板在自重的作用下插入料堆,抓取物料(见图 3-58b);待抓斗完全闭合后,起升卷筒与开闭卷筒同速回转,将满载的抓斗升到一定高

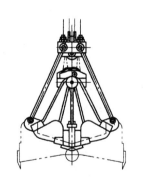

图 3-57　双绳抓斗构造

度(见图3-58c);当抓斗移动到卸料位置后,起升卷筒停止不动,反方向回转开闭卷筒,开闭绳下降,抓斗在料重的作用下张开,并卸料(见图 3-58d)。

　　为了使抓斗工作时稳定,不易扭转,通常将起升绳和开闭绳成双布置。这样共有四根绳,这种抓斗也称四绳抓斗。

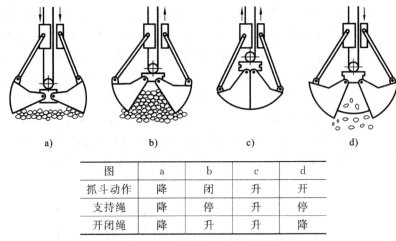

图	a	b	c	d
抓斗动作	降	闭	升	开
支持绳	降	停	升	停
开闭绳	降	升	升	降

图 3-58　双绳抓斗的工作原理

3.4　制动装置

　　起重机是一种间歇动作的机械,它的工作特点是经常起动和制动,因此,在起重机中广泛应用各种类型的制动装置,制动装置是保证起重机安全正常工作的主要部件,起重机的起升、回转、运行及变幅等机构都必须装有不同类型的制动装置。

3.4.1　制动装置的作用和种类

1. 制动装置的作用

　　制动装置不仅能保证起重机工作的安全可靠,还能使起重机各种动作具有一定的准确性,这对提高起重机生产率有很大影响。制动装置的主要作用如下:

　　① 支持制动。制动装置可以使起吊重物悬吊于一定高度上;可以防止变幅、回转及运行机构在风力等外载荷作用下及在斜坡上工作时产生回转和下滑等运动,以保证这些机构确定的工作位置。

　　② 限速或调速。制动装置可以根据工作需要实现减低或调节各机构的运动速度。

　　③ 停止制动。制动装置可以使机构运动停止。

2. 制动装置的分类

　　制动装置分为制动器与停止器两大类。制动器是利用摩擦原件(闸瓦、制动带及摩擦片等)闸住旋转的制动轮或制动盘,借助于其间的摩擦阻力使机构减速或停止运动。停止器是利用机械的止动元件(棘爪、滚柱等)单方向止挡机构运动,当机构改变旋转方向时不起止挡作用。停止器可单独使用,也可与制动器配合使用。

　　制动器通常按构造、操作情况、驱动方式的不同进行分类。

1) 根据制动器的构造分类

　　(1) 块式制动器　块式制动器(见图 3-59)的构造简单,制造与安装都很方便,成

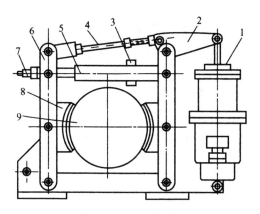

图 3-59 块式制动器

1—液压电磁铁 2—杠杆 3—挡板 4—螺杆 5—弹簧架
6—制动臂 7—拉杆 8—瓦块 9—制动轮

对的瓦块压力互相平衡,使制动轮轴不受弯曲载荷。因此,在起重机上广泛使用。

(2) 带式制动器 带式制动器(见图 3-60)由于制动带的包角很大,因而制动力矩较大,对于同样的制动力矩可以采用比块式制动器更小的制动轮。它的结构紧凑,可以使起重机的机构布置得很紧凑。它的缺点是制动带的合力使制动轮轴受到弯曲载荷,这就要求制动轮轴有足够的刚度。装在卷筒端部上的安全制动器常用这种形式。带式制动器主要用于紧凑性要求高的起重机,如汽车式起重机。

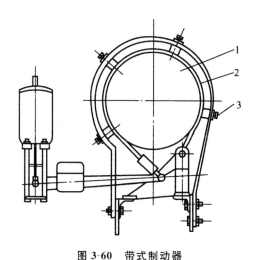

图 3-60 带式制动器

1—制动轮 2—制动带 3—限位螺钉

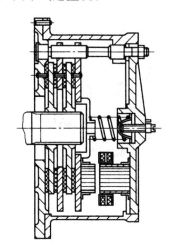

图 3-61 多盘式制动器

(3) 多盘式和圆锥式制动器 多盘式制动器(见图 3-61)与圆锥式制动器(见图 3-62)的上闸力是轴向力,它的制动轮轴也不受弯曲载荷。这两种制动器都只需要较

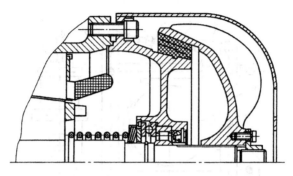

图 3-62　圆锥式制动器

小的尺寸与轴向压力就可以产生相当大的制动力矩,常用于电动葫芦上,使结构非常紧凑。这两种制动器适宜制成标准部件,因而在一般起重机中极少采用。

　　一种多盘式制动器如图 3-63 所示。这种制动器的上闸力也是轴向的,成对互相平衡,但其摩擦力对制动轮轴产生制动力矩,其大小依制动块的数目与安装而定。这种制动器的优点是对同一直径的制动盘可采用不同数量的制动块以达到不同的制动力矩。此外制动块是平面的,摩擦面易于跑合,能够容忍较高的"计算"温度。为了很好地散热,有的制动盘制成两片,中间通风冷却。

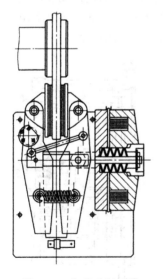

图 3-63　多盘式制动器

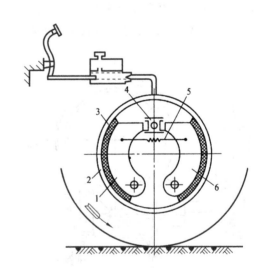

图 3-64　蹄式制动器

1—领蹄　2—制动鼓　3—摩擦衬片
4—轮缸　5—回位弹簧　6—从蹄

　　(4) 蹄式制动器　内张蹄式制动器简称蹄式制动器(见图 3-64),也称鼓式制动器。它主要由制动鼓(轮)、制动蹄、传力杠杆、紧闸装置以及附件等组成。由于结构紧凑、密封容易,可用于安装空间受限制的场合,曾广泛用于各种车辆。但因构造复杂、散热性差、调整不方便等缺点,在某些车辆上逐渐被盘式制动器所代替。

2）根据操作情况的不同分类

（1）常闭式制动器　常闭式制动器在机构不工作期间是闭合的,在机构工作时由松闸装置将制动器分开。起重机一般多用常闭式制动器,特别是起升机构必须采用常闭式制动器,以确保安全。制动器的闭合力大多由弹簧产生,少数由重块产生。后者的缺点是质量大、惯性大、上闸时的冲击力大。

（2）常开式制动器　常开式制动器经常处于松开状态,只有在需要制动时才根据需要施以上闸力,产生制动力矩进行制动。

（3）综合式制动器　综合式制动器是常闭式与常开式的综合体。图 3-65 为综合式制动器原理图。这种制动器具有常开式可以任意操纵控制的优点,同时又具有常闭式制动器安全可靠的优点。起重机工作时,电磁铁通电将重块抬起,使制动器松开,而利用操纵杠杆可以随意进行制动。当起重机不工作时切断电源,电磁铁将重块释放,制动器上闸以防起重机滑走。

几乎所有的常开式制动器都带有综合式制动器的性质,如门座起重机的旋转机构的制动器是常开式的,但很多起重机都备有专门的机构,在起重机不工作期间将制动器锁紧。

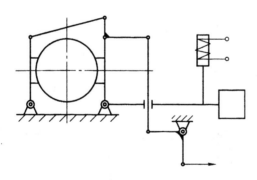

图 3-65　综合式制动器原理图

3）根据驱动方式的不同分类

（1）自动式　自动式制动器的上闸与松闸是自动的。起重机上常用的制动器是由电磁铁、电动推杆等进行松闸。这些制动器都是随着电动机的开、停而自动松闸、上闸。螺旋式载重制动器（见图 3-66）的上闸力是载重本身产生的,这种制动器主要用于手动葫芦,一些电动葫芦里也装有这些制动器,可以使重物下降更加平稳安全。离心制动器（见图 3-67）也是一种自动式制动器,它的制动力矩靠重块的离心力产生,当吊重下降速度达到一定值时,重块离心力所产生的制动力矩与吊重重力所产生的力矩平衡,使吊重匀速下降。

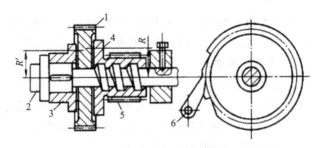

图 3-66　螺旋式载重制动器

1—棘轮　2—轴　3—摩擦制动盘　4—齿轮　5—棘爪

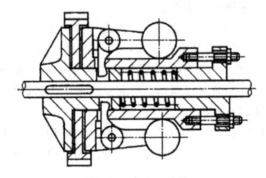

图 3-67　离心制动器

（2）操纵式　操纵式制动器的制动力矩是可以由人随意控制的。对于需要停车准确的运行机构,宜于采用操纵式制动器。这种制动器通常用手柄或足踏板进行操纵。传动方式可以是机械的,例如拉索或刚性杠杆与连杆,也可以是液压驱动的。图 3-68 所示为液压操纵带式制动器。它的动作原理是:踏下踏板,凸轮即将活塞 1 推

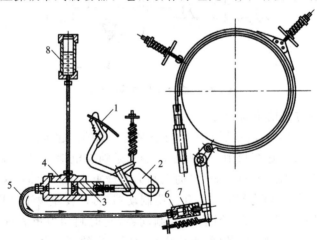

图 3-68　液压操纵带式制动器

1—踏板　2—凸轮　3—活塞 1　4—液压缸 1　5—油管　6—液压缸 2　7—活塞 2　8—储油器

动,将液压缸 1 中的油通过油管压入液压缸 2,从而推动活塞 2,然后通过杠杆系统使带式制动器上闸。放松踏板,即用弹簧将各活塞复位。泄漏的油由储油器补充。液压操纵的优点是可以很方便地操纵任何位置的制动器。最省力的操纵是利用压力空气,其缺点是需要有压气机。

（3）综合式　综合式制动器在正常工作时为操纵式,当切断电源后自动上闸,以保证安全,图 3-65 所示的制动器原理就是在这种意义上表现为综合式的。

3.4.2　块式制动器

块式制动器有构造简单、安装方便、成对的瓦块压力互相平衡、使制动轮轴不受弯曲载荷等优点。起重机上使用的块式制动器多数为常闭式自动作用的。本节着重介绍其结构及选择计算。

1. 块式制动器的构造

1）块式制动器的组成及工作原理

块式制动器通常由制动轮、制动臂、合闸弹簧、制动瓦块以及松闸装置等组成。根据采用的松闸装置的不同,块式制动器分为短行程制动器与长行程制动器。

（1）短行程块式制动器　采用短行程交流或直流电磁铁作为松闸器,且直接固定在一个制动臂的端部,图 3-69 所示为短行程交流电磁铁块式制动器。机构不工作时,合闸主弹簧的推力通过松闸推杆及框架使左右两制动臂推动与它铰接的制动瓦块压向制动轮,实现制动器的合闸;当机构工作时,电磁铁的线圈通电,电磁铁产生吸力,衔铁被吸引而绕其铰接点逆时针转动,将松闸椎杆向有推动,迫使主弹簧进一步压缩。当其张力与松闸推杆的推力相平衡时,在副弹簧及电磁铁自重偏心力矩作用下,左右制动臂张开而使制动器松闸。

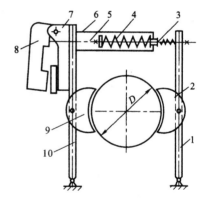

图 3-69　短行程交流电磁铁块式制动器

1、10—制动臂　2、9—制动瓦块

3—副弹簧　4—主弹簧　5—推杆

6—框架　7—电磁铁　8—衔铁

短行程制动器的优点是松闸器装在制动臂端部,不需要松闸杠杆系统,所以结构紧凑,重量轻,外形尺寸小,合闸与松闸快;其缺点是制动过猛,冲击大,松闸力小,其制动轮直径一般不能大于 300 mm。

（2）长行程块式制动器　长行程块式制动器一般也是利用主弹簧使其合闸。其松闸装置包括松闸器和松闸杠杆系。松闸器有长行程交流电磁铁,液压电磁铁和液压推杆等。

图 3-70 所示为液压电磁推杆块式制动器,它主要用在制动力较大的起升机构

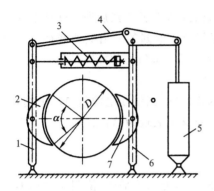

图 3-70　液压电磁推杆块式制动器
1、6—制动臂　2、7—制动瓦块　3—主弹簧
4—杠杆　5—液压电磁铁推杆松闸器

上。这是一种长行程制动器。它采用弹簧上闸,而松闸装置——液压电磁推杆布置在制动器的一侧,通过杠杆系统与制动臂联系而实现松闸。这种制动器的优点是结构简单,松闸杠杆系统的传动比较大,使松闸所需的驱动力小,工作平稳,动作迅速,无噪声;其缺点是杠杆效率较低,松闸装置复杂。

2)块式制动器的主要零部件

块式制动器的主要由制动轮、制动闸瓦、制动臂和松闸器组成,此外还有一些附属装置。

(1)制动轮　制动轮通常由铸钢或球墨铸铁制造,转速不高的制动轮也可用灰铸铁制造。为了增强制动轮摩擦表面的耐磨性,制动轮表面进行机械加工与表面淬火,淬火深度为 $2\sim3$ mm,硬度达到 $35\sim45$ HRC,表面粗糙度 Ra 不大于 $1.25\ \mu m$。装在高速轴上的制动轮要全部加工,以保证制动轮的动平衡特性。有的制动轮带有散热叶片,不能全部加工.但必须进行动平衡调试。

(2)制动闸瓦与覆面材料　制动闸瓦(瓦块)是一个铸铁件,它铰接在制动臂上,为了增大制动瓦块与制动轮之间的摩擦系数,提高制动瓦块的耐磨性能。在制动瓦块上一般都铆接或胶接一层覆面材料。

对覆面材料的基本要求是摩擦系数大、耐磨性好、许用压力大、导热性好等。常用的覆面材料是石棉类的耐磨材料,一般是石棉纤维掺入不同填料纺织或压制而成,通常把纺织的称为制动石棉带,压制的称为制动碾压带。

(3)制动臂　制动臂可由铸钢、钢板或型钢制成。其外形有直臂与弯臂两种。弯臂能增大制动瓦块的包角。目前主要采用由两片钢板制成的直臂。

(4)松闸器　制动器的性能好坏很大程度上取决于松闸器的性能。制动器的松闸器有制动电磁铁、电动推杆(电力液压推动器和电力离心推动器)、电磁液压推动器。

① 制动电磁铁。制动电磁铁是最常用的松闸器。制动电磁铁根据励磁电流的种类分为直流电磁铁与交流电磁铁;根据行程的大小,分为短行程电磁铁与长行程电磁铁。它的特点是构造简单,工作安全可靠,但工作时噪声大,冲击大,电磁铁线圈寿命短。目前采用一种新型的电磁铁,称为压电磁铁。这种电磁铁消除了简单电磁铁的缺点。其特点是动作平稳,无噪声,寿命长,能自动补偿瓦块衬料的磨损,但制造工艺要求较高,价格过高。

② 电动推杆。电动推杆有电动液压推杆和电动离心推杆,两者的基本原理都是利用旋转物体的离心力,前者利用旋转液体离心力所产生的液体压力,后者是利用重

块旋转时的离心力。

电动液压推杆的特点是：动作平稳，无噪声，允许开动的次数多，推动恒定，所需用电动机功率小，耗电少。但它上闸缓慢，用于起升机构时制动行程较长，不适于低温环境，只宜于垂直布置，偏角一般不大于 $10°$。

电动离心推杆几乎具有电动液压推杆的所有优点，并可用于寒冷气候与任何位置，但由于惯性质量大，松闸、上闸动作迟缓，故不宜用于起升机构。

③ 电磁液压电磁铁。电磁液压电磁铁消除了电磁铁的缺点，动作平稳、快速、无噪声、寿命长、能自动补偿制动衬片磨损引起的间隙。但结构复杂，对密封元件和制造工艺要求高，对维修技术要求高，价格较高，制造不完善的液压电磁铁常有失灵现象，现已被电动液压推杆制动器代替。

2. 块式制动器的选用

块式制动器已有系列产品，设计起重机时，一般根据所需的制动力矩，通过校核计算，选用合适的标准制动器。如果现有标准制动器的制动力矩及其他参数不能满足使用要求时，则需要自行设计计算。

制动器的计算主要是根据给定的额定制动力矩，选定或计算制动轮的直径与宽度，选定松闸杠杆系的传动比，确定合闸弹簧的载荷、松闸器的推力（或力矩）与行程（或转角），及计算主要构件强度。

块式制动器是根据制动力矩来选择的，其一般公式为

$$M_{zh} \geqslant K_{zh} M_j \tag{3-63}$$

式中　M_{zh}——制动力矩；

　　　K_{zh}——制动安全系数，其值见各工作机构；

　　　M_j——制动轮的制动静力矩（对高速轴而言）。

根据所需的制动力矩，得额定制动力矩为

$$M_{zh} \leqslant [T] \tag{3-64}$$

式中　$[T]$——额定制动力矩（N·m）。

3.4.3　盘式制动器

盘式制动器是近年来发展起来的新型制动器，现已在起重机中得到广泛的应用。盘式制动器是以平面的摩擦块双向压到制动圆盘的平面上产生制动力的，摩擦块受力和磨损都比较均匀，更换也很方便。盘式制动器结构紧凑，外形尺寸小，摩擦面积大，衬片磨损均匀，制动平稳，制动轮轴不受弯曲载荷，制动力的大小与制动盘旋转方向无关。但是，盘式制动器散热差，温度高，需用热稳定性较好的摩擦材料。

盘式制动器分为锥盘式和圆盘式两类。制动时需要的轴向力可以由人力、弹簧、气压或液压等产生。

如图 3-71 为油压合闸的盘式制动器示意图。它是由两个在结构上完全相同的

制动液压缸组成,成对使用,同时动作。它靠油压合闸制动,弹簧松闸,为常开式制动器。当需要制动时,液压油进入液压缸,油压克服弹簧的张力,推动活塞,使固定盘抱紧制动盘合闸制动。反之,当液压缸内无液压油时,弹簧张力推动活塞回移,制动盘与固定盘脱离松闸。如果制动时液压大小不同,对制动盘施加的轴向压力不同,可以通过调节不同的液压来获得不同的制动力矩。

　　图 3-72 所示为常闭式的盘式制动器。机构工作时,电磁线圈通电,吸引固定盘左移,这时制动弹簧被压缩,固定盘与制动盘脱离松闸。机构不工作时,电磁线圈断电,固定盘在制动弹簧张力作用下右移,压紧制动盘合闸制动。

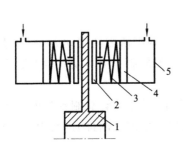

图 3-71　盘式制动器示意图

1—制动盘　2—固定盘

3—弹簧　4—活塞　5—液压缸

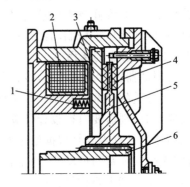

图 3-72　常闭式的盘式制动器

1—弹簧　2—电磁线圈　3—固定盘

4—摩擦衬片　5—制动盘　6—齿轮联轴器

第 4 章 起 升 机 构

4.1 起升机构的构造

4.1.1 起升机构概述

　　起升机构是起重机械的主要机构之一,用以实现重物的升降运动,其工作性能的优劣将直接影响起重机的技术性能。起重机的起升机构是指机械式绳索卷绕机构,它往往带有竖直方向的绳索滑轮组。起升机构一般由驱动装置、钢丝绳卷绕系统、取物装置以及安全保护装置等组成。钢丝绳卷绕系统包括钢丝绳、卷筒和滑轮组。取物装置有吊钩、吊环、抓斗、电磁吸盘等多种形式。安全保护装置有超负荷限制器、起升高度限位器等。根据需要,起升机构上还可以装设各种辅助装置,如重量限制器、速度限制器,以及钢丝绳作多层卷绕时,使钢丝绳顺序排列在卷筒上的排绳装置等。

　　图 4-1 为电动机驱动的起升机构简图。它由电动机、联轴器(带制动轮)、制动器、减速器、卷筒、导向滑轮、起升滑轮组和吊钩等组成。电动机正转或反转时,制动器松开,通过带制动轮的联轴器带动减速器高速轴,经减速器减速后由低速轴带动卷筒旋转,使钢丝绳在卷筒上绕进或放出,从而使重物起升或下降。电动机停止运转时,依靠制动器将高速轴的制动轮刹住,使悬吊的重物停止在半空中。

　　起升机构的驱动方式有内燃机驱动、电动机驱动和液压驱动三种。

1. 内燃机驱动的起升机构

　　内燃机驱动的起升机构由内燃机通过机械传动装置将动力集中传递给包括起升机构在内的各个工作机构。其特点是具有自身独立的能源,机动灵活,适用于流动作业的流动起重机。内燃机由于不能逆转,不能带载起动,需依靠传动环节的离合器实现起动和换向,因此调速困难,操纵复杂。

2. 电动机驱动的起升机构

　　电动机驱动是起升机构的主要驱动方式,一般采用交流绕线转子异步电动机驱动。交流电动机直接从电网取得电源,过载能力强,

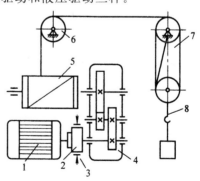

图 4-1 起升机构简图

1—电动机 2—联轴器(带制动轮)
3—制动器 4—减速器 5—卷筒
6—导向滑轮 7—起升滑轮组 8—吊钩

可以带载起动,便于调速,操纵简单,维护容易,机组自重小,工作可靠,在电动起升机构中被广泛采用。直流电动机的机械特性更适合起升机构工作要求,调速性能好,但获得直流电源较为困难,所以很少采用。在大型流动起重机上,常采用内燃机和直流发电机实现直流传动。

3. 液压驱动的起升机构

液压驱动的起升机构由原动机驱动液压泵,将工作油输入执行机构(液压缸或液压马达)使机构动作,通过控制输入执行构件的液体流量实现调速。液压驱动的优点是传动比大,可以实现大范围的无级调速,结构紧凑,运转平稳,操作方便,过载保护性能好。其缺点是液压元件的制造精度要求高,液体容易泄漏。目前液压驱动在流动起重机上广泛应用。

在汽车式或轮胎式起重机中,起升机构的动力用液压马达。采用高速液压马达时,减速装置可以用圆柱齿轮减速器、蜗杆减速器和行星齿轮减速器。采用低速大扭矩液压马达时,可不必用减速装置,而直接带动卷筒旋转。圆柱齿轮减速器由于效率高,功率范围大,已经标准化,因而使用普遍,但体积、重量较大。蜗杆减速器的尺寸小,传动比大,重量轻,但效率低,寿命较短,一般只用于中小型起重机上。行星齿轮减速器包括摆线针轮行星减速器及少齿差行星减速器等,具有结构紧凑、传动比大、重量轻等特点,但价格较高。行星齿轮减速器可直接装在起升卷筒内,从而结构非常紧凑,使起升机构能直接布置在吊臂尾部。

起重机的驱动形式有两种:集中驱动和分别驱动。集中驱动通常用于以内燃机为原动机的流动起重机,如轮胎式起重机、履带式起重机、汽车式起重机等。由于集中驱动,为保证各机构的独立运动,整机的传动系统比较复杂,调速困难,操纵麻烦,但工作可靠。分别驱动常用于供电方便及在一定范围内作业的起重机,如港口门座起重机、桥架型起重机、浮式起重机等。由于各机构由独立的电机驱动,分组性好,布置、安装和维修都较方便,操纵控制系统简单。

图 4-1 所示的起升机构在电动机与卷筒之间通常采用起重用标准两级减速器。要求低速时可采用三级大传动比减速器。

4.1.2　起升机构的布置方案

起升机构中卷筒以后是起升滑轮组,本节介绍卷筒之前的传动布置方案。

1. 展开式布置的起升机构

图 4-2 为两种典型的起升机构展开式布置简图,电动机轴(即高速轴)与卷筒轴平行布置,其间的距离就是减速装置的中心距。

为了安装方便并避免高速轴受到小车架受载变形的影响,电动机与减速器之间的联轴器应具有补偿变形和角度偏差的能力,通常采用具有补偿性能的弹性柱销联轴器或齿轮联轴器。弹性柱销联轴器构造简单并具有缓冲作用,但其弹性橡胶圈或

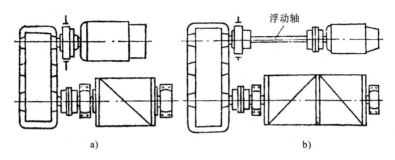

图 4-2 起升机构展开式布置简图

a) 无浮动轴 b) 有浮动轴

尼龙柱销等弹性件的使用寿命不长。齿轮联轴器坚固耐用,应用最广,但需要润滑。为了机构布置方便并增大补偿能力,常常将齿轮联轴器制成两个半齿轮联轴器,中间用一段光轴连接,称为浮动轴,如图 4-2b 和图 4-3 所示。

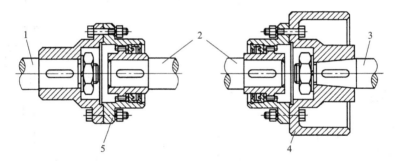

图 4-3 浮动轴

1—电动机轴 2—浮动轴 3—减速器轴 4—带制动轮的半齿联轴器 5—半齿联轴器

　　制动器通常安装在高速轴上,以使所需的制动力矩小,减小制动器的尺寸和重量。通常利用一个半齿轮联轴器带有制动轮(见图 4-4),带制动轮的联轴器半体应

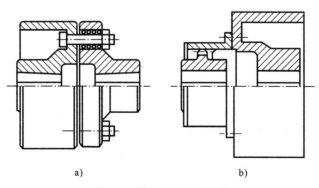

图 4-4 带制动轮的联轴器

a) 弹性柱销式 b) 齿轮式

安装在减速器高速轴一侧,以保证在联轴器损坏时制动器仍可把卷筒制动住,确保机构安全。

　　起升机构的制动器必须采用常闭式,通常采用块式制动器,其制动力矩应保证有足够的制动安全系数。在要求大制动力矩或结构紧凑的情况下也可采用带式制动器。在重要的起升机构中,可装设两个制动器,第二个制动器可装设在减速器高速轴另一伸出端、浮动轴的另一个联轴器或电动机的尾部出轴上。

　　减速器常用标准的两级或三级圆柱齿轮减速器。要求紧凑的起升机构也可采用蜗杆减速器,如图 4-5 所示。

　　起升卷筒与减速器低速轴的连接有多种不同形式。

1）采用全齿联轴器连接

　　图 4-6 所示为全齿联轴器连接。卷筒通过一个全齿联轴器与减速器低速轴连接,卷筒支撑在两个独立支承上。这种连接形式构造简单,部件分组性好,但在卷筒轴线方向所占长度较大,且由于增加了卷筒的支承和联轴器而使机构自重加大。

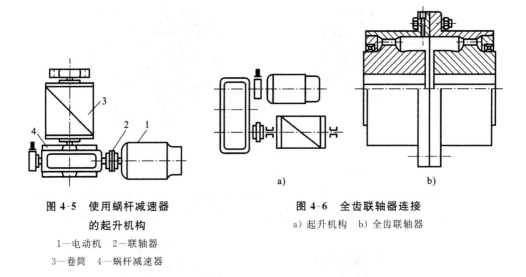

图 4-5　使用蜗杆减速器
　　　　 的起升机构
1—电动机　2—联轴器
3—卷筒　4—蜗杆减速器

图 4-6　全齿联轴器连接
a）起升机构　b）全齿联轴器

2）采用齿轮接盘连接

　　图 4-7 所示为采用齿轮接盘连接的专用齿形卷筒联轴器。卷筒轴左端用自位轴承支承在减速器输出轴的内腔和轴承座中,低速轴的外缘制成外齿轮并与固定在卷筒上的内齿接盘相啮合,形成一个齿轮联轴器以传递扭矩,并可补偿安装误差。在齿轮联轴器的外侧即靠近减速器的一侧装有剖分式的密封盖。这种连接形式的优点是结构紧凑,轴向尺寸小,安装和维修方便,部件分组性好,能补偿减速器与卷筒之间的安装误差。其不足是减速器低速轴需要专门加工。起重专用减速器的低速轴已经按此连接方案专门制造。

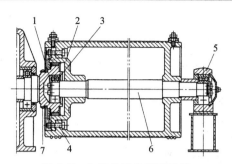

图 4-7 专用齿形卷筒联轴器

1—减速器输出轴 2—内齿接盘 3—内腔轴承
4—铰制螺栓 5—轴承座 6—卷筒长轴 7—输出轴惰轮

3）采用开式齿轮连接

图 4-8 为开式传动的起升机构简图。对于大起重量 $(m_q > 80\ t)$ 的起重机，为了实现低速运转，也为了适应卷筒与电动机间中心距增大的要求，常在标准减速器之后增加一对开式齿轮，其传动比一般为 3～5。开式齿轮的从动齿轮直接固定在卷筒上，扭矩通过齿轮直接传递给卷筒。卷筒用轴承支承在卷筒轴上可自由转动，卷筒轴不传递扭矩，受力情况好。通过一对开式齿轮传动，能增加卷筒轴与电动机轴间的距

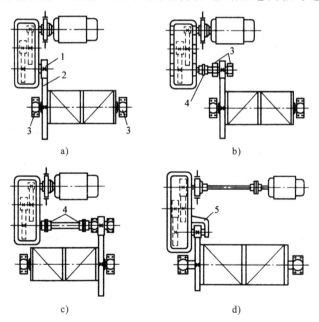

图 4-8 开式传动的起升机构简图

a）小齿轮悬臂装配 b）小齿轮轴与减速器轴之间用全齿联轴器连接
c）小齿轮轴与联轴器轴之间用浮动轴连接 d）小齿轮右臂支承在减速器的外伸轴承座上
1—小齿轮 2—大齿轮 3—轴承座 4—联轴器 5—减速器上的悬臂支承

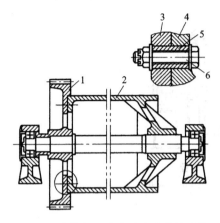

图 4-9　卷筒与开式传动大齿轮的连接
1,3—大齿轮　2,4—卷筒　5—套筒　6—螺栓

离,使卷筒便于布置。但开式齿轮噪声大,磨损也较快。

卷筒与开式传动的大齿轮的连接如图 4-9 所示。卷筒端面与大齿轮用沿圆周均布的螺栓连接。为了承受剪切力和传递扭矩,可以使用精制的铰制孔螺栓,也可以在螺孔中配置受剪套筒而使用粗制螺栓。

卷筒的直径应尽量选用允许的较小值以减小扭矩和传动比,使机构尺寸尽量小。但在起升高度较大时,可选用大直径卷筒以减小卷筒长度。滑轮组的形式(单联或双联)及其倍率对起升机构的尺寸有很大影响。在桥式起重机中采用双联滑轮组,可使重物在起升过程中不发生横向移动,卷筒两端支承的受力不变,运行小车两轨道上的轮压不变。而在汽车式起重机、轮胎式起重机、履带式起重机、塔式起重机、门座起重机等有导向滑轮的起升系统中一般采用单联滑轮组。

滑轮组倍率的大小对钢丝绳的拉力、卷筒直径和长度、减速装置的传动比以及机构的总体尺寸有很大影响。大起重量时采用较大倍率,可避免采用过粗的钢丝绳。有时可采用增大滑轮组倍率同时相应地降低起升速度的方法来提高起重量,即将同一起升机构用于不同的起重量,这是在系列设计中时常采用的方法。在悬臂架型起重机中往往采用较小的倍率以减少臂端定滑轮的数目。大起升高度的起升机构,采用减小滑轮组倍率的方法减少卷筒的绕绳量,从而避免卷筒过长。

在起重量较大的起重机中,常设有两套不同起重量的起升机构,如图 4-10 所示。其中起重量大的为主起升机构,起重量较小的为副起升机构。副起升机构用来起吊较轻的货物或做辅助性工作,提高工作效率。主副起升机构也可协同工作,使大件物品翻身。

2. 同轴式布置

采用行星齿轮(3K 或摆线齿轮、渐开线少齿差行星齿轮)减速器时,减速器布置在卷筒内部,电动机和卷筒同轴布置,如图 4-11 所示。其特点是布置紧凑,但维修不太方便。

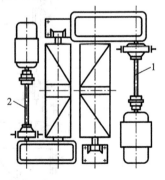

图 4-10　主/副起升机构布置
1—主起升机构　2—副起升机构

4.1.3　减速器的安装

减速器大多采用底座安装形式。冶金起重机械专用减速器,其性能指标有很大提高。除了采用底座安装形式之外,还有三支点支承安装形式(见图 4-12),其减速

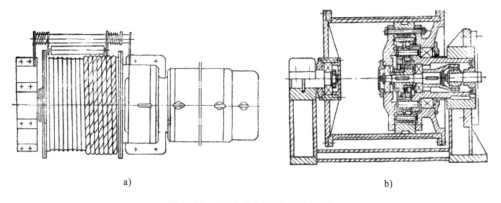

a)   b)

图 4-11　同轴式布置的起升机构

a) 总装图　b) 卷筒剖视图

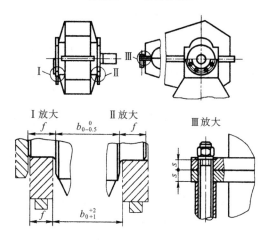

图 4-12　减速器的三支点支承形式

器可以安装成卧式(W)、立式(L)或偏置式三种形式,如图 4-13 所示。L 范围内为立式安装,W 范围内为卧式安装。

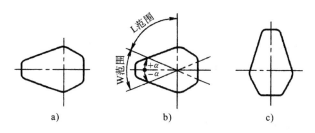

a)   b)   c)

图 4-13　减速器安装形式

a) 卧式　b) 偏置式　c) 立式

中小吨位的起重机可以直接将电动葫芦装在小车架上作为起升机构,小车布置紧凑,小车架结构也因此得到简化。

4.2 起升机构设计计算

起升机构的计算是在给定了设计参数并确定了布置方案后进行的,通过计算选用所需要的标准零部件(如电动机、减速器、制动器、联轴器及起升机构卷绕系统),对非标准零部件还需要进行强度校核。

给定的起升机构设计参数是:起重机的额定起升载荷 P_Q,起升速度 v,起升高度 H,起升机构工作级别(与整机工作级别一致),机构接电持续率 JC 值等。此外还需给定起重机的使用场合,工作条件以及其他特殊要求。

起重机械的工作过程是:在装载地点起升物品,在负载情况下水平移动物品,在卸载地点下降并卸去物品,在无载情况下起升并水平移动返回到装载地点。如此反复循环地工作,每运送一次物品的时间称为一个周期。

对于起升机构,在一个工作周期内,有两段工作时期和两段停歇时期。工作时期即起升物品和下降物品时期,停歇时期即起升机构不工作而其他机构工作的时期。每一工作时期又分为起动、等速运动和制动三个阶段。机构计算主要就是计算这三个阶段的力矩,以及在这些力矩的基础上选择电动机、减速器及制动器三种主要部件。

起升机构主要零部件的计算载荷与机构工作时的载荷作用情况相关,只有仔细地分析了需要计算的零部件的受载情况,才能合理地确定其计算载荷。起升机构的载荷作用特点是:

① 悬挂在吊具上的货物,不论在它上升还是在下降时,始终只对钢丝绳产生拉力。由钢丝绳拉力对卷筒轴产生的力矩方向不变,也就是说载荷力矩是单向作用的。

② 机构的起动和制动时间与稳定运行时间相比是很短暂的。

③ 起升机构运动时的转动惯量主要集中在高速回转的部件上。

根据起升机构的这些特点,可将稳定运动的额定载荷作为机构的计算载荷。

4.2.1 起升阻力矩的计算

1. 平稳上升阶段

在平稳上升阶段,机构匀速地起吊额定起升载荷,这时卷筒上的载荷力矩为

$$M_{jt} = \frac{(P_Q + G_0) D_0}{2a\eta_z} \tag{4-1}$$

折算到电动机轴上的静阻力矩则为

$$M_j = \frac{(P_Q + G_0) D_0}{2a\eta_z \eta_j i \eta_0} = \frac{(P_Q + G_0) D_0}{2ai\eta} \quad (\text{N} \cdot \text{m}) \tag{4-2}$$

式中　P_Q——额定起升载荷(N);

G_0——取物装置自重(N);

D_0——卷筒计算直径(m);

a、η_z——滑轮组的倍率和效率;

i、η_0——减速器的传动比和效率;

η_j——卷筒的效率,采用滚动轴承时 $\eta_j = 0.96 \sim 0.98$,采用滑动轴承时 $\eta_j = 0.94 \sim 0.96$;

η——起升机构总效率,$\eta = \eta_z \eta_j \eta_0$,对于齿轮传动,用滚动轴承时 $\eta = 0.8 \sim 0.9$。

2. 平稳下降阶段

在平稳下降阶段,机构匀速地下降额定起升载荷,这时为了防止载荷自由下落,通常采用电动机的反接制动法,使载荷在控制速度状态下降,也就是用电动机产生的电磁力矩(并考虑机构摩擦力矩的影响)来平衡由载荷所产生的力矩。这时电动机所产生的力矩,等于载荷下降时的静阻力矩,即

$$M_j' = \frac{(P_Q + G_0)D_0}{2ai}\eta \tag{4-3}$$

式中,η 用来考虑机构摩擦力矩。式(4-3)与平稳上升的公式(4-2)的区别仅为 η 所在位置不同,因为摩擦力方向与运动方向相反,这时它帮助制动,所以 η 放在公式中的分子位置。

在起升机构的停歇阶段,电动机已停止转动,制动器同时上闸。这时制动器所产生的制动力矩用来克服起升机构的载荷自行下降的静阻力矩,其值亦为 M_j'。

3. 上升起动阶段

在上升起动时,载荷由静止达到额定起升速度,经过一加速过程。这时,电动机除了要克服静阻力矩之外,还要产生额外的力矩以克服惯性力所产生的惯性力矩。起动力矩为

$$M_q = M_j + M_d = M_j + M_{d1} + M_{d2} \tag{4-4}$$

式中　M_d——起动过程的总惯性力矩;

M_{d1}——使机构转动零件加速的惯性力矩(换算到第一根轴上);

M_{d2}——使起吊物品等直线移动质量加速的惯性力矩(换算到第一根轴上)。

M_{d1} 按下式确定:

$$M_{d1} = M_1 + M_{2/1} + M_{3/1} + \cdots \tag{4-5}$$

式中　M_1——第一根轴上零件的惯性力矩;

$M_{2/1}$——第二根轴上零件的惯性力矩换算到第一根轴上的数值;

$M_{3/1}$——第三根轴上零件的惯性力矩换算到第一根轴上的数值。

M_1 按下式确定:

$$M_1 = J_1 \varepsilon_1 = J_1 \frac{\omega_1}{t_q} = J_1 \frac{2\pi n_1}{60 t_q} = \frac{J_1 n_1}{9.55 t_q} \tag{4-6}$$

式中　J_1——第一根轴上零件的转动惯量（kg·m²）；

　　　ω_1——第一根轴的角速度（rad/s）；

　　　n_1——第一根轴的转速（r/min）；

　　　t_q——起动时间（s）。

同理，在第二根轴上零件的惯性力矩及其换算到第一根轴上的数值分别为

$$M_2 = \frac{J_2 n_2}{9.55 t_q} = \frac{J_2 n_1}{9.55 i_1 t_q} \tag{4-7}$$

$$M_{2/1} = \frac{M_2}{i_1 \eta_1} = \frac{J_2 n_1}{9.55 i_1^2 \eta_1} \tag{4-8}$$

在第三根轴上零件的惯性力矩换算到第一根轴上的数值为

$$M_{3/1} = \frac{2\pi J_3}{60 t_q} \cdot \frac{n_1}{i_1^2 i_2^2 \eta_1 \eta_2} = \frac{J_3}{9.55 t_q} \frac{n_1}{i^2 \eta_0} \tag{4-9}$$

从以上各式可以看出：$M_1 \gg M_{2/1} \gg M_{3/1}$，因为它们与传动比的二次方成反比。为了简化计算，可略去 $M_{2/1}$ 及其以后各项，而将 M_1 乘以一系数 C 代表之。于是有

$$M_{d1} \approx CM_1 = C\frac{J_1 n_1}{9.55 t_q} \tag{4-10}$$

在计算时通常令

$$J_1 = J_d + J_1 \tag{4-11}$$

式中　J_d——电动机转子的转动惯量；

　　　J_1——联轴器的转动惯量。

在以上计算条件下，可取 $C = 1.1 \sim 1.2$，一般取 $C = 1.15$ 较多。

假定机构为匀加速起动，则起动时平均加速度 $a_q = v/t_q$，于是物品的惯性力为

$$P_g = ma = \frac{P_Q + G_0}{g} \cdot \frac{v}{t_q} \tag{4-12}$$

式中　v——额定起升速度（m/s）；

　　　t_q——起升机构的起动时间（s）。

式（4-12）中 P_g 的方向与加速度的方向相反，亦即与重力的方向一致。因此，电动机在起动时为平衡物品惯性力所需克服的惯性力矩 M_{d2}，可按以下方法计算：

$$M_{d2} = \frac{P_g D_0}{2ai\eta} = \frac{P_Q + G_0}{g} \cdot \frac{v}{t_q} \cdot \frac{D_0}{2ai\eta} \tag{4-13}$$

因为

$$v = \frac{\pi D_0 n_j}{60a} = \frac{\pi D_0 n_1}{60ai} \tag{4-14}$$

所以

$$M_{d2} = \frac{(P_Q + G_0)D_0^2 n_1}{4ga^2 i^2 t_q \eta} \tag{4-15}$$

综合上述公式，得

$$M_q = \frac{(P_Q + G_0)D_0}{2ai\eta} + \frac{n_1}{9.55 t_q}\left[CJ_1 + \frac{(P_Q + G_0)D_0^2}{4ga^2 i^2 \eta}\right] \quad (\text{N} \cdot \text{m}) \tag{4-16}$$

式(4-16)中的 M_q 就是欲使载荷在 t_q 内起动而加在电动机轴上的起动力矩,但因电动机的起动力矩并非常量,故 M_q 实际上是代表由上升起动到匀速上升这段起动过程中的平均起动力矩,方括号内的计算结果相当于起升机构包括起升质量所引起的转动惯量在内的等效转动惯量。

4. 下降制动阶段

如前所述,起升机构在上升制动阶段,因载荷力矩是帮助制动的,所需要的制动力矩不大,一般可不计算。但在下降制动阶段则不然,惯性力矩与载荷力矩的方向是一致的,所需要的制动力矩最大,必须加以计算。这时,加在制动器轴(通常与电动机在同一轴线上)上的制动力矩,除了要克服载荷的静阻力矩 M'_j 之外,还要克服由运动质量(包括转动和直线运动质量)的惯性力所产生的力矩,因此,所需的制动力矩为

$$M_z = \frac{(P_Q + G_0)D_0}{2ai}\eta + \frac{n_1}{9.55t_z}\left[CJ_1 + \frac{(P_Q + G_0)D_0^2}{4ga^2i^2}\eta\right] \quad (\text{N} \cdot \text{m}) \qquad (4\text{-}17)$$

式中　t_z——制动时间。

M_z 就是欲使载荷在 t_z 时间内制动而加在第一根轴上的制动力矩。式(4-17)与式(4-16)大致相同,所不同的是因为机构摩擦力帮助制动,故把 η 放在分子位置,并以 t_z 代替了 t_q。

4.2.2　电动机的选择和计算

起升机构一般采用绕线转子异步电动机、笼型异步电动机、自制动异步电动机、交流变频电动机、直流电动机或适合于起升机构使用特点的其他电动机。在具有爆炸性气体的危险场合使用的起重机,应选防爆系列电动机。

在电力驱动的起重机械中,正确选择电动机的功率有重要意义。如果功率选得不足,会使电动机过热和很快损坏,同时也会影响到起重机的生产率和满载情况下起动的可靠性。但如功率选择过大,则会使设备费和重量增加,降低驱动效率,并因过大的动载荷而对机构的工作性能和零件的强度产生有害影响。

合理选择电动机功率的基本要求是:在给定的 JC 值和额定参数下,长期进行重复短暂的工作时,电动机的温升不超过允许数值,即不过热;在正常满载状态下工作时能进行可靠的起动(即起动时间不过长亦不过短)并在最大工作载荷作用下具有足够的过载能力(工作中不发生停车现象)。

具体选择电动机的步骤如下:

1. 计算机构的稳态起升功率

稳态起升功率 P_N 是起升机构在稳定上升阶段匀速地起升额定起升载荷所计算的功率,其计算公式为

$$P_N = \frac{(P_Q + G_0)v_q}{1000\eta} \quad (\text{kW}) \qquad (4\text{-}18)$$

式中　　P_Q——额定起升载荷(N)；

　　　　G_0——取物装置自重,一般可取为$(2\%\sim4\%)P_Q$；

　　　　v_q——额定起升速度(m/s)；

　　　　η——机构总效率。

机构总效率包括滑轮组效率、导向滑轮效率、卷筒的机械效率和传动机构的机械效率,初步计算时,对圆柱齿轮减速器传动的起升机构,可取 $\eta=0.85\sim0.90$。

2. 计算机构的稳态负载平均功率

稳态负载平均功率为

$$P_s=GP_N \tag{4-19}$$

式中　G——稳态负载平均系数,根据实际载荷情况计算,设计中可参考表4-1。

表 4-1　稳态负载平均系数 G

稳态负载平均系数	起升机构	运行机构			回转机构		变幅机构
		室内起重机小车	室内起重机大车	室外起重机	室内	室外	
G_1	0.7	0.7	0.85	0.75	0.8	0.5	0.7
G_2	0.8	0.8	0.90	0.8	0.85	0.6	0.75
G_3	0.9	0.9	0.95	0.85	0.9	0.7	0.8
G_4	1.0	1.0	1.0	0.9	1.0	0.8	0.85

3. 初选电动机

根据稳态负载平均功率 P_s,从电动机产品样本中选择与机构 JC 值相应的电动机功率 P_{JC}。选择电动机的条件是

$$P_{JC}\geqslant P_s \tag{4-20}$$

电动机标称 JC 值有 15%、25%、40%、60% 四种,记为$[JC]$,当机构实际 JC 值与标称值不一致时,按下式进行功率换算：

$$P_{JC}=P_{[JC]}\sqrt{\frac{[JC]}{JC}} \tag{4-21}$$

对 YZR 系列起重冶金专用电动机,其标准的工作制为 S3,基准接电持续率为 40%,电动机产品样本中给定的额定功率 $P_{[JC]}$ 就是对应于接电持续率 40% 的功率。

由电动机产品目录确定电动机的型号后,应查出电动机转速 n_d 和转子的转动惯量 J_d 等相应的数据。

4.2.3　减速器的选择和计算

1. 选择传动比

起升机构的计算传动比为

$$i = \frac{n_d}{n_j} \tag{4-22}$$

式中　n_d——电动机额定转速(r/min);

　　　n_j——卷筒转速(r/min)。

　　　n_j 由下式确定:

$$n_j = \frac{60 a v_q}{\pi D_0} \tag{4-23}$$

式中　a——滑轮组倍率;

　　　D_0——卷筒计算直径(m);

　　　v_q——额定起升速度(m/s)。

2. 选择减速器

依据计算传动比、输入轴转速、机构 JC 值、机构稳态起升功率 P_N(作为减速器输入功率)来选择减速器的具体型号。其功率应满足减速器输入功率不大于其许用输入功率的条件,条件式为

$$P_N \leqslant [P] \tag{4-24}$$

式中　$[P]$——减速器许用输入功率。

一般起升机构中广泛采用 ZQ、JZQ、ZQH、QJ、QJS 等系列的标准减速器。因减速器的标准传动比是离散的,不一定与计算传动比 i 完全相同。此时,可选与 i 相近的标准传动比 i',然后按下式验算起升速度:

$$v' = v \frac{i}{i'} \tag{4-25}$$

式中,如果实际传动比 i' 与计算传动比 i 很接近,实际速度 v' 值与原给定参数 v 值相差在允许范围内(一般为 15%),则认为所选的减速器合适,否则应另选滑轮组或修改卷筒直径,或加配传动比为 3~5 的开式齿轮。

3. 减速器输出轴承载能力校核

(1)输出轴最大径向力校核　图 4-14 为卷筒支承受力简图。输出轴最大径向力应满足下式要求:

$$F_{max} = S_{max} + \frac{P_{Gj}}{2} \leqslant [F] \tag{4-26}$$

式中　F_{max}——输出轴最大径向力(N);

　　　S_{max}——钢丝绳最大静拉力(N);

　　　P_{Gj}——卷筒及卷绕绳重量(N);

　　　$[F]$——减速器低速轴允许承受的径向力(N)。

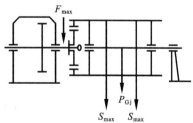

图 4-14　卷筒支承受力简图

(2)输出轴最大扭矩校核　输出轴传递的最大扭矩应满足下式要求:

$$M_{max} = (0.7 \sim 0.8) \psi_{max} M_e i \eta \leqslant [M] \tag{4-27}$$

$$M_e = 9550 \frac{P_e}{n_d} \quad (\text{N} \cdot \text{m}) \tag{4-28}$$

式中　M_{max}——输出轴传递的最大扭矩；

$\quad\quad\quad \psi_{max}$——电动机最大力矩倍数；

$\quad\quad\quad i$——减速器传动比；

$\quad\quad\quad \eta$——减速器传动效率，可取 $\eta = 0.9 \sim 0.95$；

$\quad\quad\quad M_e$——电动机额定力矩（N·m）；

$\quad\quad\quad P_e$——电动机额定功率（kW）；

$\quad\quad\quad n_d$——电动机额定转速（r/min）；

$\quad\quad\quad [M]$——减速器输出轴的许用扭矩（N·m）。

4.2.4　制动器的选择和计算

制动器是保证起重机安全工作的重要部件，起升机构的每一套独立的驱动装置至少要装设一个支持制动器。吊运液态金属或危险物品的起升机构，每套独立的驱动装置至少应有 2 台支持制动器。支持制动器应是常闭式的，制动轮必须装在与传动机构刚性联结的轴上。起升机构制动器的制动转矩必须大于由货物产生的静力矩，在货物处于悬吊状态时具有足够的安全裕度，制动器的制动力矩应满足下式要求：

$$M_z \geqslant K_z \frac{(P_Q + P_{G0}) D_0 \eta'}{2ai} \tag{4-29}$$

式中　M_z——制动器制动力矩；

$\quad\quad\quad K_z$——制动安全系数，与机构重要程度和机构工作级别有关，见表 4-2；

$\quad\quad\quad P_Q$——额定起升载荷（N）；

$\quad\quad\quad P_{G0}$——取物装置自重（N）；

$\quad\quad\quad \eta'$——下降时起升机构的总效率，圆柱齿轮传动一般取 $\eta' = \eta$；

$\quad\quad\quad a$——滑轮组倍率；

$\quad\quad\quad i$——起升机构总传动比。

根据计算所得的制动力矩选择制动器。

表 4-2　制动安全系数 K_z

一般起升机构		1.5
重要起升机构		1.75
吊运液态金属或危险物品	一套机构装 2 台制动器	每个 1.25
	两套刚性联系机构共装 4 台制动器	每个 1.1
具有液压制动的液压起升机构		1.25

4.2.5　联轴器的选择和计算

联轴器的形式根据工作条件要求确定，具体型号规格由所传递的扭矩、转速、轴

颈尺寸等因素确定,要求

$$M_c \leqslant [M] \tag{4-30}$$

式中 $[M]$——联轴器的许用扭矩($N \cdot m$);

M_c——联轴器传递的计算扭矩($N \cdot m$)。

M_c 分以下两种情况计算:

(1)弹性联轴器 按强度载荷即载荷情况 II 计算,其计算扭矩为

$$M_c = \varphi_5 \varphi_8 M_{el} n \tag{4-31}$$

式中 φ_5、φ_8——弹性振动动载系数和刚性动载系数;

M_{el}——电动机额定力矩换算到该联轴器上的力矩($N \cdot m$);

n——安全系数,起升、变幅机构取 $n = 1.5$,运行、旋转机构取 $n = 1.4$。

(2)齿轮联轴器 按载荷情况 I 的疲劳计算基本载荷计算,其计算扭矩为

$$M_c = n M_{Imax} = n \varphi_8 M_{el} \tag{4-32}$$

4.2.6 电动机的校验

1. 起动时间校验

起动时间为

$$t_q = \frac{n_d}{9.55(M_{dq} - M_j)} \left[1.15(J_d + J_1) + \frac{P_Q D_0^2}{4 g a^2 i^2 \eta} \right] \tag{4-33}$$

式中 M_{dq}——电动机平均起动力矩;

n_d——电动机额定转速(r/min);

M_j——平稳上升时期电动机轴上的静力矩($N \cdot m$);

J_d——电动机转子的转动惯量($kg \cdot m^2$);

J_1——联轴器的转动惯量($kg \cdot m^2$)。

M_{dq} 由下式确定:

$$M_{dq} = \lambda_{AS} M_c = 9550 \lambda_{AS} \frac{P_e}{n_d} \quad (N \cdot m) \tag{4-34}$$

式中 P_n——电动机额定功率(kW);

λ_{AS}——电动机的平均起动力矩倍数,对三相交流绕线转子电动机,其值为 1.6 ~1.8。

M_j 由下式确定:

$$M_j = \frac{P_Q D_0}{2 a i \eta} \tag{4-35}$$

起动时间一般控制在 0.5~2 s,装卸作业按 3~4 s 控制。起动时间也可以用平均加(减)速度来判定,加(减)速度的推荐控制值如表 4-3 所示。

2. 电动机过载能力校验

起升机构电动机按下式进行过载能力校验计算:

表 4-3　起升机构起(制)动时间和平均加(减)速度推荐值

起重机的用途及类型	起(制)动时间/s	平均加(减)速度/(m/s²)
用于精密安装的起重机	1~3	≤0.01
吊运液态金属或危险物品的起重机	3~5	≤0.01
通用桥式起重机和通用门式起重机	0.7~3	0.01~0.15
冶金工厂中生产率高的起重机	3~5	0.02~0.05
港口门座起重机	1~3	0.3~0.7
岸边集装箱起重机	1.5~5	0.2~0.8
卸船机	1~5	0.3~2.2
塔式起重机	4~8	0.25~0.5
汽车式起重机	3~5	0.15~0.5

注:根据起重机不同的使用要求,对起升机构起(制)动时间或平均加(减)速度两者只选一项进行校核计算。

$$P_n \geqslant \frac{H}{m\lambda_m} \cdot \frac{P_Q v_q}{1000\eta} \tag{4-36}$$

式中　P_n——电动机额定功率;

　　　H——系数,绕线转子异步电动机取 2.5,变频异步电动机取 2.2,直流电动机取 1.4;

　　　λ_m——相对于 P_n 的电动机最大转矩倍数,由电动机产品样本提供;

　　　m——驱动电动机的台数。

3. 电动机的发热校验

起升机构发热计算功率按稳态起升功率计算,即

$$P_N = \frac{P_Q v_q}{1000\eta} \tag{4-37}$$

式中　P_N——起升机构稳态起升功率(kW)。

　　　起升机构的不过热条件是稳态起升功率小于电动机的相应输出功率。根据机构的工作级别,由表 4-4 查取电动机等效接电持续率 JC'。电动机在等效接电持续率下的输出功率 P 应大于 P_N。

表 4-4　机构工作级别与等效接电持续率

起升机构工作级别	电动机等效接电持续率 $JC'/\%$
M1~M3	15~25
M4~M5	25
M6	40
M7~M8	60

第 5 章　运 行 机 构

　　运行机构是使起重机或小车作水平运动的机构,主要用作水平移动物品或调整起重机(小车)的工作位置。在每个工作循环中起重机都要吊重物运行,运行的目的是水平移动物品的则称为工作性运行,如普通桥式起重机和门式起重机的运行机构就属于工作性运行机构。在正常工作循环中起重机不运行,运行动作仅用来调整起重机工作位置,则称非工作性运行,如门座起重机、塔式起重机及缆索起重机等的运行机构就属于非工作性运行机构。

　　运行机构分有轨运行机构和无轨运行机构两种。前者依靠刚性车轮沿着专门铺设的轨道运行,其运行阻力小,负荷能力大。由于有轨运行范围比较固定,便于从电网上获取电源,故一般采用电力驱动。后者是指流动性大的汽车式、轮胎式和履带式起重机的运行机构,可在普通路面上行驶,为满足经常转移作业场地的需要,一般采用内燃机作动力。

　　运行机构包括运行支承装置和运行驱动机构两部分。

5.1　运行支承装置

　　运行支承装置的作用是承受起重机自重和作用在起重机上的外载荷,并将其传递给地基。运行支承装置的机械部分,对于有轨运行的起重机是车轮与轨道,对于无轨运行的流动起重机是轮胎或履带。本章仅介绍有轨运行的支承装置。

　　有轨运行支承装置采用钢制的车轮在钢制轨道上运行,其优点是承载能力大,运行阻力小,制造和维护费用低。

5.1.1　车轮

　　车轮的材料一般为铸钢,常用 ZG55 钢,轮压大的车轮可用铸造合金钢如ZG35CrMo、ZG55SiMn、ZG55CrMnSi 钢等制造。小尺寸的车轮可用 45 钢及 65Mn钢锻造。当轮压≤50 kN、运行速度≤30 m/min 时,可使用铸铁车轮。耐磨塑料车轮的使用也在不断探索中。

　　为了保证车轮的接触疲劳强度和使用寿命,车轮的踏面应进行热处理,要求表面硬度为 300～350HBW,淬火深度不小于 15 mm,并均匀地过渡到未淬火层。

　　车轮损坏形式一般有两种,一种是疲劳剥落,另一种是踏面磨损。目前,由于淬硬层深度已达 15～20 mm,疲劳剥落情况已少见,而正常的滚动磨损成了起重机车轮损坏的主要形式。车轮与轨道之间磨损的主要原因是由于碾压和滑动摩擦所致,碾压是滚动磨损主要原因。轮与轨的接触表面在碾压以后不断发生塑性变形,周期应力的长时间作用,便导致表面片状磨屑脱落。滑动摩擦是车轮与轨道之间不可避免的,它的磨损率比滚动摩擦大若干倍,因此提高起重机与轨道装配质量,减少啃道或急刹车现象,可以显著减小滚动摩擦时的相对滑动量,对提高车轮和轨道的使用寿命有良好效果。

车轮轮缘分双轮缘、单轮缘和无轮缘三种。轮缘起导向作用,防止车轮在运行时脱轨。起重机上广泛采用双轮缘车轮,单轮缘及无轮缘车轮只用在轨距较小的小车上。当采用无轮缘车轮时,应装有水平导向轮以便导行。

车轮踏面形状分圆柱形和圆锥形两种,一般制成圆柱形的。对于集中驱动的桥式起重机大车运行机构的驱动轮可采用锥度为 1∶10 的锥形踏面,但必须配用圆顶轨道,并在安装时大端装在轨道内侧,以便自动消除两边驱动轮因直径不同产生的啃道现象。

5.1.2　车轮组

桥式起重机的大车车轮和小车车轮一般都装在角型轴承座中,由车轮、轴和角型轴承箱组成车轮组,然后用螺栓固定在起重机结构上,如图 5-1 所示。车轮与轴之间大多采用滚动轴承支承,轴承应采用自动调心式球面滚子轴承,也可采用圆锥滚子轴承。采用角型车轮组结构分组性好,便于装拆和检修。

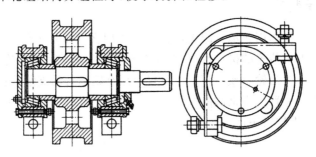

图 5-1　角型轴承箱车轮组

在龙门式起重机、门座起重机和塔式起重机的大车运行台车上,车轮也可以支撑在定轴(心轴)上,驱动的大齿轮与车轮固装成一体,如图 5-2 所示。水利水电工程用的臂架型起重机大车运行机构多数采用青铜或 MC 尼龙滑动轴承。

5.1.3　台车与轮压

起重机运行车轮支撑在轨道上,车轮的尺寸取决于轮压的大小,而轮压受到轨道基础承载能力的限制。一般轨枕道砟式基础的许用轮压不大于 250 kN,地耐力较好并经特殊设计的轨枕道砟式基础可达到 400 kN 以上。在混凝土和钢结构支撑的轨

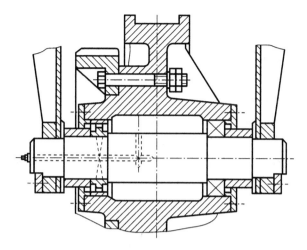

图 5-2   支承在定轴上的车轮组

道上的许用轮压一般不大于 600 kN。因此,在起重机上每个支撑点的压力较大时,常通过增加车轮数目来减小每个车轮承受的轮压。为了使轮压分布均匀,在结构上采用铰接的平衡梁连接各个车轮,构成台车,如图 5-3 所示。各层平衡梁之间用水平销轴连接,允许相对摆动。销轴的位置根据平衡力作用原理布置,以保证每个车轮的轮压相等。

图 5-4 为双轮和四轮台车的构造示意图。

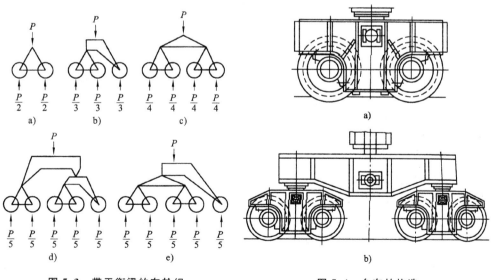

图 5-3   带平衡梁的车轮组

a) 双轮   b) 三轮   c) 四轮   d)、e) 五轮

图 5-4   台车的构造

a) 双轮   b) 四轮

5.1.4　轨道

起重机所用的轨道有起重机专用钢轨（QU 型）、铁路钢轨（P 型）、方钢（或扁钢），如图 5-5 所示。铁路钢轨和起重机专用钢轨一般制成圆顶的。实践表明，圆顶钢轨可以适应车轮的倾斜及起重机跑偏的情况，使用寿命长。与铁路钢轨相比，起重机专用钢轨圆顶的曲率半径较大，底面较宽（可以减小对基础的压力），截面的抗弯模量较大，在轮压较大（260 kN 以上）时多采用起重机专用钢轨。对支承在钢结构上的小车运行轨道，通常采用性能不比 Q275 钢差的材料轧制方钢或扁钢，轨顶是平的。

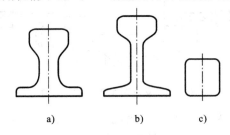

图 5-5　轨道形式

a) 起重机专用钢轨（QU 型）　b) 铁路钢轨（P 型）　c) 方钢

各种轨道的选用如表 5-1 所示。一般根据轮压确定所需车轮直径，然后从表5-1中选择对应的轨道型号。各种轨道的尺寸及主要特性可查阅有关资料。当初步确定车轮直径和轨道型号后，还需要验算疲劳强度和接触强度。

表 5-1　轨道的选用

车轮直径/mm	200	300	400	500	600	700	800	900
起重机专用钢轨	—	—	—	—	—	QU70	QU70	QU80
铁路钢轨	P15	P18	P24	P38	P38	P43	P43	P50
方钢	40	50	60	80	80	90	90	100

5.1.5　车轮的强度计算

1. 车轮的计算载荷

计算车轮时以轮压作为计算载荷。桥架型起重机的轮压随小车位置变化，臂架型回转起重机的轮压随臂架位置变化。如果把轮压 P 作为随时间 t 变化的函数，并假定轮压与时间 t 呈线性关系，则轮压方程式可表示为

$$P = P_{min} + \frac{P_{max} - P_{min}}{T}t \qquad (5-1)$$

式中　P_{min}——起重机正常工作时的最小轮压（N）；

P_{max}——起重机正常工作时的最大轮压（N）；

T——轮压变化周期。

在确定 P_{min}、P_{max} 时,系数 φ_1、φ_2、φ_3、φ_4 均取为 1。

计算接触疲劳强度的等效轮压按三次方计算,即

$$P_c^3 = \frac{1}{T}\int_0^T P^3 \mathrm{d}t \tag{5-2}$$

将式(5-1)代入式(5-2),得

$$P_c = \sqrt[3]{\frac{1}{4}(P_{max}^3 + P_{max}^2 P_{min} + P_{max} P_{min}^2 + P_{min}^3)} \tag{5-3}$$

式(5-3)是疲劳计算等效轮压的理论公式,实用的计算公式为

$$P_{mean\,I\cdot II} = \frac{2P_{max\,I\cdot II} + P_{min\,I\cdot II}}{3} \tag{5-4}$$

式中　$P_{mean\,I\cdot II}$——无风、有风正常工作情况下起重机(即载荷情况 I、II)的等效轮压;

　　　　$P_{min\,I\cdot II}$——起重机空载,按载荷情况 I 和 II 确定的最小轮压;

　　　　$P_{max\,I\cdot II}$——起重机满载,按载荷情况 I 和 II 确定的最大轮压。

水电工程施工中用来吊运混凝土的门座起重机和塔式起重机,由于经常起升额定载荷,一般起升较重的载荷时,其起升载荷状态级别属 Q3,运行速度在 20～30 m/min 之间,按通常的等效计算方法,可近似取最大轮压的 75%,即以 $P_{mean} = 0.75P_{max}$ 作为计算轮压。

2. 车轮踏面的疲劳强度校验

车轮踏面与轨道呈弹性接触,可按赫兹理论计算接触疲劳强度,其实用校验公式为

$$P_{mean} \leqslant kC_1 C_2 Dl \tag{5-5}$$

式中　P_{mean}——根据式(5-4)计算得到的 $P_{mean\,I}$ 和 $P_{mean\,II}$ 中较大者;

　　　　k——车轮或滚轮的许用压强(MPa),对钢制车轮或滚轮,按表 5-2 选择;

　　　　D——车轮或滚轮的踏面直径(mm);

　　　　C_1——转速系数,按表 5-3 选取;

　　　　C_2——车轮所在机构的工作级别系数,按表 5-4 选取;

　　　　l——车轮与轨道承压面的有效接触宽度(mm)。

对具有平坦承压面的轨道,$l=b-2r$,式中,b 为轨顶总宽度,r 为倒角半径,如图 5-6 所示。

3. 车轮踏面强度校验

车轮踏面的静强度,按下式校验:

$$P_{max} \leqslant 1.9kDl \tag{5-6}$$

式中　P_{max}——在载荷情况 I、II、III 下,按最不利状态和位置计算的最大轮压,取其大者。

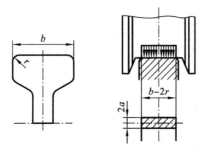

图 5-6　车轮踏面与轨道的接触宽度

表 5-2　车轮与滚轮的许用压强

车轮与滚轮材料的抗拉强度/MPa	轨道材料的最小抗拉强度/MPa	许用压强/MPa
＞500	350	5.0
＞600	350	5.6
＞700	510	6.5
＞800	510	7.2
＞900	600	7.8
＞1000	700	8.5

注：抗拉强度指车轮或滚轮材料未热处理时的抗拉强度。

表 5-3　转速系数 C_1

车轮转速/(r/min)	C_1	车轮转速/(r/min)	C_1	车轮转速/(r/min)	C_1
200	0.66	50	0.94	16	1.09
160	0.72	45	0.96	14	1.1
125	0.77	40	0.97	12.5	1.11
112	0.79	35.5	0.99	11.2	1.12
100	0.82	31.5	1.00	10	1.13
90	0.84	28	1.02	8	1.14
80	0.87	25	1.03	6.3	1.15
71	0.89	22.4	1.04	5.6	1.16
63	0.91	20	1.06	5	1.17
56	0.92	18	1.07	——	——

表5-4 工作级别系数 C_2

运行机构工作级别	C_2
M1～M3	1.25
M4	1.12
M5	1.00
M6	0.9
M7,M8	0.8

5.2 运行驱动机构

5.2.1 运行驱动机构的类型

有轨运行机构的驱动装置一般由电动机、制动器、传动装置和车轮等组成。

根据布置不同,驱动方式分为自行式和牵引式两种。自行式驱动方式,就是驱动机构直接装在运行部分上驱动车轮,依靠主动轮与轨道间的黏着力运行。自行式驱动机构布置方便、构造简单,应用广泛。牵引式驱动方式,就是驱动机构装在运行部分以外,通过钢丝绳牵引运行部分,一般只用于要求自重小、运行速度高、运行坡度较大的小车,如缆索起重机的小车、水平臂架塔式起重机上的变幅小车。图 5-7 为牵引式驱动机构简图。

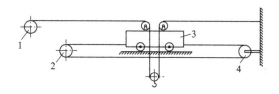

图 5-7 牵引式驱动机构简图
1—起升卷筒 2—牵引轮 3—小车 4—导向轮

电力驱动的自行式驱动机构可分为集中驱动和分别驱动两种。

集中驱动用一台电动机驱动所有的主动轮,这样可减少电动机与减速器的台数。但是这种机构需要复杂、笨重的传动系统,而且起重机金属结构变形对传动零件的运动精度、强度及使用寿命影响也较大。此外,这种机构由于车轮直径的制造误差,在运行中还会产生偏斜。因此,一般只用在桥式起重机的小车运行机构(见图 5-8)和跨度在 16.5 m 以内的大车运行机构上(见图 5-9)。

现代起重机上广泛采用分别驱动,即一台电动机只驱动一个支承点上的车轮。其优点是分组性好,布置、安装和维修方便,工作可靠。

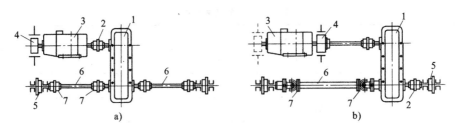

图 5-8　集中驱动小车运行机构

a）减速器置于小车架中心线　b）减速器变相一侧

1—立式减速器　2、7—全齿联轴器　3—电动机　4—制动器　5—车轮　6—浮动轴

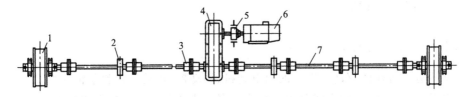

图 5-9　集中驱动的桥式起重机运行机构

1—车轮　2—轴承座　3—联轴器　4—减速器　5—制动器　6—电动机　7—传动轴

分别驱动机构可设置在台车上,也可设置在平衡梁上,然后通过中间齿轮传向各台车。单轨的双轮台车可以两个车轮中只有一个是主动轮,也可以通过中间齿轮使两轮都是主动轮。

5.2.2　运行驱动机构的构造

分别驱动运行机构的传动方案最常用的有以下方案：

1. 采用卧式减速器

在减速器输出轴与主动轮之间有一对开式齿轮传动,其大齿轮固装在车轮上,车轮轴不传递扭矩。图 5-10 所示为采用卧式减速器的大车运行驱动方案。

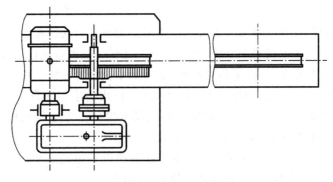

图 5-10　采用卧式减速器的大车运行驱动方案

2. 采用蜗杆减速器

蜗杆减速器速比大,结构紧凑,但在停车时制动减速度大,冲击大,故在中小型起重机上应用较多,如建筑塔式起重机大车运行机构上。图 5-11 所示为采用蜗杆减速器的传动方案。

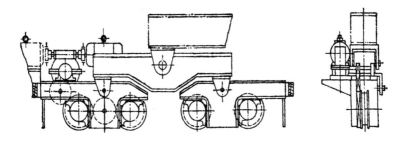

图 5-11　采用蜗杆减速器的传动方案

3. 采用立式减速器

采用立式减速器的传动方案在门式起重机上应用较广,它没有开式传动,效率高,寿命长,结构紧凑。图 5-12a 和图 5-12b 分别为采用 ZSC 型立式减速器和 ZSC 型套装立式减速器的传动方案。套装立式减速器如图 5-13 所示。

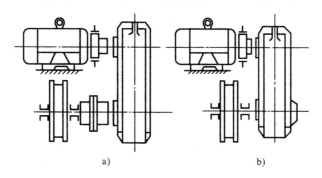

a)　　　　　　　　　　　　b)

图 5-12　采用立式减速器的传动方案
a) 采用 ZSC 型立式减速器　b) 采用 ZSC 型套装立式减速器

4. "三合一"传动方案

随着对传动装置紧凑性的要求,出现了同轴线"三合一"驱动方案,将电动机、制动器和减速器三个部件组装于同一轴线,用法兰套装在台车架上并与车轮轴相连,简称为"三合一"运行驱动方案。"三合一"运行驱动方案如图 5-14 所示。该方案最早出现在桥式起重机上,后来在塔式起重机的大车运行驱动上也有采用。"三合一"运行驱动方案中的减速器通常采用摆线针轮减速器,或其他形式的行星齿轮传动。其优点是体积小,自重小,组装性能好,完全脱离了走台,不受走台变形的影响,适用于中小型桥式起重机的大小车运行机构和一般建筑塔式起重机的大车运行机构。

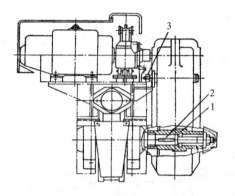

图 5-13　套装立式减速器

1—输出轴　2—车轮轴　3—定位销轴

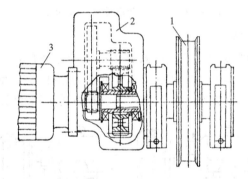

图 5-14　"三合一"运行驱动方案

1—车轮　2—减速器　3—电动机

5. 采用液力耦合器

建筑塔式起重机大车运行机构上，在电动机与蜗杆减速器之间采用液力耦合器代替机械式联轴器连接，如图 5-15 所示。即使是采用普通笼型电动机驱动也能使起

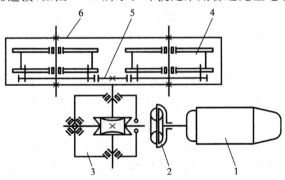

图 5-15　采用液力耦合器的大车运行驱动方案

1—电动机　2—液力耦合器　3—蜗杆减速器　4—主动轮　5—开式齿轮　6—台车架

动和制动平稳、无冲击,并具有缩短起动电流的持续时间,过载保护、降低电动机温升等一系列优点。同时使运行机构的电器系统简化。

6. 分别驱动的桥式起重机大车运行机构

当跨度超过 16.5 m 时,桥式起重机的大车运行采用分别驱动。图 5-16 所示为分别驱动的桥式起重机大车运行驱动方案。每个主动轮都配置电力驱动装置,其传动系统简单,自重小,易于安装和维护。为了克服桥架受载变形的影响,可以在高速或低速轴安排一段浮动轴,浮动轴的两端用半轮齿联轴器连接。当浮动轴在低速轴且由于变形引起的角位移较大时,两个半齿轮联轴器可以用万向联轴器代替。

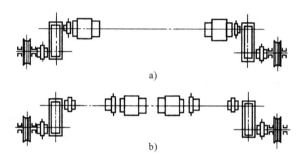

图 5-16 分别驱动的桥式起重机大车运行驱动方案

a) 无浮动轴 b) 有高速浮动轴

5.2.3 运行驱动机构的主动轮布置

主动轮布置的位置及主动轮的数目应保证在任何情况下都有足够的主动轮轮压,否则,主动轮在起动或制动过程中,可能会出现驱动力不够而出现打滑现象。通常主动轮占车轮总数的一半。对于运行速度低的起重机也可取车轮总数的 1/4;运行速度高的起重机可采用全部车轮驱动。对半数驱动,主动轮的布置方案有四种,如图 5-17 所示,图中涂黑的车轮为主动轮。

1. 单面布置

单面布置如图 5-17a 所示。由于主动轮在一侧轨道上,主动轮轮压之和变化较大,驱动力不对称。只用于轮压本身不对称的起重机,如半门式起重机、建筑塔式起

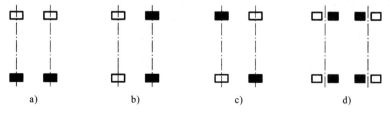

图 5-17 主动轮布置方式

a) 单面布置 b) 对面布置 c) 对角布置 d) 四角布置

重机等。

2. 对面布置

对面布置如图 5-17b 所示。它用于桥式起重机和门式起重机，机构便于布置，能保证主动轮压之和不随小车位置而变化。它不宜用于臂架型起重机，因为主动轮轮压之和随臂架位置的不同而变化较大。

3. 对角布置

对角布置如图 5-17c 所示。它常用在中、小型的臂架型起重机上，如起重量不大的门座起重机，能够保证主动轮压之和基本不随臂架位置的不同而变化。

4. 四角布置

四角布置如图 5-17d 所示。它广泛用在大型、高速运行的各种起重机上，可以保证主动轮轮压之和始终不变。

5.3 运行驱动机构设计计算

运行驱动机构设计的原始数据主要有额定起升载荷 P_Q、起重机或小车自重 P_G、运行速度 v_y、机构工作级别、接电持续率 JC、起重机用途及工作条件等。计算的内容包括电动机、减速装置、制动器的确定和相关的验算。

5.3.1 运行阻力的计算

运行阻力是起重机（或小车）在运行过程中所受到的与运行方向相反的水平力，在稳定运行过程中所受到的阻力称为静阻力，在起动过程中除静阻力外还有加速运动所产生的惯性阻力 F_g。静阻力 F_j 包括所有车轮滚动时的摩擦阻力 F_m，沿坡道运行的坡道阻力 F_a，室外工作起重机的风阻力 F_w。

1. 摩擦阻力

车轮沿轨道运行时所产生的摩擦阻力包括车轮滚动的摩擦阻力、车轮轴承中的摩擦阻力、车轮轮缘与轨道之间的附加摩擦阻力。

如图 5-18 所示，假设起升载荷 P_Q 和自重载荷 P_G 都作用在一个车轮上，当车轮在竖直载荷作用下沿轨道滚动时，车轮与轨道接触处产生了弹性变形，使轨道对车轮的支反力向前偏移某一距离 f，即滚动摩擦系数，由此产生的滚动摩擦阻力矩为 $(P_Q+P_G)f$，f 的值如表 5-5 所示。

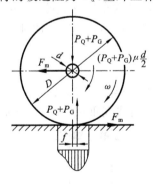

图 5-18　车轮的摩擦阻力

在车轮轴承处的摩擦阻力矩为 $(P_Q+P_G)\mu\dfrac{d}{2}$，μ 为车轮轴承摩擦系数，滚珠轴承和滚柱轴承 $\mu=0.015$，圆锥滚柱轴承 $\mu=0.02$，滑动轴承 $\mu=0.08\sim0.1$。

表 5-5 滚动摩擦系数 f

车轮材料	轨道类型	车轮直径/mm					
		100,150	200,300	400,500	600,700	800	900,1000
钢	平顶钢轨	0.25	0.3	0.5	0.6	0.7	0.7
	圆顶钢轨	0.3	0.4	0.6	0.8	1.0	1.2
铁	平顶钢轨	—	0.4	0.6	0.8	0.9	0.9
	圆顶钢轨	—	0.5	0.7	0.9	1.2	1.4

将上述两项摩擦阻力乘以附加摩擦阻力系数 $\beta(\beta>1)$，用以考虑车轮轮缘与轨道的附加摩擦阻力，β 值与车轮的加工精度、轨道铺设的准确度，车轮轴的平行度以及轴的支承结构等因素有关，不能从理论上求得，按表 5-6 查取。

表 5-6 附加摩擦阻力系数 β

车轮踏面	机构名称	驱动方式	车轮轴承	β
圆锥形	桥式(龙门)起重机大车运行机构	集中驱动		1.2
圆柱形	桥式(龙门)起重机大车运行机构	分别驱动		1.5
	有挠性支腿的龙门起重机、装卸桥	分别驱动		1.3
	双梁小车运行机构	集中驱动	滚动轴承	1.5~2.0
	单梁小车运行机构(无轮缘)	分别驱动		1.2
	门座起重机	分别驱动		1.5
	大车运行(带水平轮)	分别驱动		1.1

上述两项摩擦力矩用 F_m 所产生的力偶等效，其等效方程式为

$$F_m \frac{D}{2} = \left[(P_Q + P_G)f + (P_Q + P_G)\mu \frac{d}{2} \right]$$

解出 F_m 并乘以 β，考虑轮缘附加摩擦，得

$$F_m = (P_Q + P_G)\frac{2f + \mu d}{D}\beta \tag{5-7}$$

摩擦阻力也可用下面简单公式估算：

$$F_m = f_{0min}(P_Q + P_G)\beta \tag{5-8}$$

式中 f_{0min}——比阻力系数，对滚动轴承取 0.008~0.01，对滑动轴承取 0.02~0.025。

在曲线轨道上运行的起重机，还应考虑曲线运行附加阻力，附加阻力为

$$F_s = (P_Q + P_G)\xi \tag{5-9}$$

式中 ξ——曲线运行附加阻力系数，由试验测定，对塔式起重机取 $\xi = 0.005$。

2. 坡道阻力

当起重机沿坡道倾斜角度为 α 的轨道运行时所产生的坡道阻力为

$$F_\alpha = (P_Q + P_G)\sin\alpha \qquad\qquad (5\text{-}10)$$

因 α 较小,可近似地取 $\sin\alpha \approx \tan\alpha$,则

$$F_\alpha = (P_Q + P_G)\tan\alpha \qquad\qquad (5\text{-}11)$$

式中,$\tan\alpha$ 值按表 5-7 选取。

表 5-7　坡道的 $\tan\alpha$ 值

起重机形式		$\tan\alpha$
桥式起重机	小　车	0.0015
	起重机	0.002
门座起重机	永久性轨道	0.002
	临时性轨道	$0.1/B$
门式起重机、装卸桥		0.002
塔式起重机		0.01

注:B 为轮距(基矩)。

3. 风阻力

露天作业的起重机迎风方向运行时所受的风阻力为

$$F_W = pC(A_1 + A_2) \quad (\text{N}) \qquad\qquad (5\text{-}12)$$

式中　p——工作状态计算风压(MPa),根据载荷情况可用 p_I 或 p_{II};

　　　C——风力系数;

　　　A_1——起重机的迎风面积(mm^2);

　　　A_2——起吊物品的迎风面积(mm^2)。

4. 惯性阻力

运行机构在起动时期的惯性阻力为

$$F_g = 1.5 \times \frac{(P_Q + P_G)a}{g} \qquad\qquad (5\text{-}13)$$

式中　a——起动时的平均加速度;

　　　g——重力加速度;

　　　1.5——考虑起重机驱动力突加及突变时对结构产生的动力效应。

5.3.2　电动机的选择

1. 计算稳态运行功率

起重机在稳定运行时期,电动机的稳态运行功率按下式计算:

$$P_N = \frac{F_j v_y}{1000 m\eta} \quad (\text{kW}) \qquad\qquad (5\text{-}14)$$

式中　P_N——电动机的稳态运行功率(kW);

　　　F_j——稳态运行静阻力(N);

v_y——运行速度(m/s);

m——分别驱动时电动机的台数;

η——运行机构的传动效率。

F_j 按下式确定:

$$F_j = F_m + F_a + F_{W\text{I}} \tag{5-15}$$

式中　$F_{W\text{I}}$——按计算风压 p_I 计算的工作状态正常风力。

2. 电动机的起动功率计算

运行机构在起动时的惯性力较大,为满足起动要求,计算起动时期每台电动机的平均功率,即

$$P_q = \frac{(F_j + F_g)v_y}{1000m\eta} \tag{5-16}$$

3. 电动机容量选择

根据式(5-14)所计算的稳态运行功率,从电动机产品样本初选的电动机功率应满足下列条件:

$$P_n \geqslant k_d P_N \tag{5-17}$$

式中　P_N——电动机的稳态运行功率;

　　　P_n——电动机的额定功率;

　　　k_d——运行机构的功率增大系数,对室外作业的起重机,$k_d = 1.1 \sim 1.3$,对室内作业的起重机及室外作业的装卸桥小车,$k_d = 1.2 \sim 2.6$。

根据式(5-17)和机构的 JC 值选择所需的电机容量。

4. 电动机的校验

(1)起动时间校验　起动时间为

$$t_q = \frac{n_d}{9.55(mM_{dq} - M_{dj})}\left[1.15m(J_d + J_1) + \frac{(P_Q + P_G)D^2}{4gi^2\eta}\right] \tag{5-18}$$

式中　M_{dq}——一台电动机的平均起动力矩,见第 4 章;

　　　M_{dj}——电动机轴上的静阻力矩;

　　　i——运行机构的总传动比。

M_{dj} 由下式确定:

$$M_{dj} = \frac{(F_m + F_a + F_{W\text{I}})D}{2i\eta} \tag{5-19}$$

式中　$F_{W\text{I}}$——用计算风压 p_I 计算的工作状态正常风阻力。

(2)电动机发热校验　电动机的发热计算功率为

$$P_S = \frac{1}{1000m\eta}(F_m + F_a + F_{W\text{I}} + F_g)v_y \tag{5-20}$$

电动机的发热校验,按表 4-4 查出机构工作级别所对应的电动机等效接电持续率,电动机在此等效接电持续率下的输出功率应大于式(5-20)计算的 P_S。

（3）电动机过载能力校验　对轨道运行式起重机运行机构，按下式校验：

$$P_n \geqslant \frac{1}{m\lambda_{AS}}[F_m + F_\alpha + F_{WⅡ} + F_g]\frac{v_y}{1000\eta} \tag{5-21}$$

式中　P_n——电动机的额定功率（kW）；

　　　v_y——额定运行速度（m/s）；

　　　$F_{WⅡ}$——用计算风压 $p_Ⅱ$ 计算的工作状态最大风阻力（N）；

　　　λ_{AS}——电动机的平均起动力矩倍数。

λ_{AS} 的值应根据所选电动机的 λ_m 值及其控制方案确定。一般绕线转子异步电动机取 $\lambda_{AS}=1.7$，采用频敏变阻器时取 $\lambda_{AS}=1$，笼型异步电动机取 $\lambda_{AS}=0.9\lambda_m$，变频调速电动机取 $\lambda_{AS}=1.7$。

5.3.3　减速器的选择和计算

起重机运行机构上最常用的是标准的卧式减速器（ZQ 型或 ZQH 型）及立式减速器（ZSC 型）。使用证明 ZQH 圆弧齿轮与同规格的渐开线齿轮相比寿命长。选择标准减速器的依据是输入功率、传动比和工作级别。

1. 传动比计算

电动机确定后，可根据运行速度和车轮直径计算传动装置的总传动比 i，即

$$i = \frac{n_d}{n} = \frac{\pi D n_d}{60 v_y} \tag{5-22}$$

式中　n_d——电动机额定转速（r/min）；

　　　n——车轮转速（r/min）；

　　　v_y——运行速度（m/s）；

　　　D——车轮直径（m）。

若计算传动比 i 较大，可选用一个标准减速器加一对开式齿轮传动。

2. 输入功率和输出轴扭矩

由于运行机构中直线运动部分的惯性质量比高速部分大得多，起动时期的起动力矩几乎都通过减速器传递到低速部分。因此，对运行机构的减速器应按起动功率及最大起动力矩来选择，即减速器许用功率应满足

$$P_q \leqslant [P] \tag{5-23}$$

式中　P_q——减速器的起动功率；

　　　$[P]$——减速器的允许输入功率。

输出轴最大许用扭矩应满足

$$M_{max} = (0.7 \sim 0.8)\psi_{max} M_e i\eta \leqslant [M] \tag{5-24}$$

式中　M_{max}——传递到减速器输出轴上的最大扭矩；

　　　ψ_{max}——电动机的最大过载系数，从电动机产品目录中查取；

M_e——与额定功率对应的电动机额定力矩；

i——减速器的传动比；

η——减速器的传动效率；

$[M]$——减速器输出轴许用扭矩。

5.3.4 制动器选择计算

1. 制动器的选择

运行机构的制动器的选择要求是：起重机在满载、顺风（承受工作状态最大风压 p_{II}）和下坡运行工况，使起重机在规定的时间内制动住。其制动力矩按下式计算（制动器装在高速轴上）：

$$M_z = (F_a + F_{wII} - F'_m)\frac{D\eta}{2i} + \frac{n_d}{9.55t_z}\left[1.15mJ + \frac{(P_Q + P_G)D^2}{4gi^2}\eta\right] \quad (5-25)$$

式中 M_z——制动力矩；

F_{wII}——在风压 p_{II} 作用下的风力；

F'_m——不考虑轮缘与轨道间附加摩擦的阻力，因其是帮助制动的，故取负值；

η——运行机构传动效率；

t_z——制动时间；

m——电动机台数；

J——一台电动机转子和高速轴联轴器的转动惯量。

F'_m 由下式确定：

$$F'_m = (P_Q + P_G)\frac{2f + \mu d}{D}$$

由式(5-25)可知，在制动过程中，风力矩、坡道力矩和惯性力矩是使车轮继续运行的驱动力矩，而制动器的制动力矩和摩擦阻力矩是使车轮停止运行的阻力矩。

对于分别驱动的运行机构，每个制动器的制动力矩为

$$M_{zi} = \frac{M_z}{m} \quad (5-26)$$

式中 m——制动器个数，通常与电动机台数相同。

2. 制动器的校核

1）抗暴风校核

露天工作的起重机，在暴风袭击时，要求即使没有防风夹轨器的情况下，制动力矩具有足够的抗风暴安全系数（即保证车轮不会在暴风作用下发生滚动），取抗暴风安全系数 $K=1.25$，则制动力矩为

$$M_z \geqslant 1.25(F_a + F_{wIII} - F''_m)\frac{D\eta}{2i} \quad (5-27)$$

式中 F_{wIII}——起重机在非工作状态最大风压 p_{III} 作用下承受的风力；

F''_m——空载摩擦阻力。

F''_m 由下式确定：

$$F''_m = P_G \frac{2f + \mu d}{D}$$

2）空载制动校核

对已选出的制动器验算在空载（$P_Q = 0$）、无风及无坡度制动时的制动时间,其值不宜太小,要求

$$t_z = \frac{n_d}{9.55(mM_{zi} + M''_m)}\left(1.15mJ + \frac{P_G D^2}{4gi^2}\eta\right) \geqslant 1 \sim 1.5 \text{ s} \tag{5-28}$$

式中　t_z——制动时间;

　　　m——制动器个数,与电动机台数相同;

　　　M_{zi}——每个制动器的制动力矩;

　　　M''_m——空载时的摩擦阻力矩。

M''_m 由下式确定：

$$M''_m = F''_m \frac{D\eta}{2i} = P_G \frac{2f + \mu d}{D} \cdot \frac{D\eta}{2i} = \frac{P_G(2f + \mu d)}{2i}\eta \tag{5-29}$$

如果 t_z 太小,可在同一高速轴上安装两个制动器进行两级制动,其制动力矩分别为 M_{z1} 和 M_{z2},使得

$$M_z = M_{z1} + M_{z2} \tag{5-30}$$

用时间继电器控制第二级制动器滞后 $2 \sim 3$ s 进行制动。

若不用两级制动,则必须在使用中经常调整制动器的制动力矩,以满足在不同工况下的制动时间要求。

5.3.5　联轴器的选择和计算

与起升机构相同,高速轴联轴器的计算扭矩应满足

$$M_{c1} = n_1\varphi_8 M_e \leqslant [M] \tag{5-31}$$

式中　M_{c1}——联轴器的计算扭矩;

　　　n_1——联轴器安全系数;

　　　φ_8——刚性动载系数;

　　　M_e——电动机额定扭矩;

　　　$[M]$——联轴器许用扭矩。

低速轴联轴器的计算扭矩应满足

$$M_{c2} = n_1\varphi_8 M_e i\eta \leqslant [M] \tag{5-32}$$

5.3.6　运行机构的起动和制动打滑验算

起重机运行机构在起动和制动时,主动轮与轨道之间不应出现相对滑动(打滑

现象)。通常所说的打滑现象就是指车轮在轨道上不是作纯滚动,而是连滚带滑,甚至只滑不滚。这样会使起重机不能正常起动,加剧车轮磨损,影响起重机正常运行。

1. 起动时期的打滑验算

起重机是靠主动轮与轨道之间的黏着力驱动运行的。不打滑的条件是:主动轮的圆周驱动力要小于或等于黏着力。

黏着力 F 的大小取决于主动轮轮压的大小,即

$$F = P_1 \varphi \tag{5-33}$$

式中　P_1——主动轮轮压;

　　　φ——主动轮与轨道之间的黏着系数,对室内作业的起重机取 $\varphi = 0.15$,对室外作业的起重机取 $\varphi = 0.12$。

由于主动轮轮压的大小随着臂架位置或小车位置变化,应取最小的轮压值来计算黏着力。因此,验算主动轮打滑的工况是主动轮在最小轮压情况下起动。对于臂架型起重机应验算吊重运行时轮压最小的主动轮,对于桥架型起重机应验算空载小车位于主梁一端时轮压最小的主动轮,对于小车运行机构应验算空载运行时轮压最小的主动轮。

轮压最小的主动轮受力简图为图 5-19。起动时期电动机的平均起动力矩 M_q 克服旋转质量的惯性力矩 M_{gl} 后,转化到主动轮轴上的净驱动力矩为

$$M = (M_q - M_{gl}) i \eta \tag{5-34}$$

对轮心取矩,可得主动轮不打滑的条件为

$$\frac{M}{\frac{D}{2}} - P_{1min} \frac{2f + \mu d}{D} \leqslant F = P_{1min} \varphi \tag{5-35}$$

整理,得黏着安全系数为

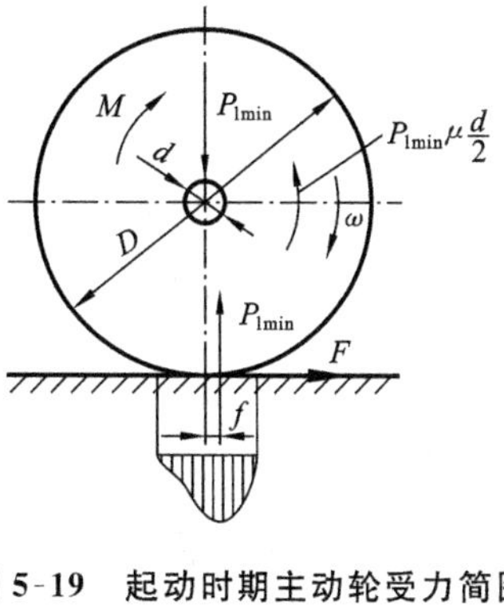

图 5-19　起动时期主动轮受力简图

$$K = \frac{P_{1min} \varphi}{(M_q - M_{gl}) \dfrac{2i\eta}{D} - P_{1min} \dfrac{2f + \mu d}{D}} \geqslant [K] \tag{5-36}$$

式中　$[K]$——许用黏着安全系数,对室外作业的起重机取 $[K] = 1.02 \sim 1.05$,对室内作业的起重机取 $[K] = 1.1 \sim 1.2$。

式(5-36)可验算一个支点的主动轮是否出现打滑现象,这时 M_q 和 M_{gl} 指的是一个支点的驱动电动机平均起动力矩和旋转质量的惯性力矩。也可用这一公式来验算起重机运行起动时期所有主动轮总的驱动力是否出现打滑现象,这时 M_q 和 M_{gl} 是指运行机构的所有驱动电动机平均起动力矩之和以及所有旋转质量产生的惯性力矩之和,P_{1min} 为所有主动轮轮压之和的最小值。

上述主动轮打滑验算是从驱动力方面验算,也可以从外阻力方面验算。起动时

期，全部主动轮总的效果不打滑的条件为

$$F_m + F_\alpha + F_{W\mathrm{II}} + \frac{P_Q + P_G}{g} \cdot \frac{v_y}{t_q} - \sum P_1 \frac{2f + \mu d}{D} \leqslant \sum P_1 \varphi \qquad (5\text{-}37)$$

黏着安全系数为

$$K = \frac{\sum P_1 \varphi}{F_m + F_\alpha + F_{W\mathrm{II}} + \dfrac{P_Q + P_G}{g} \cdot \dfrac{v_y}{t_q} - \sum P_1 \dfrac{2f + \mu d}{D}} \geqslant [K] \qquad (5\text{-}38)$$

式中　　$\sum P_1$——全部主动轮轮压之和；

$F_{W\mathrm{II}}$——工作状态最大风压 p_{II} 产生的风阻力。

现代起重机力求减小自重，并采用较高的运行速度，因而驱动功率较大而轮压较小。特别是臂架型起重机，对分别驱动的轮压最小的主动轮进行打滑验算时，往往通不过。这时，若满足全部主动轮总的驱动效果不打滑的条件，则起重机仍能正常运行。

若不能满足全部主动轮总的打滑条件，即起重机全部主动轮出现打滑现象，则应采取下列措施：

① 增加驱动轮数目，以增加主动轮轮压，从而增大黏着力；

② 在机构布置上考虑将主动轮布置在较大轮压位置上；

③ 适当减小驱动电动机的驱动功率，延长起动时间；

④ 司机操纵缓慢起动；

⑤ 冰雪天时，由于黏着系数降低，可在轨道上撒砂，以增大黏着系数。

2. 制动时期的打滑验算

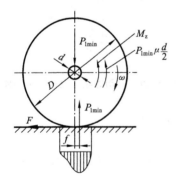

**图 5-20　制动时期主动轮
受力简图**

制动时期主动轮上的受力情况如图 5-20 所示，在制动力矩作用下，使原来作纯滚动的车轮的转速开始降低，因而车轮在与轨道接触处有相对轨道向右滑动的趋势，致使轨道对车轮有一个向左作用的摩擦力 F，此即起制动作用的制动力，制动轮的平衡方程为

$$F\frac{D}{2} = (M_z - M_{g1})\frac{i}{\eta} + P_{1\min} f + P_{1\min} \mu \frac{d}{2} \qquad (5\text{-}39)$$

解出制动力 F，即

$$F = (M_z - M_{g1})\frac{2i}{D\eta} + P_{1\min}\frac{2f + \mu d}{D} \qquad (5\text{-}40)$$

制动时期不打滑的条件是

$$F \leqslant P_{1\min}\varphi \qquad (5\text{-}41)$$

黏着安全系数为

$$K=\frac{P_{\text{lmin}}\varphi}{(M_z-M_{gl})\dfrac{2i}{D\eta}+P_{\text{lmin}}\dfrac{2f+\mu d}{D}}\geqslant[K]=1.2 \qquad (5\text{-}42)$$

式中　M_z——制动器的制动力矩；

　　　M_{gl}——运行机构旋转运动质量产生的惯性力矩。

　　制动时期的黏着安全系数应比起动时期略大一些,因为制动力矩是不变的,车轮若打滑则在整个制动时期内被抱住沿轨道滑行,车轮将受到剧烈磨损。而起动时期车轮打滑时,起动力矩可以降低到平均起动力矩以下,车轮只是在最大起动力矩的峰值时刻才出现打滑现象。

第 6 章　回　转　机　构

使起重机的回转部分相对于非回转部分实现回转运动的装置称为回转机构。回转机构是臂架型起重机的主要工作机构之一。它的作用是使已被提升在空间的货物绕起重机的竖轴线作圆弧运动,以达到在水平面内移运货物的目的。回转机构与变幅机构配合工作,可使作业面积扩大到相当宽的环形面积。回转机构与运行机构配合工作,可使作业范围扩大到与桥架型起重机一样。

港口和水电站门座起重机以及建筑塔式起重机等都是臂架型起重机。货物的水平运输大多依靠回转机构与变幅机构的协同工作来完成,而运行机构一般用来调整工作位置,扩大作业范围。

所有流动起重机几乎都是具有回转机构的臂架型起重机,如汽车式、轮胎式、履带式、浮式起重机等。

回转机构也用在带有回转臂架或回转作业装置小车的桥架型起重机中。

回转机构主要由两部分组成:回转支承装置和回转驱动机构。下面分别叙述它们的种类、构造和计算方法。

6.1　回转支承装置

6.1.1　回转支承装置的构造

回转支承装置的任务是保证起重机回转部分有确定的回转运动,并能承受起重机各种载荷所引起的竖直力、水平力与倾覆力矩。

回转支承装置的形式,概括起来可以分为两大类:柱式回转支承装置和转盘式回转支承装置,前者的主要优点是承受倾覆力矩的能力较好,后者的主要优点是所占的空间较小。

1. 柱式回转支承装置

柱式回转支承装置主要由一个柱、两个水平支承及一个竖直推力支承组成,有时用一个向心推力支承来代替竖直推力支承和一个水平支承。根据柱是固定的还是回转的,柱式回转支承装置又分为定柱式与转柱式两类。

1)定柱式回转支承装置

图 6-1 为定柱式回转支承装置简图。采用这种支承装置的有固定式定柱起重机、塔式起重机及浮式起重机等。

定柱式回转支承装置如图 6-2 所示。图 6-2a 所示装置由一个推力轴承与一个具有调心功能的自位径向轴承组成。推力轴承支承在一个球面垫上,使它具有自位的性能。球面垫的球面应与自位径向轴承的球面同心。图6-2b所示装置为采用69000型轴承的上支承结构。采用这种结构形式时应注意,它承受水平载荷的能力是受限制的,即水平载荷与竖直载荷的比值必须小于 $\tan\beta$。

由于定柱的下部直径较大,下支承结构通常制成滚轮形式,如图6-3所示。滚轮一般装在转动部分,可以使滚轮的布置位置适应倾覆力矩的方向。当向前向后的倾覆力矩不相等时,采用如图6-3b所示的布置方式。图中每个支点有两个滚轮,装在均衡梁上,用于支承反力较大的情况。

2）转柱式回转支承装置

转柱式回转支承装置有简支梁式和悬臂梁式两种形式,如图6-4所示。

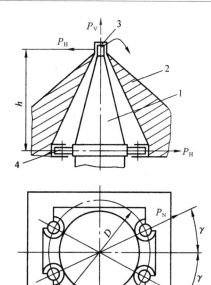

图6-1　定柱式回转支承装置简图

1—定柱　2—回转部分　3—上支承　4—下支承

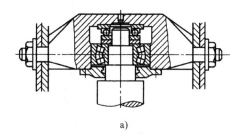

a)

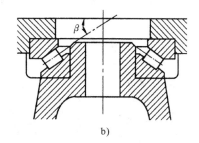

b)

图6-2　定柱式回转支承装置的上支承结构

a）采用一个推力轴承与一个球面径向滚动轴承　b）采用推力向心球面滚子轴承（69000型）

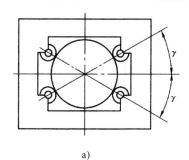

a)

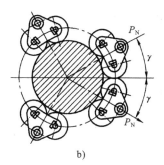

b)

图6-3　定柱式回转支承装置的下支承结构（滚轮式）

a）滚轮装在转动部分　b）滚轮装在均衡梁上

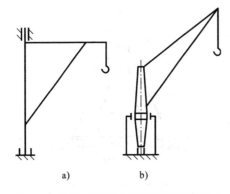

图 6-4 转柱式回转支承装置的两种形式

a) 简支梁式 b) 悬臂梁式

简支梁式回转支承装置的上支承是一个向心轴承,下支承是一个向心轴承与一个推力轴承。固定式转柱起重机及桅杆式起重机等采用这种回转支承装置。

悬臂梁式回转支承装置的柱体中部承受很大弯曲力矩,尺寸大,构造上采用滚轮方式。港口门座起重机(见图 6-5)大多采用这种回转支承装置。这种回转支承装置的结构如图 6-6 所示,它由转柱、上支承、下支承组成。转柱式回转支承装置的上支承结构如图 6-7 所示,这里也是将滚轮装在回转部分,使它们能适应倾覆力矩的作用方向。由于滚轮是在圆形轨道里面滚动,接触点的曲率比较合理,因此滚轮能承受较大的支承力。

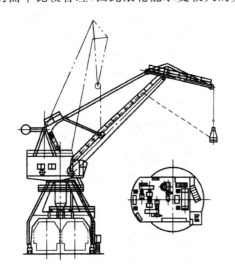

图 6-5 M10-25 型门座起重机

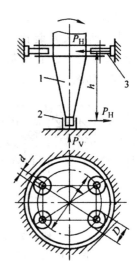

图 6-6 转柱式回转支承装置的结构

1—转柱 2—下支承 3—上支承

为了调整因安装误差和导轨、滚轮磨损所出现的间隙,通常将水平滚轮的滚动轴承装在偏心轴套上,将它们固定为一个整体的心轴,这样就可以调整水平滚轮与轨道之间的间隙了。

下支承的作用是承受回转部分重量和水平力,所以一般采用一个有自动调位作用的推力轴承和一个球面径向滚动轴承,如图 6-8 所示。如前所述,为了保证自动调位作用,应使两个轴承的球面中心重合于一点。下支承也常采用 69000 型向心推力轴承,使用中只需注意水平载荷不要超出容许范围即可。

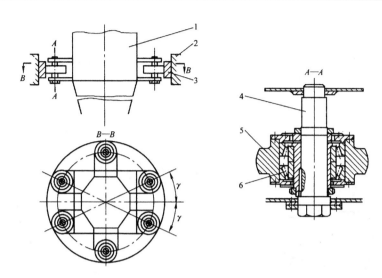

图 6-7　转柱式回转支承装置的上支承结构
1—转柱　2—上支承　3—水平滚轮　4—轴心　5—偏心轴套　6—滚动轴承

上下支承都是承受大载荷的部件,必须有可靠的密封润滑装置以保证良好的工作条件。另外,构造上应能保证在不拆去起重机回转部分的条件下,对上下支承进行装拆维修。例如图 6-8 中将两个螺栓旋紧即可拆卸下支承。

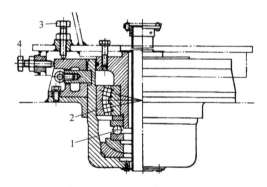

图 6-8　转柱式回转支承装置的下支承结构
1—推力轴承　2—球面径向滚动轴承　3、4—螺栓

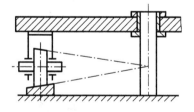

图 6-9　轮式回转支承装置

2. 转盘式回转支承装置

转盘式回转支承装置的特点是没有很高的柱子结构,起重机的回转部分装在一个大转盘上,转盘通过滚动体(滚轮、滚子、滚珠等)支承于固定部分上。

转盘式回转支承装置有轮式、滚子式及滚动轴承式三种。

1) 轮式回转支承装置

轮式回转支承装置如图 6-9 所示。回转部分支承在三个或四个由车轮装置构成的支点上。载荷不大时,每个支点可用一个车轮;载荷较大时,每个支点可用两个车轮,装在均衡梁上(见图 6-10)。三支点抗倾覆的作用较小,通常用于冶金起重机上的回转部分(见图 6-11)。它的优点是静定,轮压可由平衡条件完全确定,对车轮安装要求较低。四支点多用于门座起重机,因为其倾覆力矩较大,如果采用三支点会使轨道直径很大。

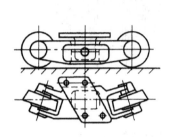

图 6-10　装在均衡梁上的滚轮

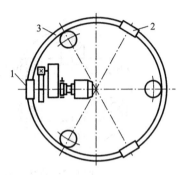

图 6-11　采用滚轮驱动的回转机构

1—带驱动轮的回转驱动机构

2—从动轮　3—水平轮

　　理论上,线接触的车轮应当制成圆锥踏面的,如图 6-12a 和图 6-12b 所示,当轨道直径较大时,可以制成圆柱踏面的(见图 6-12c)或鼓形踏面的(见图 6-12d)。

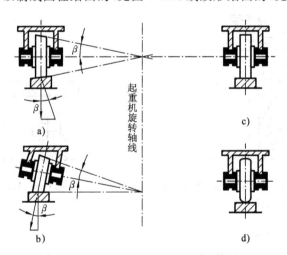

图 6-12　几种踏面的滚轮

a)、b) 圆锥踏面　c) 圆柱踏面　d) 鼓形踏面

　　回转运动的对中与承受水平载荷,通常采用水平轮对中装置(见图 6-13)或中心轴枢装置(见图 6-9 和图 6-14)。

所设计的轮式回转支承装置通常靠自身的回转直径足以保持稳定,但在非工作状态若遇暴风吹袭,仍有倾覆危险。上述中心轴枢加上螺母可以承受拉力,作为抗倾覆的装置,设计时它应当按受拉伸和弯曲作用来计算。如果回转直径较小,工作时抗倾覆采用反滚轮(见图6-15a)。小型起重机也有将车轮装在槽形轨道两翼缘之间,使它起正滚轮与反滚轮

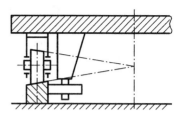

图6-13 水平轮对中装置

的作用(见图6-15b)。其缺点是车轮与轨道磨损后会形成较大间隙,使车轮在轨道之间产生冲击。

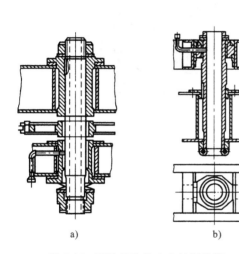

图6-14 回转机构的中心轴枢装置

a) 中央轴上端固定,转盘在下端绕中央轴旋转

b) 中央轴下端固定,转盘在上端绕中央轴旋转

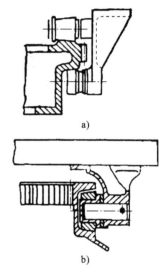

图6-15 反滚轮与正反滚轮

a) 反滚轮 b) 正反滚轮

2) 滚子式回转支承装置

图6-16所示为滚子式回转支承装置。图6-17为滚子构造图,可见,圆锥或圆柱滚子装在上下两个环形轨道之间。回转部分的环形轨道常常只制成前后两段圆弧,目的是提高支承抗倾覆的能力。

滚子式回转支承装置的滚动体数目很多,其承载能力比轮式回转支承装置的大,对于相同的倾覆力矩,所需轨道直径较小,如图6-18所示。采用滚子式回转支承装置可使结构比较紧凑。

圆锥滚子用于轨道直径较小的情况,可避免附加的摩擦与磨损。由于有轴向力,滚子装在由许多拉杆构成的保持架上(见图6-17a)。

圆柱滚子制成带单轮缘或双轮缘,装在由槽钢制成的保持架上(见图6-17b)。

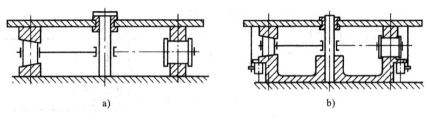

图 6-16 滚子式回转支承装置

a）无反滚轮 b）有反滚轮

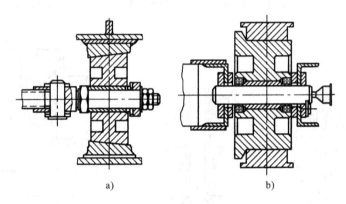

图 6-17 滚子构造图

a）圆锥滚子 b）圆柱滚子

这种保持架应具有足够的强度和刚度,因为滚子难免有位置偏差,可能产生很大的侧向推力。

滚子式回转支承装置的对中问题、承受水平载荷及抗倾覆的方式与轮式回转支承装置相同。

与下面将要介绍的滚动轴承式回转支承装置相比,滚子式回转支承装置的工艺要求较低,但尺寸较大,且零件敞露,磨损厉害,工作时不平稳、冲击大。随着工艺水平的提高,这种形式逐渐被滚动轴承式代替。

3）滚动轴承式回转支承装置

滚动轴承式回转支承装置是目前国内外广泛采用的一种转盘式回转支承装置,它用于汽车式起重机、轮胎式起重机和履带式起重机,也用于门座起重机、塔式起重机和浮式起重机。

滚动轴承式回转支承装置采用一个大型专用滚动轴承,能承受竖直载荷、水平载荷及倾覆力矩。

滚动轴承式回转支承装置的优点是:结构紧凑;装配与维护简单,密封及润滑条件良好;轴向间隙小,工作平稳,消除了大的冲击;回转阻力小,磨损小,寿命长;轴承中央可以作为通道,为起重机的总体布置带来方便。它的不足是:对于材料和加工工艺要求较高,成本较高,损坏后修理不方便。

滚动轴承式回转支承装置对于与它连接的金属结构的刚度有较高的要求,以免由于结构变形使滚动体与滚道卡紧或使载荷分布极度不均,使轴承早期损坏。

根据滚动体的形状不同,滚动轴承式回转支承装置分为滚珠式(见图 6-19)和滚柱式(见图 6-20)。根据滚动体的列数分为单列、双列与三列式。

回转驱动装置的末级驱动大齿圈通常与滚动轴承式回转支承装置的座圈制成一体,采用内啮合或外啮合。座圈中的一个或两个由上下两部分组成,其间可以装设垫片,改变它的厚度可以调整轴承的间隙。轴承的轴向间隙,高精度轴承为 0.06~0.2 mm,精度较差时为 0.3~0.5 mm,尺寸较大的轴承取较大值。

两座圈用螺栓(20~50 个)分别与回转部分和固定部分连接。圆周上的少数螺栓用来将座圈上下两部分临时连接成整体,以便于运输到安装现场。

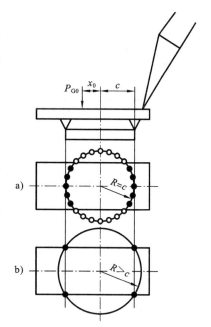

图 6-18　滚子式与轮式的滚道直径比较

a) 滚子式　b) 轮式

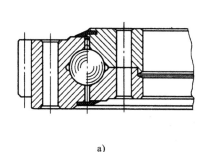

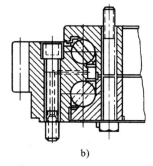

a)　　　　　　　　　　　　　　b)

图 6-19　滚珠式回转支承装置

a) 单列滚珠式　b) 双列滚珠式

滚动体的形式和尺寸应根据工作要求和载荷大小合理选用。滚珠在工作时与滚道没有相对滑动,但承载能力低于滚柱。为了使轴承尺寸不太大,大起重量的起重机一般多采用滚柱。滚珠和滚柱可选用轴承厂的标准产品,为了减少滚道表面磨损,延长其寿命,应合理地选用滚动体和座圈的材料。材料应具有较好的淬硬性,而芯部又要有足够的强度和韧度。例如,滚动体可采用轴承钢(如 GCrl5 钢等),座圈可以采用优质高强度耐磨钢(如 5CrMnMo、50Mn2、45Cr、45 钢等)。滚道表面需进行表面

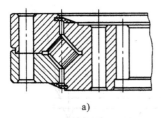 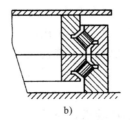 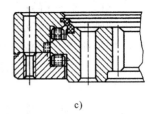

a)   b)   c)

图 6-20   滚柱式回转支承装置

a) 单列滚柱式   b) 双列滚柱式   c) 三列滚柱式

火焰淬火、高频或中频表面淬火、表面渗碳等热处理,硬度达到 61～65HRC,然后经磨削加工以达到高精度。如果热处理后的变形不大,也可以不进行磨削以减少淬硬层的损失。

常用的滚动轴承回转支承装置是单列滚珠式(见图 6-19a)与单列滚柱式(见图 6-20a)。单列滚柱式滚动轴承的一列滚柱中,轴线交叉布置,分别承受向上与向下的轴向力,一般各为一半(也可以根据受力情况使两个方向的滚柱数不同),故它也称为交叉滚子式滚动轴承。

滚珠之间通常用空心短圆柱形的隔离体或直径略小一些的隔离球将它们分开,以免滚珠互相摩擦加速磨损。滚柱式采用隔离圈保持滚动体之间的距离,交叉滚子也可以不用隔离物。隔离物的材料为铜、尼龙、酚醛夹布塑料、粉末冶金材料或软钢等。

6.1.2 回转支承装置的计算

1. 回转支承装置的计算载荷

1) 回转支承装置的载荷情况

回转支承装置按下列三种载荷情况进行计算。

载荷情况Ⅰ,采用无风工作状态正常发生和作用的载荷,也称寿命计算载荷或工作状态正常载荷,用来进行疲劳强度、磨损或发热计算。

载荷情况Ⅱ,采用有风工作状态的最大工作载荷以及可能的组合,也称强度计算载荷或工作状态最大载荷,用来进行支承装置零部件的强度计算。

载荷情况Ⅲ,采用非工作状态可能作用的自重和最大风力,也称验算载荷或非工作状态最大载荷,用来进行零部件强度验算,其安全系数取值比载荷情况Ⅱ的强度计算要低。

现将回转支承装置在三种载荷情况下所考虑的各种载荷组合列于表 6-1。对于强度计算载荷(工作状态最大载荷)表中考虑了可能出现的两种工况:Ⅱ$_a$——满速从地面突然起升物品时的工况;Ⅱ$_b$——变幅机构和回转机构同时制动时的工况。在两种工况中,以其危险者作为强度载荷。

表 6-1　起重机回转支承装置的计算载荷

载 荷 名 称		载荷情况和计算类别			
		载荷情况Ⅰ：寿命计算载荷	载荷情况Ⅱ：强度计算载荷		载荷情况Ⅲ：验算载荷
		Ⅰ	Ⅱₐ	Ⅱᵦ	Ⅲ
起重机回转部分自重(包括对重)载荷		P_G	P_G	P_G	P_G
由额定起升载荷 P_Q 引起的载荷 *		P_{Qx}	$\varphi_2 P_Q$	P_Q	
钢丝绳偏斜引起的水平载荷		$P_Q \tan\alpha_{\mathrm{I}}$	—	$P_Q \tan\alpha_{\mathrm{II}}$	
作用于回转部分(不包括起吊物品)上的风载荷		—	$P_{w\mathrm{II}}$	$P_{w\mathrm{II}}$	$P_{w\mathrm{III}}$
由于起重机倾斜引起作用于回转部分重心上的水平载荷		$(P_G+P_{Qx})\sin\alpha$	$(P_G+P_Q)\sin\alpha$	$(P_G+P_Q)\sin\alpha$	$P_G\sin\alpha$
回转部分(不包括起吊物品)的水平惯性力	变幅机构制动	—	—	P_{Hb}	—
	回转机构制动	$P_{H\omega}$	—	$P_{Hx\max}$	—
	回转时的离心力	P_{HI}	—	P_{HI}	—
回转驱动机构最后一级齿轮(或针轮)的啮合力		$P_{z\mathrm{I}}$	—	$P_{z\mathrm{II}}$	—

*　如吊钩较重,应包括其重量。

表 6-1 所列的载荷组合所代表的起重机工况是：

① 载荷情况Ⅰ,即寿命计算载荷,无风。工况是起重机处于 $(0.7\sim0.8)R_{\max}$ 的等效幅度上,起吊等效起升载荷 P_{Qx},臂架位于沿起重机最大倾角方向进行回转机构平稳制动,起升钢丝绳有正常偏摆角 α_{I},无风。

② 载荷情况Ⅱ,即强度计算载荷,采用工作状态最大载荷及可能同时发生的载荷的组合。工作状态最大风载荷沿着臂架由后向前吹。对于载荷情况Ⅱₐ,工况是起重机处于最大幅度上,臂架位于沿起重机最大倾角方向,从地面全速突然离地起升额定起升载荷 P_Q;对于载荷情况Ⅱᵦ,工况是起升机构以最大钢丝绳偏摆角 α_{II} 悬吊额定起升载荷,臂架位于沿起重机最大倾角方向,同时进行变幅和回转机构的猛烈起(制)动。

③ 载荷情况Ⅲ,即强度验算载荷,采用非工作状态最大载荷。工况是起重机处于最小幅度,平衡重位于沿起重机最大倾角方向,非工作状态最大风载荷沿着臂架由前向后吹。

2) 回转支承装置的部分外载荷计算

表 6-1 中所列各种载荷的含义、求法和代表符号,在第 2 章计算载荷部分中已有

叙述,这里补充说明如下:

P_{Qx} 为等效起升载荷,其计算方法见 2.3 节,并认为它作用在 $R=(0.7\sim0.8)R_{max}$ 的等效幅度上。

φ_2 为从地面满速起升物品的起升动载系数,按式(2-6)计算。

α_I 为用于寿命计算的钢丝绳正常偏摆角,α_{II} 为用于强度计算时的钢丝绳最大偏摆角,这个偏摆角的产生是物品上的风力和水平惯性力作用的结果,所以,考虑偏摆角之后,就不再另行考虑物品上的风力和水平惯性力了。

P_{WII} 和 P_{WIII} 分别表示按工作状态和非工作状态下的最大风压计算的风载荷。

α 为起重机允许的最大坡道倾斜角,对于门座起重机,在临时性轨道上时取 $\alpha=2°$,在永久性轨道上时取 $\alpha\approx0°$;对于汽车式起重机和履带式起重机,当不用辅助支承工作时取 $\alpha=3°$,用辅助支承工作时取 $\alpha=1.5°$;对于建筑塔式起重机,应根据使用要求参照基础和轨道的有关资料确定。

P_{Hb} 为变幅机构制动时作用于臂架系统重心上的水平惯性力,有

$$P_{Hb}=\frac{m_b v_R}{t_{zh}} \tag{6-1}$$

式中　m_b——臂架系统质量(kg);

　　　v_R——臂架系统重心的水平变幅速度(m/s);

　　　t_{zh}——变幅制动时间,初步计算时可取为 $2\sim4$ s。

$P_{H\omega}$ 为回转机构制动时作用于回转部分重心上的水平惯性力,有

$$P_{H\omega}=m_H\frac{v_{Ht}}{t_{Hzh}} \tag{6-2}$$

式中　m_H——回转部分质量(包括对重)(kg);

　　　v_{Ht}——回转部分重心的旋转切向线速度(m/s);

　　　t_{Hzh}——回转制动时间,初步计算时可取为 $3\sim5$ s。

P_{Hl} 为作用于起重机回转部分重心上的回转离心力,有

$$P_{Hl}=m_H\omega^2 r=m_H\left(\frac{\pi n}{30}\right)^2 r=\frac{m_H n^2 r}{90} \tag{6-3}$$

式中　n——起重机回转速度(r/min);

　　　r——起重机回转部分重心到回转中心的距离(m)。

P_{zI} 和 P_{zII} 为对应于载荷情况 I 和载荷载荷情况 II 的回转驱动机构最后一级齿轮(或针轮)的啮合力。

$$P_{zI(II)}=\frac{M_{zI(II)}}{r_z\cos\alpha} \tag{6-4}$$

式中　$M_{zI(II)}$——相应于载荷情况 I(II)的回转阻力矩(N·m);

　　　r_z——回转驱动机构的末级大齿圈(针齿圈)的节圆半径(m);

　　　α——齿轮啮合压力角,对齿轮传动一般 $\alpha=20°$。

3）回转支承装置受力的简化

作用在起重机回转部分上的各种载荷求出后，便可计算起重机回转支承装置所承受的载荷。

作出起重机回转部分简图，将求出的各作用力标注在其作用点上；选定三维直角坐标系，取回转中心线上某点（一般可取滚子中心平面或水平滚轮平面与回转中心线的交点）作为坐标原点 O，以回转中心线为 z 轴，平行于臂架方向为 x 轴，垂直于臂架方向为 y 轴；将各力向坐标原点 O 简化，综合为沿 x、y、z 轴的三个力及绕 x、y、z 轴的三个力偶矩。其中绕 z 轴的力偶矩 M_z 是由回转驱动机构承受，不计入回转支承装置的计算载荷（计算金属结构受力时应计入 M_z）。至此，回转部分简化为空间力系的模型，回转支承装置的计算载荷为：

总竖直力 $$P_V = \sum P_{Vi} \tag{6-5}$$

总水平力 $$P_H = \sqrt{P_{Hx}^2 + P_{Hy}^2} \tag{6-6}$$

总力偶矩 $$M = \sqrt{M_x^2 + M_y^2} \tag{6-7}$$

式中 P_{Vi}——z 轴方向各竖直力；

P_{Hx}——x 轴方向所有水平力的总和，$P_{Hx} = \sum P_{Hxi}$；

P_{Hxi}——x 轴方向第 i 个水平力；

P_{Hy}——y 轴方向所有水平力的总和，$P_{Hy} = \sum P_{Hyi}$；

P_{Hyi}——y 轴方向第 i 个水平力；

M_x——各竖直力及水平力对 x 轴的力偶矩的代数和，$M_x = \sum M_{xi}$；

M_y——各竖直力及水平力对 y 轴的力偶矩的代数和，$M_y = \sum M_{yi}$。

为了减小起重机和回转部分的倾覆力矩，在回转部分一般装有平衡对重。平衡对重载荷 P_{Gc} 理论上按使最大幅度满载时的前倾力矩等于最小幅度空载时的后倾力矩的原则进行计算。

图 6-21 为对重计算简图。对于回转起重机，最大幅度满载时的前倾力矩为

$$M_1 = (P_Q + P_G) R_{max} + P_{G1} - P_{Gc}$$

式中 P_Q——额定起升载荷；

P_G——载重小车的自重载荷；

P_{G1}——起重机回转部分的自重载荷；

P_{Gc}——对重载荷；

R_{max}——起重机的最大幅度。

最小幅度空载时的后倾力矩为

$$M_2 = P_{Gc} c - P_G R_{min} - P_{G1} b$$

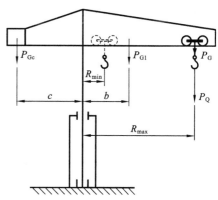

图 6-21 对重计算简图

式中　b、c——起重机回转部分和对重的重心到起重机回转中心线的距离；

　　　$R_{\min}$——起重机的最小幅度。

如果按 $M_1 = M_2$ 的原则进行平衡，可求得对重载荷为

$$P_{Gc} = \frac{P_Q R_{\max} + P_G(R_{\max} + R_{\min}) + 2P_{G1}b}{2c} \qquad (6\text{-}8)$$

有时为了减小自重或因其他条件限制，如某些塔式起重机和船舶甲板起重机等，常取比上述理论值为小的对重载荷，有时甚至不用对重。

2. 柱式回转支承装置计算

转柱式和定柱式回转支承装置都是用一个推力轴承承受垂直力，用上下两个水平支座承受水平力和倾覆力矩，由力的平衡条件可直接求得各支座反力。对于图6-22所示转柱式回转支承装置，推力轴承的支承力为

$$P_t = P_V \qquad (6\text{-}9)$$

径向轴承的支承力为

$$P_r = \frac{M}{h} = \frac{\sqrt{M_x^2 + M_y^2}}{h} \qquad (6\text{-}10)$$

水平滚轮的轮压为

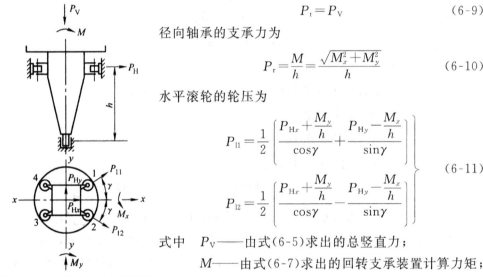

$$\left. \begin{aligned} P_{l1} &= \frac{1}{2}\left[\frac{P_{Hx} + \dfrac{M_y}{h}}{\cos\gamma} + \frac{P_{Hy} - \dfrac{M_x}{h}}{\sin\gamma}\right] \\ P_{l2} &= \frac{1}{2}\left[\frac{P_{Hx} + \dfrac{M_y}{h}}{\cos\gamma} - \frac{P_{Hy} - \dfrac{M_x}{h}}{\sin\gamma}\right] \end{aligned} \right\} \qquad (6\text{-}11)$$

图 6-22　转柱式回转支承装置计算简图

式中　P_V——由式(6-5)求出的总竖直力；

　　　M——由式(6-7)求出的回转支承装置计算力矩；

　　　h——上下水平支座间的距离；

　　　P_{Hx}、P_{Hy}、M_x、M_y——与式(6-6)和式(6-7)的意义相同；

　　　γ——左右水平滚轮间夹角之半(见图6-22)。

通常，起重机的载荷主要是在臂架平面内，在设计时常常将风力及绳索偏斜力的方向取为臂架方向，这时 P_{Hy} 与 M_x 为零，于是轮压计算公式(6-11)简化为

$$P_{l1} = P_{l2} = \frac{P_{Hx} + \dfrac{M_y}{h}}{2\cos\gamma} \qquad (6\text{-}12)$$

由式(6-11)可以看出，虽然 P_{Hy} 和 M_x 在数值上并不大，但当 γ 角太小时，对轮压的分布却有较大的影响。通常 γ 约为 $30°$。

支座反力求出后,根据 P_l 和 P_r 选用标准轴承或自行设计轴承,根据 P_l 的等效值计算水平滚轮的疲劳强度;其他支承零件按一般机械零件方法设计。

水平滚轮踏面疲劳计算载荷按下式计算:

$$P_c = \frac{2P_{lmax} + P_{lmin}}{3} \tag{6-13}$$

式中 P_c——滚轮踏面疲劳计算载荷(N);

  P_{lmax}——正常工作时滚轮的最大轮压(N);

  P_{lmin}——正常工作时滚轮的最小轮压(N)。

在确定 P_{lmax}、P_{lmin} 时,动载系数和冲击系数均取为 1。

滚轮踏面的疲劳强度计算方法和公式同车轮计算(见第 5 章),但以换算曲率半径 ρ 取代车轮半径,即车轮计算公式中的 D 应以 2ρ 代之。ρ 值按表 6-2 计算。

表 6-2 滚轮在各种接触情况下的换算曲率半径

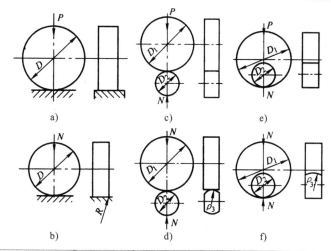

图	$1/\rho$	图	$1/\rho$	图	$1/\rho$
a	$2/D$	c	$2/D_2 + 2/D_1$	e	$2/D_2 - 2/D_1$
b	$2/D + 1/R$	d	$2/D_2 + 2/D_1 + 1/\rho_3$	f	$2/D_2 - 2/D_1 + 1/\rho_3$

柱式回转支承装置中的转柱或定柱,可根据已求出的支座反力,按金属结构的设计计算方法进行设计。其他支承零件可根据前述的计算载荷按一般机械零件设计方法进行设计。

3. 转盘式回转支承装置的计算

1)轮式回转支承装置的计算

轮式回转支承装置的计算内容包括环形轨道直径和支承滚轮直径的确定、中心

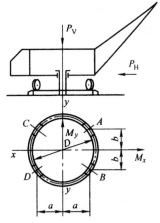

图 6-23　轮式回转支承装置
计算简图

轴枢的计算、支承滚轮轮压计算和强度校核等。其计算简图为图 6-23。

（1）轨道直径计算　轨道直径的大小，一般应保证在不需中心轴枢参与工作的条件下，回转部分在工作状态最大载荷时不致倾覆，即

$$P_V a \geqslant \xi M_y \tag{6-14}$$

$$P_V b \geqslant \xi M_x \tag{6-15}$$

式中　ξ——起重机回转部分的稳定系数，应不小于 1.05，一般取 $\xi = 1.1$。

由式（6-14）、式（6-15）算出最小的 a 与 b，从而求出最小轨道直径为

$$D_{\min} = 2\sqrt{a^2 + b^2} \tag{6-16}$$

（2）中心轴枢计算　如图 6-23 所示，根据工作中的水平力计算中心轴枢的径向轴承。采用圆锥滚轮时，应加上圆锥滚轮所产生的轴向力。

中心轴枢本身应按载荷情况Ⅲ验算其受拉与弯曲的强度，所受弯曲力矩根据载荷情况Ⅲ作用时的 P_H 计算，拉力根据载荷情况Ⅲ按下式计算：

$$\left. \begin{array}{l} P_l = \dfrac{M_y}{a} - P_V \\[3mm] P_l = \dfrac{M_x}{b} - P_V \end{array} \right\} \tag{6-17}$$

取其较大值。

（3）轮压计算　最大和最小轮压按下式计算：

$$\left. \begin{array}{l} P_{l\max} = \dfrac{1}{4}\left(P_V + \dfrac{M_y}{a} + \dfrac{M_x}{b} \right) \\[3mm] P_{l\min} = \dfrac{1}{4}\left(P_V - \dfrac{M_y}{a} - \dfrac{M_x}{b} \right) \end{array} \right\} \tag{6-18}$$

根据上述计算轮压，可计算支承滚轮的接触强度和疲劳强度，方法可参见运行车轮计算和水平滚轮计算。

2）滚子式回转支承装置的计算

（1）滚道直径计算　图 6-24 为滚子式回转支承装置计算简图。根据回转部分在工作状态最大载荷时的稳定条件得最小轨道直径为

$$D_{\min} = \dfrac{2\xi M}{P_V} \tag{6-19}$$

$$b_{\min} = \dfrac{2\xi M_x}{P_V} \tag{6-20}$$

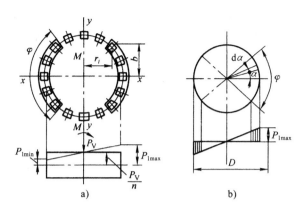

图 6-24　滚子式回转支承装置计算简图

a) 滚道和滚子的分布　b) M 作用下滚子压力的分布

回转部分常常只由两个圆弧范围内的滚子支承(见图 6-24a),这时,由 P_V 产生的平均压应力按弧长成反比例增加,由 M 产生的弯曲拉应力增加甚少,因而可以采用较小的轨道半径而不使滚子有脱离轨道的危险。

(2)中心轴枢计算　与轮式回转支承装置的中心轴枢计算基本相同,按载荷情况Ⅲ验算,拉力为

$$P = \frac{2M}{D} - P_V \tag{6-21}$$

(3)滚子压力计算　通常按 $M_x = 0$, $M = M_y$ 计算滚子压力,公式为

$$\left.\begin{aligned} P_{1max} &= \frac{P_V}{n} + \frac{MD}{2\sum_{i=1}^{n} r_i^2} \\[2em] P_{1min} &= \frac{P_V}{n} - \frac{MD}{2\sum_{i=1}^{n} r_i^2} \end{aligned}\right\} \tag{6-22}$$

式中　n——承载滚子数;

r_i——承载滚子中心到 y—y 轴线的距离,见图 6-24a。

n 由下式确定:

$$n = \frac{\varphi}{180°} n_0$$

式中　n_0——滚子总数;

φ——圆弧轨道的圆心角,见图 6-24b。

3)滚动轴承式回转支承装置的计算

(1)初步确定滚动轴承式回转支承装置的结构形式和尺寸　根据载荷大小、加工过程、使用等条件,考虑各种回转支承的结构形式、优缺点和适用场合,并参考回转

支承装置的厂家系列资料,确定其结构形式、滚动体(滚柱或滚珠)中心圆直径 D 和滚动体直径 d。有了 D 和 d 之后,一排滚动体数目 n 可近似确定。

无隔离圈时,有

$$n = \frac{\pi D}{d} - 0.5 \qquad (6\text{-}23)$$

式中 D——滚动体中心圆直径;

　　　d——滚动体(滚柱或滚珠)直径。

有隔离圈时,有

$$n = \frac{\pi D}{kd} \qquad (6\text{-}24)$$

式中 k——用以考虑为放置隔离圈而在滚动体间留的空隙系数,其数值与隔离圈的形式有关,在结构允许的条件下应取小值,估算时可取 $k = 1.2 \sim 1.4$;

　　　D、d——与式(6-23)中的意义相同。

(2)计算滚动体压力 若已知回转支承装置的计算载荷是竖直力 P_V、水平力 P_H、倾覆力矩 M,便可计算出滚动体的压力分布和最大压力。

关于滚道和滚动体,作几点假设:① 内外座圈都为刚体;② 滚动体在与滚道接触处发生弹性变形;③ 所有滚动体的直径相等;④ 滚道平直,无间隙。

利用上述假设,根据叠加原理,下面分别考虑在 P_V、P_H、M 的作用下,滚动体上的压力分布(见图 6-25)。

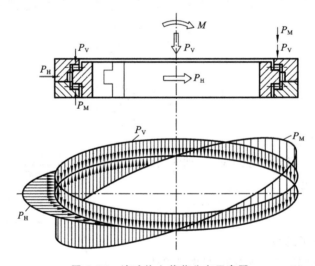

图 6-25　滚动体上载荷分布示意图

① 在竖直力 P_V 作用下,根据假设可得,滚动体压力均匀分布,竖直力 P_V 平均分配到一排滚动体上,每个滚动体上的竖直压力为

$$P_{Vi} = \frac{P_V}{n} \qquad\qquad (6-25)$$

式中 n——承受竖直力的一列滚动体的数目。

② 在力矩 M 作用下,刚性滚道略有偏斜,但仍是平面。假定滚动体是连续的,其反力线密度为

$$p = c\Delta z^m$$

式中 Δz——滚动体变形量,根据上述假设,其大小与 x 坐标成正比;

     c——常数;

     m——指数,对滚柱,$m=1$,对滚珠,$m=1.5$。

     Δz 由下式确定:

$$\Delta z = \Delta z_{max} \frac{x}{R} = \Delta z_{max} \cos\varphi$$

参阅图 6-26,x 处的反力线密度为

$$p_M = c(\Delta z_{max} \cos\varphi)^m = p_{Mmax} \cos^m\varphi$$

最大反力线密度为

$$p_{Mmax} = c\Delta z_{max}^m$$

     由反力与外力矩的平衡条件可得

$$M = 4\int_0^{\frac{\pi}{2}} p_M (R\mathrm{d}\varphi) x = 4p_{Mmax} R^2 \int_0^{\frac{\pi}{2}} \cos^{m+1}\varphi \mathrm{d}\varphi$$

     对于滚柱轴承,$m=1$,有

$$\int_0^{\frac{\pi}{2}} \cos^2\varphi \mathrm{d}\varphi = \left| \frac{1}{4}\sin 2\varphi + \frac{1}{2}\varphi \right|_0^{\frac{\pi}{2}} = \frac{\pi}{4}$$

$$M = \pi p_{Mmax} R^2$$

$$p_{Mmax} = \frac{M}{\pi R^2}$$

每个滚柱相当弧长 $\frac{2\pi R}{n}$,故最大滚柱压力为

$$P_{Mmax} = \frac{M}{\pi R^2} \frac{2\pi R}{n} = \frac{2M}{nR} = \frac{4M}{nD}$$

     对于滚珠轴承,$m=1.5$,有

$$\int_0^{\frac{\pi}{2}} \cos^{m+1}\varphi \mathrm{d}\varphi = \int_0^{\frac{\pi}{2}} \cos^{2.5}\varphi \mathrm{d}\varphi \approx 0.719$$

故最大滚珠压力为

$$P_{Mmax} = \frac{4.37M}{nD}$$

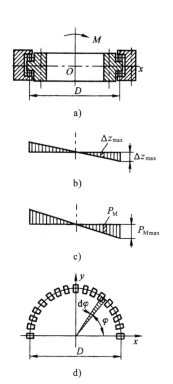

图 6-26   求 P_M 的计算简图

a) 三列滚子式回转支承装置

b) M 作用下滚动体的变形

c) M 作用下滚动体的反力

d) 滚动体的分布

考虑到当有轴向间隙存在时会使受力滚动体数目减少,从而加大了最大负荷滚

动体的受力,即

$$P_{Mmax}=\frac{KM}{nD} \tag{6-26}$$

式中　K——系数,滚柱轴承取 $K=4\sim4.5$,滚珠轴承取 $K=4.5\sim5$,滚道刚性小时 K 取大值,滚道刚性大时 K 取小值。

③ 在竖直力 P_V 及力矩 M 同时作用下,根据叠加原理,滚动体最大压力为两者分别作用引起的压力相加,即

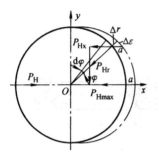

图 6-27　求 P_H 的计算简图

$$P_{max}=P_{Vi}+P_{Mmax}=\frac{P_V}{n}+\frac{KM}{nD} \tag{6-27}$$

④ 在水平力 P_H 作用下,向心轴承中滚动体沿 x 方向的移动量均相等,如图 6-27 中的 a 所示。这个移动量 a 是切向移动量 Δt 与法向移动量 Δr 的矢量和,解图中的三角形可知

$$\Delta r=a\cos\varphi=\Delta r_{max}\cos\varphi$$

若把滚动体看作是沿圆周连续分布的,则滚动体法向压力线密度为

$$p_{Hr}=c\Delta r^{m}=ca^{m}\cos^{m}\varphi=p_{Hmax}\cos^{m}\varphi$$

沿 x 轴方向的滚动体压力线密度为

$$p_{Hx}=p_{Hr}\cos\varphi=p_{Hmax}\cos^{m+1}\varphi$$

由沿 x 轴方向反力与外力的平衡条件可得

$$P_H=\int_{-\frac{\pi}{2}}^{\frac{\pi}{2}}p_{Hx}R\,\mathrm{d}\varphi=2Rp_{Hmax}\int_0^{\frac{\pi}{2}}\cos^{m+1}\varphi\,\mathrm{d}\varphi$$

$$p_{Hmax}=\frac{P_H}{2R\int_0^{\frac{\pi}{2}}\cos^{m+1}\varphi\,\mathrm{d}\varphi}$$

一个滚动体上所受最大压力为

$$P_{Hmax}=p_{Hmax}\frac{2\pi R}{n}=\frac{\pi P_H}{n\int_0^{\frac{\pi}{2}}\cos^{m+1}\varphi\,\mathrm{d}\varphi}$$

对于滚柱轴承,$m=1$,有

$$P_{Hmax}=\frac{\pi P_H}{n\int_0^{\frac{\pi}{2}}\cos^2\varphi\,\mathrm{d}\varphi}=\frac{\pi P_H}{n\frac{\pi}{4}}=\frac{4P_H}{n}$$

对于滚珠轴承,$m=1.5$,有

$$P_{Hmax}=\frac{\pi P_H}{n\int_0^{\frac{\pi}{2}}\cos^{2.5}\varphi\,\mathrm{d}\varphi}=\frac{\pi P_H}{n\times0.719}=\frac{4.37P_H}{n}$$

实际上,考虑到轴承径向间隙的存在,使受力的滚动体减少,因之,滚柱或滚珠均按下式计算:

$$P_{Hmax} = \frac{KP_H}{in} \tag{6-28}$$

式中 K——系数,K 的取值与式(6-26)相同;

i——承受水平力的滚动体列数。

⑤ 滚动体倾斜时,滚动体受力方向与竖直轴线偏斜 β 角,分别考虑竖直力 P_V、倾覆力矩 M 和水平力 P_H 的作用,每个滚动体受力为

$$P_{Vi} = \frac{P_V}{n\cos\beta}$$

而且

$$P_{Mmax} = \frac{KM}{nD\cos\beta}$$

$$P_{Hmax} = \frac{KP_H}{in\sin\beta}$$

若 P_V、M 和 P_H 三者同时作用时,不能将它们简单叠加,因为在这种情况下 P_V 及 M 产生的滚动体压力,由于 $\beta \neq 0$,会产生水平力,一般不能平衡。在 P_V 及 M 的作用下,水平力将使受载较轻的一侧滚动体受载,而受最大载荷的滚动体的负载并不会增大,故一般在载荷 P_H 不大的情况下,滚动体最大载荷为

$$P_{max} = \frac{P_H}{n\cos\beta} + \frac{KM}{nD\cos\beta} \tag{6-29}$$

式中 n——滚动体的数目,对双列滚珠轴承为一列滚珠的数目,对交叉滚子轴承为一列滚动体中同向倾斜的滚子数目。

(3)验算滚动体与滚道的接触强度 滚动体的强度一般大于滚道,所以一般只验算滚道的接触强度。

对于滚柱轴承(线接触),滚柱与滚道接触强度的计算式为

$$\sigma_x = 188\sqrt{\frac{P}{l\rho}} \leqslant [\sigma_x] \tag{6-30}$$

式中 P——滚动体与滚道间的计算压力(N);

l——接触线长度(mm);

ρ——接触点处的换算曲率半径(mm),可按表 6-3 所列公式计算;

$[\sigma_x]$——线接触时的许用接触应力(MPa)。

对于滚珠轴承(点接触),滚珠与滚道接触强度的计算式为

$$\sigma_d = 850\sqrt{\frac{P}{\rho^2}} \leqslant [\sigma_d] \tag{6-31}$$

式中 $[\sigma_d]$——点接触时的许用接触应力(MPa);

P、l、ρ——与式(6-30)中的意义相同。

表 6-3　滚动体与滚道各种接触情况下的换算曲率半径

图	$1/\rho$	图	$1/\rho$	图	$1/\rho$
a	$\dfrac{2}{d}$	e	$\dfrac{2}{d}+\dfrac{2\sin\beta}{D-d\sin\beta}$	i	$\dfrac{4}{d}-\dfrac{2\sin\beta}{D+d\sin\beta}-\dfrac{1}{r}$
b	$\dfrac{2}{d}-\dfrac{2}{D+d}$	f	$\dfrac{4}{d}-\dfrac{1}{r}$	j	$\dfrac{4}{d}+\dfrac{2\sin\beta}{D-d\sin\beta}-\dfrac{1}{r}$
c	$\dfrac{2}{d}-\dfrac{2}{D-d}$	g	$\dfrac{4}{d}-\dfrac{2}{D+d}-\dfrac{1}{r}$	—	—
d	$\dfrac{2}{d}-\dfrac{2\sin\beta}{D+d\sin\beta}$	h	$\dfrac{4}{d}+\dfrac{2}{D-d}-\dfrac{1}{r}$		

6.2　回转驱动机构

回转驱动机构用于使起重机的回转部分相对于固定部分绕起重机的回转轴线转动,并承受回转部分所受的各种阻力。它一般由回转驱动装置、极限力矩联轴器、制动器和末级回转驱动元件组成。

6.2.1　回转驱动机构的传动形式

回转驱动机构的形式和构造,主要根据起重机的用途、工作特点、起重量的大小来确定。起重机中采用了多种回转机构驱动方案,下面就其主要形式作简要介绍。

1. 机械驱动

机械驱动是应用最广的驱动方式,大部分臂架型回转起重机采用了各种形式的机械驱动装置,它由下列部分组成:原动机(通常是电动机)、联轴器、制动器、减速器和最后一级大齿轮(或针轮)传动机构。为了保证回转机构的可靠工作和防止过载,在传动系统中一般还装设极限力矩联轴器。

1)方案布置

根据起重机的用途和构造,回转驱动机构可按两种方案布置:

① 驱动部分装在起重机的回转部分上,最后一级大齿轮(或针轮)固装在非回转部分上;

② 驱动部分装在起重机的非回转部分上,最后一级大齿轮(或针轮)固装在起重机的回转部分上。

在大型起重机上,为了减小驱动元件的尺寸,并降低回转驱动机构的功率,可采用两套以上回转驱动机构。

2) 主要形式

根据所用发动机、减速器及回转驱动元件的不同,机械驱动的回转机构有多种驱动形式,可归纳为下列几种主要形式:

① 卧式电动机—带制动轮的联轴器—制动器—带极限力矩联轴器的蜗杆减速器—最后一级大齿轮(或针轮)传动。图 6-28 所示为采用蜗杆减速器的回转机构。这种方案的优点是结构紧凑,传动比大,但效率低。一般只用于要求结构紧凑的中小型起重机。

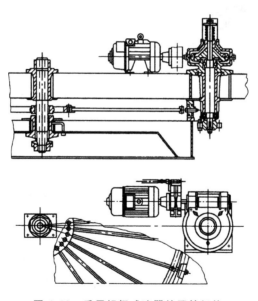

图 6-28　采用蜗杆减速器的回转机构

② 卧式电动机—极限力矩联轴器—制动器—圆柱圆锥齿轮减速器(或部分采用开式齿轮传动)—最后一级大齿轮(或针轮)传动。图 6-29 所示为采用圆柱圆锥齿轮传动的回转机构。这种方案的优点是传动效率较高,缺点是平面布置的尺寸较大,对结构刚度和机械安装的要求高。

③ 立式电动机—联轴器—水平安置的制动器—立式齿轮减速器(有时带极限力矩联轴器)—最后一级大齿轮(或针轮)传动。图 6-30 所示为采用立式电动机的回转机构。这种方案的优点是平面布置紧凑,更好地利用了空间,避免了锥齿轮或蜗杆

传动,传动效率高。其中的立式齿轮减速器可采用二级或三级圆柱齿轮传动、圆柱行星齿轮传动、摆线针轮行星传动、少齿差行星传动或谐波齿轮传动等新型传动装置。这种方案是起重机回转机构较理想的驱动方案,已得到广泛采用。

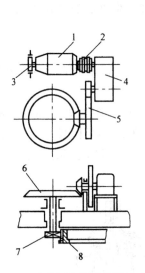

图 6-29　采用圆柱圆锥齿轮传动的
回转机构

1—卧式电动机　2—极限力矩联轴器　3—制动器
4—圆柱齿轮减速器　5—开式圆柱齿轮
6—锥齿轮　7—行星小齿轮　8—大齿轮(或针轮)

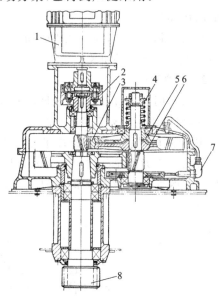

图 6-30　采用立式电动机的回转机构

1—立式电动机　2—带制动轮的联轴器
3—极限力矩联轴器的齿圈　4—压紧弹簧
5、6—极限力矩联轴器的上、下锥体
7—柱塞式润滑油泵　8—小齿轮

④ 卧式电动机—联轴器—制动器—减速器—驱动滚轮。图 6-11 所示为采用滚轮驱动的回转机构。这种方案的回转机构驱动方式与单独驱动的轮式运行机构相同,是利用滚轮和轨道间的黏着力来实现摩擦传动的。这种方案的优点是构造较简单,但只适用于回转部分惯性质量不大的情况,因为驱动滚轮的打滑限制了它的驱动能力。

⑤ 绳索牵引式回转驱动机构(见图6-31)。这种回转驱动机构是由绞车、曳引绳和特种转盘三个基本部分组成。特种转盘是一个大直径的绳索滑轮,固装在起重机的回转部分上,在滑轮槽中按相反方向卷绕着两根曳引绳,曳引绳的一端通过张紧装置固定在转盘上,另一端则按相反方向卷绕在绞车的卷筒上,当绞车

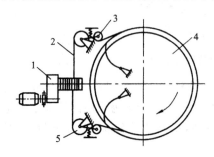

图 6-31　绳索牵引式回转驱动机构简图
1—卷筒绞车　2—曳引绳　3—张紧装置
4—特种转盘　5—导向滑轮

按不同转向驱动卷筒时,两根曳引绳交替地绕上卷筒或自卷筒放出,转盘经曳引绳的牵引而回转。根据所需要的转向改变曳引绳的牵引方向,即可实现起重机的回转运动。这种方案的优点是构造简单,制造和装拆容易,其缺点是回转角度受绕在转盘上的曳引绳长度所限,通常不超过400°。因此它只适用于不要求连续多周回转的起重机,特别适用于建筑桅杆式起重机,因为这种起重机在进行建筑安装工作时,一般不要求作多周回转,但却需要经常装拆。

2. 液压驱动

在驱动方案中,采用液压马达替代电动机作为原动机,就得到液压驱动的回转驱动方案。它有下列两种:

(1)高速驱动方案 这种方案采用高速低扭矩液压马达驱动,一般通过立式减速器带动行星小齿轮转动。图6-32所示为采用高速驱动方案的QY-8型汽车式起重机回转驱动机构。高速传动方案的优点是液压泵与液压马达零件通用,马达容积效率高,所需制动力矩小,可减小制动器的体积。

(2)低速驱动方案 这种方案采用低速大扭矩液压马达驱动,一般不需要减速装置,直接由液压马达带动行星小齿轮转动。低速驱动方案的优点是传动简单;其缺点是制动器力矩大,液压马达零件不能与液压泵零件通用,制造成本高,容积效率低。

3. 回转机构的其他问题

① 为了提高起重机的生产率,有时需

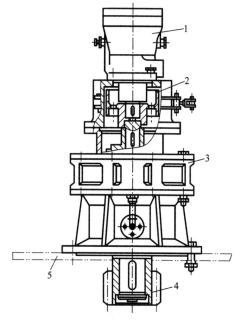

图6-32　QY-8型汽车式起重机的
回转驱动机构

1—ZBD-40型液压马达
2—制动器　3—摆线针轮减速器
4—行星小齿轮　5—转台

要根据幅度不同改变回转速度,或需在空载和小负载时要求提高回转速度。对于机械驱动,最好是通过电气控制系统实现调速,有时也可采用机械调速方案。

② 在选择回转机构的制动器时,应考虑到回转外阻力矩变化范围很大的特点,采用常闭式电磁制动器常常不能准确停靠,并且有时制动过猛。因此,最好采用足踏式可操纵的常开式制动器。

③ 在确定回转机构在转台上的布置位置时,应考虑回转支承装置的间隙对于齿轮啮合的影响。

④ 在大型起重机中,为了不使齿圈及驱动机构部件尺寸过大,宜采用两套回转

驱动机构同时驱动。

　　⑤ 在臂架型起重机中,为了避免过分剧烈的起动和制动以及因操作不当而使臂架碰到障碍物,防止机械零件和结构件过载损坏,在传动机构中一般装有极限力矩联轴器,以使传动系统中有摩擦连接存在,当传递力矩过大时,极限力矩联轴器的摩擦面就开始滑动而起安全联轴器的作用。

6.2.2　极限力矩联轴器

　　极限力矩联轴器是限制传动系统所传递的力矩的装置,在回转驱动机构的传动环节中设置极限力矩联轴器的作用是:① 防止回转驱动机构过载,对电动机和传动系统起保护作用;② 在停机时,如风力过大,臂架就因此联轴器打滑而被风吹至顺风方向,减小迎风面积,保证整机稳定性。

　　极限力矩联轴器的摩擦面有两种形式,圆锥形摩擦接合面和圆盘形多边式摩擦接合面,两者结构基本相同。圆锥形摩擦接合面极限力矩联轴器的结构如图 6-33 所示,其摩擦锥面与蜗轮内锥面靠弹簧压紧,而将蜗轮运动传给立轴。压紧弹簧张力用螺母调整,以得到要求传递的力矩值,当回转机构的回转力矩超过此力矩值时,极限力矩联轴器就打滑,使立轴不随蜗轮一起转动。

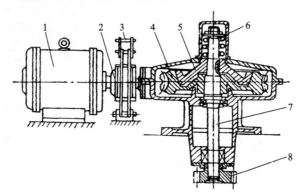

图 6-33　圆锥形摩擦接合面极限力矩联轴器的结构
1—卧式电动机　2—联轴器　3—制动器　4—蜗杆减速器
5—极限力矩联轴器　6—压紧弹簧　7—立轴　8—行星小齿轮

6.2.3　制动装置

　　回转机构通常采用可操纵的常开式制动器。图 6-34 所示为塔式起重机和门座起重机常用的一种由无泵液压系统操纵的回转机构常开式制动器。制动时踩下踏板,通过杠杆作用使主缸活塞移动,即将压力油经油管压入制动液压缸,使两制动臂撑开,两闸瓦便贴紧制动轮起制动作用。如松开踏板,弹簧使活塞回位,制动液压缸中的压力油流回主缸,制动器就松闸。为了避免操作失误,当踏板空行程终了时,限

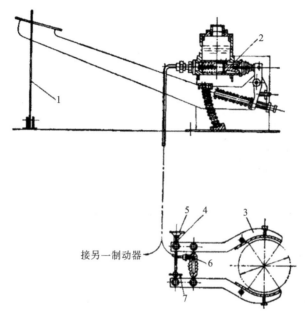

图 6-34 回转机构的常开式制动器

1—踏板限位装置 2—主缸活塞 3—制动臂
4—回位弹簧 5—手轮 6—制动液压缸 7—限位开关

位开关动作,自行切断回转机构电动机电源。

停机时,可转动制动臂上的手轮,使闸瓦合上,制动器在整个停机过程中都处于制动状态,同时通过手轮轴上的撞块顶开限位开关,而切断回转机构电动机电源。当松开手轮时,回转机构才能回转。

大型门座起重机(如 SDTQ1800/60 及 MQ1000 等)由于脚踏力量不够,故采用了以压缩空气为能源的制动方式。

6.2.4 回转驱动元件

回转驱动元件是指回转驱动机构最后一级传动,它由大齿轮与行星小齿轮组成。大齿轮通常固定在起重机非回转部分的底座上,与大齿轮啮合的行星小齿轮装在固定于回转平台上的回转驱动装置的立轴上。也可以将回转驱动装置固定在非回转部分的底座上,而大齿轮则固定在起重机回转部分上。大齿轮可做成内齿,也可做成外齿。

大齿轮与行星小齿轮通常采用渐开线齿轮传动,当大齿轮直径太大时,为了制造简单,常采用由很多针销组成的针齿轮,与针齿轮啮合的行星小齿轮为摆线齿轮传动,其结构如图 6-35 所示。

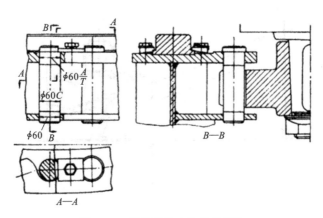

图 6-35　摆线针轮齿轮传动机构

6.3　回转驱动机构设计计算

6.3.1　回转阻力矩的计算

回转机构的工作载荷是回转阻力矩,起重机回转时所要克服的总回转阻力矩是

$$M = M_m + M_w + M_\alpha \tag{6-32}$$

式中　M_m——回转支承装置中的摩擦阻力矩;

　　　M_w——风阻力矩;

　　　M_α——由坡道的倾斜或浮船的倾斜造成的回转阻力矩。

1. 摩擦阻力矩 M_m 的计算

1)柱式回转支承装置的摩擦阻力矩

柱式回转支承装置的摩擦阻力矩为

$$M_m = M_r + M_t + M_l \tag{6-33}$$

式中　M_r——径向轴承中的摩擦阻力矩;

　　　M_t——止推轴承中的摩擦阻力矩;

　　　M_l——水平滚轮支承中的摩擦阻力矩。

① 径向轴承及止推轴承的摩擦阻力矩如下:

对于径向轴承,有

$$M_r = \frac{1}{2}\mu P_r d \tag{6-34}$$

对于止推轴承,有

$$M_t = \frac{1}{2}\mu P_t d \tag{6-35}$$

式中　P_r——径向轴承所受的水平力,由式(6-10)得到;

P_t——止推轴承所受的竖直力,由式(6-9)得到;

μ——摩擦系数,对滑动轴承取 $\mu=0.08\sim0.1$,对滚动轴承取 $\mu=0.015$;

d——滚动轴承及滑动径向轴承的内径,或滑动止推轴承的平均直径。

d 由下式确定:

$$d=\frac{2}{3}\frac{d_a^3-d_i^3}{d_a^2-d_i^2} \tag{6-36}$$

$$d=\frac{1}{2}(d_a+d_i) \tag{6-37}$$

式中　d_a、d_i——滑动止推轴承的外径和内径。

图 6-36 为推力向心球面滚子轴承摩擦阻力矩计算简图。如果采用推力向心球面滚子轴承来代替径向轴承和止推轴承,可只计算止推轴承的阻力矩,即

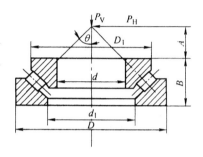

$$M_t=\frac{1}{2}\frac{\mu P_V d}{\cos\theta} \tag{6-38}$$

式中　θ——滚子的倾斜角。

图 6-36　推力向心球面滚子轴承摩擦阻力矩计算简图

② 水平滚轮的摩擦阻力矩为

$$M_l=\sum P_{li}\frac{2f+\mu d}{D_1}\cdot\frac{D}{2} \tag{6-39}$$

式中　$\sum P_{li}$——所有水平滚轮轮压之和;

f——滚动摩擦系数,见表 5-5;

μ——水平滚轮中轴承的摩擦系数,对滑动轴承取 $\mu=0.08\sim0.1$,对滚动轴承取 $\mu=0.015$;

d——水平滚轮轴直径;

D_1——水平滚轮直径;

D——水平滚轮中心圆直径(适用于滚道固定,水平滚轮沿滚道作行星运动方案)或滚道直径(适用于滚道回转带动水平滚轮作自转运动方案)。

2) 轮式回转支承装置的摩擦阻力矩

轮式回转支承装置的摩擦阻力矩包括支承滚轮摩擦阻力矩和中心轴枢的摩擦阻力矩,即

$$M_m=\beta P_V\frac{\mu d+2f}{D_1}\cdot\frac{D}{2}+\mu P_H\frac{d_{sh}}{2} \tag{6-40}$$

式中　d_{sh}——中心轴枢的直径;

P_V、P_H——回转支承装置承受的竖直力和水平力;

β——附加阻力系数,见表 6-6。

表 6-6　滚轮与滚子式回转支承装置的附加阻力系数 β

支承滚轮式				滚子式	
滑动轴承		滚动轴承			
柱形滚轮	锥形滚轮	柱形滚轮	锥形滚轮	有凸缘的柱形滚子	无凸缘的锥形滚子
1.4	1.2	2.5	1.5	1.8	1.3

通常,中心轴枢摩擦阻力矩相对很小,可以忽略不计,故

$$M_{\mathrm{m}} = \beta P_{\mathrm{V}} \frac{\mu d + 2f}{D_1} \cdot \frac{D}{2} \tag{6-41}$$

3）滚子式回转支承装置的摩擦阻力矩

如图 6-37 所示,滚子式回转支承装置的摩擦阻力矩为

$$M_{\mathrm{m}} = \beta \sum P_{\mathrm{W}} \frac{D}{2}$$

$$P_{\mathrm{W}} = P \frac{f}{d/2}$$

$$M_{\mathrm{m}} = \beta \sum P \frac{f}{d/2} \cdot \frac{D}{2} = \beta P_{\mathrm{V}} \frac{fD}{d} \tag{6-42}$$

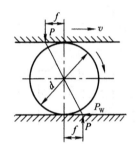

图 6-37　滚子的滚动
摩擦阻力矩

4）滚动轴承式回转支承装置的摩擦阻力矩

滚动轴承式回转支承装置的摩擦阻力矩为

$$M_{\mathrm{m}} = \frac{fD}{d} \sum P \tag{6-43}$$

式中　$\sum P$——滚动体法向反力绝对值之和;

　　　f——滚动摩擦系数,$f = 0.2 \sim 0.4$ mm。

摩擦阻力矩也可按下式计算:

$$M_{\mathrm{m}} = \mu \frac{D}{2} \sum P \tag{6-44}$$

式中　μ——换算摩擦系数,$\mu \approx 0.01$。

$\sum P$ 的计算分以下两种情况:

① 当 $M \leqslant \dfrac{P_{\mathrm{V}} D}{4}$ 时,滚动体反力不出现负值,这时

$$\sum P = \frac{P_{\mathrm{V}}}{\cos \beta} \tag{6-45}$$

式中　P_{V}——起重机回转部分竖直压力的总和;

　　　β——滚动体的接触角。

② 当 $M \geqslant \dfrac{P_{\mathrm{V}} D}{4}$ 时,滚动体反力出现负值(见图 6-38),这时

$$\sum P = 2\int_0^{\varphi_1} p\,\frac{D}{2}\mathrm{d}\varphi + 2\int_{\varphi_1}^\pi (-p)\,\frac{D}{2}\mathrm{d}\varphi$$

$$(6\text{-}46)$$

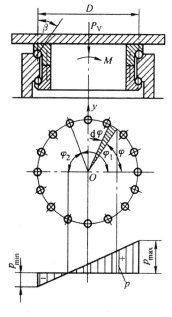

式中　p——在竖直力 P_v 和力矩 M 作用下,距 y 轴

距离为 x 处的滚动体反力线密度。

p 由下式确定:

$$p = \frac{P_v}{\pi D\cos\beta} + \frac{KM}{nD\cos\beta t}\cdot\frac{x}{R}$$

因

$$t = \frac{\pi D}{n}, \quad x = \frac{D}{2}\cos\varphi = R\cos\varphi$$

故

$$p = \frac{P_v}{\pi D\cos\beta} + \frac{KM\cos\varphi}{\pi D^2\cos\beta}$$

将 p 代入式(6-46),得

$$\sum P = 2\int_0^{\varphi_1}\left(\frac{P_v}{\pi D\cos\beta} + \frac{KM\cos\varphi}{\pi D^2\cos\beta}\right)\frac{D}{2}\mathrm{d}\varphi$$

$$+ 2\int_{\varphi_1}^{\varphi_2}\left[-\left(\frac{V}{\pi D\cos\beta} + \frac{KM\cos\varphi}{\pi D^2\cos\beta}\right)\right]\frac{D}{2}\mathrm{d}\varphi$$

图 6-38　滚动体反力有负值时

求 $\sum P$ 的计算简图

积分并整理后得

$$\sum P = \frac{2P_v\varphi_1}{\pi\cos\beta} - \frac{P_v}{\cos\beta} + \frac{2KM\sin\varphi_1}{\pi D\cos\beta}$$

而

$$\varphi_1 = \pi - \varphi_2, \quad \sin\varphi_1 = \sin\varphi_2$$

所以

$$\sum P = \frac{P_v}{\cos\beta}\left(1 - \frac{2\varphi_2}{\pi}\right) + \frac{2KM\sin\varphi_2}{\pi D\cos\beta}$$

$$(6\text{-}47)$$

φ_2 可由 $p=0$ 的条件求得,即

$$\varphi_2 = \arccos\frac{DP_v}{KM}$$

2. 风阻力矩 M_w 的计算

臂架与风向垂直时(见图 6-39),由风产生的回转阻力矩达到最大值,即

$$M_{w\max} = P_{w1}R + P_{w2}l \qquad (6\text{-}48)$$

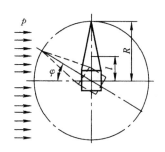

式中　P_{w1}——物品上的风力;

R——起重机的工作幅度;

P_{w2}——风向垂直于臂架时作用于起重机回转部

分上的风力;

l——起重机回转部分迎风面形心到回转轴线的

距离。

图 6-39　M_w 的计算简图

当臂架与风向成 φ 角时,由风造成的回转阻力矩为

$$M_w = P_{w1}R\sin\varphi + P_{w2}l\sin^2\varphi \qquad (6\text{-}49)$$

臂架从 $\varphi=0$ 转到 $\varphi=\pi$ 的过程中，M_W 是变化的，一般验算电动机发热的等效风阻力矩为 $0\sim\pi$ 区间的均方根值，有

$$M_{Weq} = \sqrt{\frac{\int_0^\pi M_W^2 \mathrm{d}\varphi}{\pi}} \approx 0.7M_{Wmax\,I} \tag{6-50}$$

式中　$M_{Wmax\,I}$ ——使用工作状态正常风压 p_I，由式(6-48)计算得到。

3. 坡道阻力矩 M_a 的计算

起重机在有坡度的轨道或地面上悬吊货物回转，回转轴线的倾角不变，吊重和回转部分重力的分力产生回转阻力。

起升载荷 P_Q 及起重机回转部分自重 P_G 在倾斜轨道回转时所产生的倾斜阻力矩如图 6-40 所示。

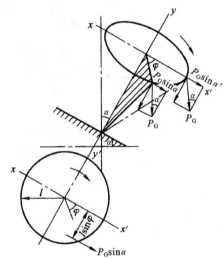

当臂架与 x 方向成 φ 角时，由起升载荷和回转部分重量所造成的回转阻力矩为

$$M_{a\varphi} = P_G l\sin\alpha\sin\varphi + P_Q R\sin\alpha\sin\varphi \tag{6-51}$$

当 $\varphi = \pi/2$ 时，有

$$M_{amax} = P_G l\sin\alpha + P_Q R\sin\alpha \tag{6-52}$$

$$M_a = M_{amax}\sin\varphi \tag{6-53}$$

图 6-40　M_a 的计算简图

式中　P_G ——起重机回转部分的自重载荷；

　　　P_Q ——起升载荷；

　　　l —— P_G 的重心距回转轴线的距离；

　　　R ——幅度；

　　　α ——坡道倾斜角度；

　　　φ ——臂架相对于 x—x 轴的夹角。

臂架从 $\varphi=0$ 转到 $\varphi=\pi$ 的过程中，M_a 是变化的，$0\sim\pi$ 区间的等效阻力矩 M_{aeq} 为其均方根值

$$M_{aeq} = \sqrt{\frac{\int_0^\pi M_a^2 \mathrm{d}\varphi}{\pi}} \approx 0.7M_{amax} \tag{6-54}$$

4. 惯性力矩 M_g 的计算

惯性力矩由物品质量、起重机回转部分质量和传动机构旋转质量三部分所引起。

① 物品质量惯性引起的惯性力矩为

$$M_{g1} = \frac{P_Q}{g}R^2 \cdot \frac{\omega}{t_q} = \frac{P_Q R^2 n}{9.55gt_q} \quad (\text{N·m}) \tag{6-55}$$

式中　P_Q ——起升载荷(包括吊具重量)(N)；

　　　R ——起重机的工作幅度(m)，计算时可取名义幅度；

ω——起重机的回转角速度(rad/s);

n——起重机的回转转速(r/min);

t_q——回转部分起动(或制动)时间(s),初步计算时无风取 $t_q=3\sim5$ s,有风取 $t_q=4\sim10$ s。

② 起重机回转部分质量引起的惯性力矩为

$$M_{g2}=J_H \cdot \frac{\omega}{t_q}=\frac{J_H n}{9.55 t_q} \quad (\text{N} \cdot \text{m}) \tag{6-56}$$

式中　J_H——起重机回转部分质量对回转中心线的转动惯量(kg·m²);

③ 驱动装置传动机构转动零件的惯性引起的惯性力矩为

$$M_{g3}=(1.1\sim1.2)\frac{J_g n_d}{9.55 t_q} i\eta \quad (\text{N} \cdot \text{m}) \tag{6-57}$$

式中　J_g——高速轴上回转质量的转动惯量(kg·m²),包括电动机转子的转动惯量 J_d 和联轴器、制动轮的转动惯量 J_L,即 $J_g=J_d+J_L$;

n_d——电动机额定转速(r/min);

i——回转机构的总传动比;

η——回转机构效率。

④ 总惯性力矩为

$$M_g=M_{g1}+M_{g2}+M_{g3} \tag{6-58}$$

6.3.2　回转驱动机构的设计计算

1. 电动机容量的选定

首先计算回转机构等效功率 P_{eq},即

$$P_{eq}=\frac{(M_m+M_{Weq}+M_{aeq})n}{9550\eta} \quad (\text{kW}) \tag{6-59}$$

式中　M_m——满载摩擦阻力矩(N·m);

M_{Weq}——由式(6-50)计算的等效阻力矩(N·m);

M_{aeq}——由式(6-54)计算的等效坡道阻力矩(N·m);

n——起重机的回转转速(r/min);

η——回转机构的传动效率。

初选电动机的功率 P_{JC} 应满足下式:

$$P_{JC} \geqslant P_{eq} \quad (\text{kW}) \tag{6-60}$$

式中　P_{JC}——对应接电持续率下的电动机额定功率。

当惯性较大时,考虑起动惯性力矩的影响,选用较大的功率,即

$$P_{eq}=\frac{(M_m+M_{Weq}+M_{aeq}+M_g)n}{9550\eta} \tag{6-61}$$

根据 P_{JC} 及回转机构的接电率 JC 值选用适当的电动机型号。

2. 确定回转机构总传动比

回转机构总传动比为

$$i = \frac{n_d}{n} = i_1 i_2 \tag{6-62}$$

式中　n_d——电动机的额定转速(r/min);

　　　i_1——减速器速比;

　　　i_2——回转机构大齿轮与小齿轮的速比。

根据计算总传动比,分配减速器和大齿轮传动的传动比,选择相应的标准减速器,根据回转支承的齿数设计小齿轮。

3. 验算起动时间

实际的起动时间是在很大的范围内变动的,这里计算一个具有典型意义的起动时间,即

$$t_q = \frac{[J] n_d}{9.55 \left[M_{qd} - (M_m + M_{Wmax} + M_{amax}) \dfrac{1}{i\eta} \right]} \quad (s) \tag{6-63}$$

式中　t_q——起动时间;

　　　$[J]$——回转部分折算到高速轴的转动惯量$(kg \cdot m^2)$;

　　　M_{qd}——电动机的起动力矩;

　　　M_{Wmax}——按式(6-48),取工作状态正常风压 $p_Ⅰ$ 计算;

　　　M_{amax}——按式(6-52),取额定起升载荷计算。

M_{qd} 由下式确定:

$$M_{qd} = 9550 \lambda_{AS} \frac{P_{JC}}{n_d} \quad (N \cdot m) \tag{6-64}$$

式中　λ_{AS}——电动机的平均起动力矩倍数。

$[J]$ 由下式确定:

$$[J] = 1.15 J_g + \frac{P_Q R^2}{g i^2 \eta} + \frac{J_H}{i^2 \eta} \tag{6-65}$$

式中　J_g——电动机同轴上所有零件的转动惯量$(kg \cdot m^2)$;

　　　J_H——起重机回转部分转动惯量$(kg \cdot m^2)$;

　　　R——吊重的幅度,按 $R = (0.7 \sim 0.8) R_{max}$ 计算;

　　　g——重力加速度,$g = 9.8 \ m/s^2$。

回转起动时间的控制,通常按无风 $3 \sim 5$ s、有风 $4 \sim 10$ s 掌握。

4. 制动力矩

起重机回转机构的制动力矩随臂架幅度变化,需要在相当范围内调整,因而一般采用常开式可调节的操纵式制动器,设计时须确定其最大制动力矩。

回转机构的制动器为停止制动器,操纵式制动器的最大制动力矩应能在满载顺

风顺坡这一对制动不利的条件下使回转机构在所要求的时间内停止运动。

$$M_z = \frac{[J]n_d}{9.55t_z} + \frac{\eta'}{i}(M_{W\parallel max} + M_{amax} - M_m) \qquad (6\text{-}66)$$

式中　M_z——制动器的最大制动力矩(N·m);

n_d——电动机转速(r/min);

t_z——制动时间(s),一般取 $t_z = t_q$;

M_m——不计附加阻力时的满载摩擦阻力矩(N·m);

$M_{W\parallel max}$——满载时作用在起重机回转部分上的最大工作风阻力矩,按 $p_\parallel$ 计算(N·m);

M_{amax}——满载时最大坡道阻力矩(N·m);

η'——传动机构的反向效率。

5. 电动机的发热验算

回转机构稳态平均功率为

$$P_s = \frac{G(M_m + M_{Weq} + M_{aeq})n_d}{9550mi\eta} \quad (\text{kW}) \qquad (6\text{-}67)$$

式中　G——稳态平均负载系数,见第 4 章;

M_m——满载回转摩擦阻力矩(N·m);

M_{aeq}——满载等效回转坡道阻力矩(N·m);

M_{Weq}——按计算风压 p_I 计算的等效风阻力矩(N·m);

n_d——电动机的额定转速(r/min);

i——回转机构的总传动比;

η——回转机构总效率;

m——驱动电动机的个数。

在设计要求的作业情况下,电动机应不出现过热,其不过热的条件是

$$P_n \geqslant P_s$$

式中　P_n——电动机在相应接电持续率 JC 值和 CZ 值时的允许输出功率(kW)。

JC 和 CZ 值的范围值可参考表 6-5,其计算方法如第 5 章所述。

表 6-5　回转机构的 JC、CZ、G 值

起重机形式		用途	回转机构		
			$JC/\%$	CZ	G
门座起重机	吊钩式	安装用	25	300	G2
	吊钩式	装卸用	25	1000	G2
	抓斗式		40	1000	G2

6. 电动机的过载校验

针对载荷情况 II 有风工作的工况,电动机的最大力矩应保证能克服工作状态可能出现的较大阻力矩,亦即电动机的最大力矩应大于工作状态最大工作阻力矩。验算公式如下:

$$P_n \geqslant \frac{H}{m\lambda_m} \cdot \frac{(M_m + M_{W\,II\,max} + M_{amax} + M_{\alpha\,I})n_d}{9550i\eta} \tag{6-68}$$

式中　P_n——基准接电持续率时电动机的额定功率(kW);

H——系数,绕线转子异步电动机取 $H=1.55$,笼型异步电动机取 $H=1.6$,直流电动机取 $H=1$;

λ_m——基准接电持续率时,电动机转矩允许过载倍数;

M_m——满载回转摩擦阻力矩(N·m);

$M_{W\,II\,max}$——由计算风压 p_{II} 引起的最大风阻力矩(N·m);

M_{amax}——回转最大坡道阻力矩(N·m);

$M_{\alpha\,I}$——起升钢丝绳偏摆角为 α_I 时,由垂直于臂架平面的水平分力 P_H 产生的回转阻力矩(N·m);

n_d——电动机的额定转速(r/min);

i——回转机构的总传动比;

η——回转机构总效率;

m——驱动电动机个数。

式(6-68)中没有采用 α_{II} 是认为几种因素都在最大值的概率是很小的。$M_{\alpha\,I}$ 由下式确定:

$$M_{\alpha\,I} = P_H R = \tan\alpha_I\, P_Q R \tag{6-69}$$

7. 极限力矩联轴器的计算

极限力矩联轴器应在正常起动及制动过程中不发生打滑,在过载情况下才开始打滑。按照这个原则,极限力矩联轴器传递的极限力矩应为

$$M_{jl} = 1.1 \times \left(M_{max} - \frac{J_g n_d}{9.55 t_q}\right) i_j \eta_j \quad (N \cdot m) \tag{6-70}$$

式中　M_{max}——由电气保护装置限制的电动机最大力矩或制动器额定制动力矩(N·m);

i_j——从电动机轴到极限力矩联轴器轴之间的传动比;

η_j——从电动机轴到极限力矩联轴器轴之间的传动效率。

第7章 变幅机构

7.1 变幅机构的构造形式

臂架型起重机的回转中心线到取物装置中心线之间的水平距离称为起重机的幅度,用来改变幅度的机构称为起重机的变幅机构。起重机上装设变幅机构可以扩大起重机的作业范围,当变幅机构与回转机构协同工作时,起重机的作业范围是一个环形空间。

起重机变幅机构按照工作性质可分为非工作性变幅机构(调整性变幅机构)和工作性变幅机构两种,按照结构形式可分为运行小车式和臂架式(伸缩臂架式和摆动臂架式),按照变幅机构的性能可分为非平衡变幅机构和平衡性变幅机构两种。

7.1.1 工作性变幅机构和非工作性变幅机构

1. 非工作性变幅机构

非工作性变幅机构是指只在空载条件下变幅的机构,变幅的目的是使起重机调整到适合吊运物品的幅度,或根据物品的装卸点与起重机位置的要求变更幅度,有时是根据物品的重量变更幅度。塔式起重机、门座起重机、履带式起重机等由于受抗倾覆稳定性和构件承载能力的限制,在吊运重货时必须将幅度调整到起重量曲线所允许的范围以内。

非工作性变幅机构的特点是在物品装卸过程中幅度不再调整,或用来放倒臂架,以利运输。这种变幅过程工作次数少,变幅速度对起重机的生产率影响小,由于不带载变幅,变幅阻力及变幅功率消耗均较小。这类变幅机构一般采用较低的变幅速度,以减小装机功率,通常变幅速度为 10~30 m/min。

2. 工作性变幅机构

工作性变幅机构是能在带载的条件下变幅的机构。为了提高起重机的生产率和更好地满足作业要求,常常需要在吊运重物时改变起重机的幅度;多台起重机邻近工作时为了避免相互干扰,以及装卸时为了对准货位,要求每一个工作循环中都要进行变幅动作。

工作性变幅机构的特点是变幅过程属于每个工作循环的一部分,工作次数多,变幅速度对起重机的生产率影响大,由于带载变幅,变幅阻力大,故变幅功率消耗较大。在这类变幅机构中,一般采用较高的变幅速度以提高装卸生产率,通常变幅速度为 40~90 m/min,为了得到较好的变幅工作性能,工作性变幅机构的构造较为复杂。

7.1.2 运行小车式变幅机构和臂架式变幅机构

1. 运行小车式变幅机构

运行小车式变幅机构是通过小车沿着水平臂架弦杆运行来实现变幅的,运行小车有自行小车式和绳索牵引式两种。

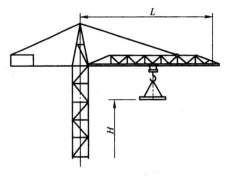

图 7-1 运行小车式变幅机构简图

如图 7-1 为运行小车式变幅机构简图。为减小臂架中由于运行小车自重产生的弯矩从而减小起重机自重,多采用绳索牵引式小车。运行小车式变幅机构的变幅速度均匀,物品摆动不大;物品能实现严格的水平移动;易于获得较小的最小幅度和较大的有效工作空间。但水平臂架承受的弯矩较大,结构自重较大;多机协同工作较困难,机动性较差。

2. 臂架式变幅机构

臂架式变幅机构分为摆动臂架式和伸缩臂架式两种。

摆动臂架式变幅机构(见图 7-2a)是通过臂架俯仰摆动实现变幅的,可采用钢丝绳滑轮组或变幅液压缸使臂架作俯仰运动。

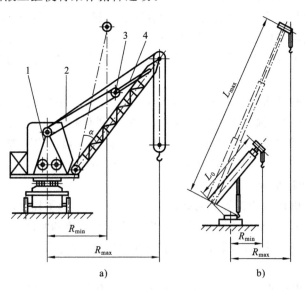

a)   b)

图 7-2 臂架式变幅机构

a) 摆动臂架式   b) 伸缩臂架式

1—人字架 2—变幅滑轮 3—变幅动滑轮 4—臂架拉杆

伸缩臂架式变幅机构(见图 7-2b)通过多节可伸缩臂架(见图 7-3)的伸缩而改变臂架长度实现变幅,可用液压缸来驱动实现运动。伸缩臂架包括各级伸缩液压缸,当各级液压缸进油时,活塞杆顶出,臂架长度逐渐增大,到活塞杆全部顶出时,臂架达到最大长度。这种变幅系统具有使用简便灵活的特点,在流动起重机中广泛地应用。伸缩臂架的主要作用是缩小起重机的外形尺寸,增加起重机的机动性、灵活性,可便于流动,作业时伸出臂架能获得较大的起升高度。它主要用来实现非工作性变幅,一般不单独作为变幅机构使用。

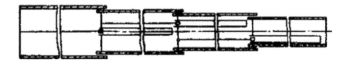

图 7-3　可伸缩臂架

臂架式变幅机构的优点是起升高度大,拆卸比较方便。其缺点是幅度的有效利用率低,变幅速度不均匀,没有补偿措施时重物不能作水平移动,安装就位不方便,变幅功率也大。另外,臂架有倾角,有时会与建筑物相碰,影响使用范围。

小车式变幅与臂架式变幅各有优点,两种方案在国内外均得到广泛使用。一般,建筑塔式起重机的工作性变幅机构采用牵引小车变幅机构,门座起重机和流动起重机多采用臂架式变幅机构。

7.1.3　平衡变幅机构和非平衡变幅机构

1. 非平衡变幅机构

非平衡变幅机构就是在摆动臂架时,臂架的重心和物品的重心都要升高或降低。在减小幅度时,物品和臂架的重心都要升高。非平衡机构变幅原理如图 7-4 所示。为了克服物品质量和臂架自重增大时所引起的阻力,需要耗费变幅目的之外的驱动功率。变幅时物品自行升降的现象给装卸工作,特别是安装就位操作带来很大不便。在增加幅度时,会引起较大的惯性载荷,也影响使用性能,因此非平衡变幅大多使用在非工作性变幅机构中。

非平衡变幅机构一般用在桅杆式起重机、摆动臂架塔式起重机或流动起重机(汽车式起重机、轮胎式起重机、履带式起重机)上,主要用来实现非工作性变幅。

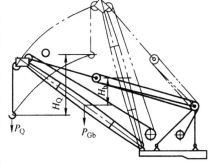

图 7-4　非平衡机构变幅原理

非平衡变幅的驱动装置大多采用绳索卷筒驱动,也有采用液压驱动的。

2. 平衡变幅机构

工作性变幅的起重机在每一个工作循环中都要变幅,为提高生产率,节约驱动功率,改善操作性能,需要采用平衡变幅。

平衡变幅就是应用各种方法使起重机在变幅过程中物品的重心沿水平线或近似水平线的轨迹移动;臂架系统的重量由活动平衡重所平衡,两者的合成重心沿着水平线的轨迹移动或固定不动。

现已有多种形式的变幅装置能满足平衡变幅的要求。平衡变幅机构比非平衡变幅机构在构造上要复杂得多,但对需要经常带载变幅的起重机来说,由此得到的优点,足以弥补构造复杂、自重较大的缺点,因此它在门座起重机和塔式起重机上应用很广泛。

7.2 载重水平位移系统

工作性变幅机构在变幅过程中吊钩应当沿水平线或近似水平线的轨迹移动,这样可减小变幅阻力,避免额外的能量消耗,同时给装卸和安装作业带来方便。

在臂架摆动变幅的起重机中,实现吊钩水平移动的装置称为载重水平位移系统,实现吊钩水平位移的方法很多,其基本思路是对变幅过程中伴随的吊钩升降给予反向的补偿。现有的主要补偿方案有四种:滑轮组补偿法、平衡滑轮补偿法、卷筒补偿法和四连杆组合臂架补偿法。前三种可归结为绳索补偿法。

绳索补偿法的特点是:依靠起升绳卷绕系统及时放出或收回一定长度的绳索来补偿变幅过程中伴随发生的吊钩升降,从而使物品在变幅过程中沿水平线或近似水平线的轨迹移动。

组合臂架补偿法的特点是:由平面四杆机构组成臂架系统,依靠臂架端点在变幅过程中沿水平线或接近水平线的轨迹移动来实现物品的水平移动。

7.2.1 滑轮组补偿法

1. 滑轮组补偿法的基本原理

利用补偿滑轮组使物品水平变幅的工作原理如图 7-5 所示。它的构造特点是在起升绳卷绕系统中增设一个补偿滑轮组。可以看出,当臂架从位置 I 转动到位置 II 时,取物装置一方面随着臂架端点的升高而升高,另一方面又由于补偿滑轮组长度缩短,放出绳索,增加悬挂长度而下降。设计时应使起重机在变幅过程中由于臂架端点上升而引起的物品升高值大致等于因补偿滑轮组长度缩短而引起的物品下降值,这样,物品将沿近似水平线的轨迹移动。

所以,当采用滑轮组补偿时,实现水平变幅应满足的条件是

$$Hm = (l_1 - l_2)m_F \qquad (7-1)$$

式中　　H——臂架头部起升的高度;

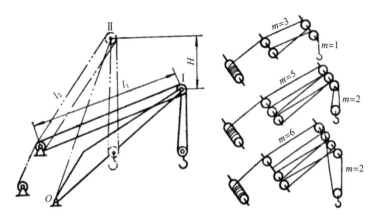

图 7-5 补偿滑轮组工作原理

m——起升滑轮组的倍率,通常 $m \leqslant 2$;

m_F——补偿滑轮组的倍率,通常 $m_F = 3$。

滑轮组补偿法的主要优点是构造简单,臂架受力情况比较有利,容易获得较小的最小幅度。其缺点是起升绳的长度大,起升绳绕过滑轮数目多,因而磨损快,在小幅度时因悬挂长度长而使物品摆动大,不能保证物品沿严格的水平线移动等。这种形式主要用于小起重量的臂架型起重机。

2. 滑轮组补偿方案的设计

滑轮组补偿法设计的关键在于确定最佳的补偿滑轮组定滑轮的位置,设计的方法有图解法和解析法。

1) 图解法

如图 7-6 所示,首先根据工作要求和构造布置并参考已有设计经验确定臂架长度 L、最大幅度 R_{max}、最小幅度 R_{min}、臂架下铰点 O、起升滑轮组倍率 m 和补偿滑轮组倍率 m_F。为了能使物品水平变幅获得较满意的结果,在幅度为 R_{max} 时臂架与水平线的夹角 φ_{min} 宜取为 $20° \sim 40°$,幅度为 R_{min} 时臂架与水平线的夹角 φ_{max} 宜取为 $60° \sim 80°$。

采用图解法设计的原理是,要保持吊钩水平移动,则在变幅过程中,由重物引起的变幅阻力矩应为零,也就是作用在臂架端部的起升载荷 P_Q 与由 P_Q 引起的补偿滑轮组拉力 S 的合力 P 必须通过臂架铰点 O。这种方法称为合力汇交法。

用合力汇交法图解确定补偿滑轮组定滑轮位置 A 是假设由起升载荷引起的臂架端部的合力 S 对臂架下铰点 O 的力矩在各个工作幅度时均等于零,以及在各个幅度位置合力 S 都通过臂架铰点 O。图解的步骤如下:

① 按一定的比例画出在最大幅度、最小幅度和两个中间幅度的臂架位置,两个中间幅度位置为位置Ⅱ和Ⅲ(见图 7-6),这两个位置取为离 R_{max} 和 R_{min} 各为 1/4 的变幅总行程。

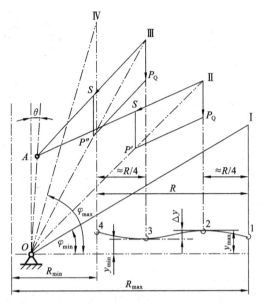

图 7-6　合力汇交法求补偿点 A 的位置

② 在臂端以一定的比例画出起升载荷 P_Q 和补偿滑轮组对臂架的作用力 $S(S=P_Q m_F/m)$，使它们的合力 P'、P'' 通过臂架下铰点 O。

③ 根据合力 P 通过铰点 O 的条件，从封闭的力三角形求解 S 的方向（即补偿滑轮组轴线的方向），即可求得臂架在图示 Ⅱ、Ⅲ 位置上补偿滑轮组的轴线，两轴线的交点即为所求的补偿点 A 的位置。一般，点 A 的较佳位置约在铰点 O 上方稍向前偏。

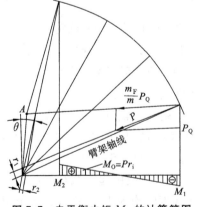

图 7-7　未平衡力矩 M_O 的计算简图

④ 校验点 A 位置。在整个变幅范围内选取若干个臂架位置（通常取 6～10 个），作出变幅过程中吊钩移动的实际轨迹曲线（见图 7-6），校验吊钩轨迹的最大高度差 Δy_{max}，其要求为

$$\Delta y_{max} < 0.03(R_{max} - R_{min}) \qquad (7-2)$$

⑤ 校验未平衡力矩。在整个变幅范围内选取若干个臂架位置，如图 7-7 所示，计算由起升载荷引起的对臂架铰点 O 的力矩，即

$$M_O = Pr_i$$

要求其最大值满足

$$|M_O|_{max} = |Pr_i|_{max} < (0.05～0.1)M_Q \qquad (7-3)$$

式中　P——未通过臂架铰点的合力；

　　　　r_i——臂架铰点 O 对 P 的力臂；

　　　　M_Q——起升载荷对回转中心线的最大力矩。

⑥ 若 Δy 或 M_O 超过给定范围,修正点 A 的位置,直至满足要求。

图解法的原理是力三角形的矢量方程求解,平面力系的一个矢量方程只能求解两个未知量,从而确定点 A 的 x、y 坐标,所以理论上也只能在两个臂架位置满足矢量方程,也就是说只在两个位置满足水平位移要求。所以,合力汇交法不能在所有臂架位置满足水平位移要求,存在近似性。

2）解析法

滑轮组补偿方案的设计关键,在于使补偿滑轮组长度 l 的变化与臂端滑轮高度变化 H 相适应。

如图 7-8 所示,在臂架摆动过程中,起升滑轮组和补偿滑轮组中钢丝绳的总长度 D 应保持不变,即

$$D = ml_Q + m_F l = \text{const.} \tag{7-4}$$

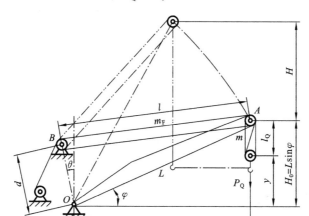

图 7-8　补偿滑轮组变幅装置轨迹计算简图

由图 7-8 可知,起升滑轮组动滑轮中心的高度 y 可表示为

$$y = L\sin\varphi - l_Q = L\sin\varphi - \frac{D - m_F l}{m} \tag{7-5}$$

设 $K = d/D$,$t = m_F/m$,于是从 $\triangle OAB$ 可得边长 l 为

$$l = \sqrt{L^2 + d^2 - 2Ld\cos[90° - (\varphi - \theta)]} = L\sqrt{1 + K^2 - 2K\sin(\varphi - \theta)} \tag{7-6}$$

将式(7-6)代入式(7-5),可得变幅过程中吊钩轨迹表达式为

$$y = L\left[\sin\varphi + t\sqrt{1 + K^2 - 2K\sin(\varphi - \theta)} - \frac{D}{m}\right] \tag{7-7}$$

显然,y 的表达式不是一条水平线。为使 y 趋于水平线,可使 y 的竖向差值最小,或者使 y 的斜率最小。实际上只有当斜率为零时,吊钩在该点的变幅速度方向才是水平的,这时才不消耗能量,因此限制斜率的方法更科学。

在变幅过程中,因物品未能沿水平线移动所引起的能量消耗指标是起升载荷对臂架下铰点 O 的力矩 M_O,由功能原理可知

$$P_Q \mathrm{d}y = M_O \mathrm{d}\varphi \tag{7-8}$$

将 y 的表达式(7-5)代入式(7-8),可得力矩 M_O 的表达式

$$M_O = P_Q \frac{\mathrm{d}y}{\mathrm{d}\varphi} = P_Q L \left[\cos\varphi - t \frac{K\cos(\varphi-\theta)}{\sqrt{1+K^2-2K\sin(\varphi-\theta)}} \right] \tag{7-9}$$

因此,从臂架平衡看,在变幅过程中控制 M_O,即控制 $\mathrm{d}y/\mathrm{d}\varphi$ 的值使之趋于最小,较为合理。

对最常用的 $t=3$ 的滑轮组补偿方案的变幅装置,根据不同的臂架摆角范围,按照限制臂架力矩 M_O 最小的方法进行计算,所得的 θ 和 K 的最佳值如表 7-1 所示。

表 7-1 θ 和 K 的最佳值

最佳参数	θ	K	θ	K	θ	K
	$\varphi_{Lmin}=70°$		$\varphi_{Lmin}=75°$		$\varphi_{Lmin}=80°$	
$\varphi_{Lmax}=20°$	6.3°	0.304	5.0°	0.300	4.4°	0.298
$\varphi_{Lmax}=25°$	5.5°	0.200	4.8°	0.297	3.9°	0.294
$\varphi_{Lmax}=30°$	5°	0.296	4.2°	0.293	3.3°	0.289
$\varphi_{Lmax}=35°$	4.5°	0.292	3.6°	0.288	2.9°	0.285

7.2.2 平衡滑轮补偿法

1. 平衡滑轮补偿法的原理

平衡滑轮补偿实现物品水平变幅的工作原理如图 7-9 所示,其构造是起升绳经摆动杠杆上的平衡滑轮引向臂架端部,摆动杠杆经拉杆与臂架铰接并随臂架摆动。

平衡滑轮补偿法的特点是,通过摆动杠杆上的平衡滑轮位置的变化,使卷筒到臂架端部之间的钢丝绳长度改变,以补偿物品随臂架端点移动引起的升降。

显然,采用平衡滑轮补偿时,实现水平变幅应满足的条件式为

$$(AB+BC)-(A'B'+B'C')=\Delta H \tag{7-10}$$

与滑轮组补偿法比较,平衡滑轮补偿法的主要优点是起升绳的长度和磨损减小,钢丝绳的卷绕情况得到改善。其缺点是臂架承受弯矩较大,难以获得较小的最小幅度。同样,平衡滑轮补偿法也不可能获得严格的水平位移。

这种方案可用在取物装置为吊钩及抓斗的起重机中。

2. 平衡滑轮补偿方案的设计

由图 7-10 所示的平衡滑轮补偿方案设计简图可知,其设计的主要内容是合理地选择杠杆系统的尺寸,使补偿用的平衡滑轮(B 处)在变幅过程中的运动轨迹能很好地补偿因臂端 A 升降所引起的吊钩的升降,从而保证吊钩在变幅过程中沿接近于水

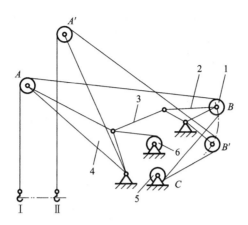

图 7-9 平衡滑轮补偿法工作原理

1—补偿滑轮 2—对重杠杆 3—连杆 4—臂架 5—起升卷筒 6—变幅驱动机构

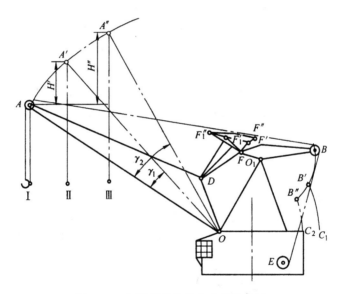

图 7-10 平衡滑轮补偿方案设计简图

平线的轨迹运动。按图解法设计杠杆系统尺寸的方法和步骤如下：

① 初步选定臂架下铰点 O 和摆动杠杆支点 O_1 的位置,并根据给定的最大尾部半径初步确定平衡滑轮的起始位置 B 和摆动杠杆与连杆的铰接点的起始位置 F（相应于最大幅度时的位置）。

② 作出变幅过程中接近最大、中间和接近最小幅度的三个臂架位置 OA、OA' 和 OA'',显然,吊钩在上述三个臂架位置上位于同一水平线上所必须满足的条件为

$$\left.\begin{array}{c} AB+BE-(A'B'+B'E)=H' \\ AB+BE-(A''B''+B''E)=H'' \end{array}\right\} \tag{7-11}$$

式（7-11）就是确定杠杆系统尺寸的出发点。

③ 确定相应于三个臂架位置的摆动杠杆位置 BO_1F、$B'O_1F'$ 和 $B''O_1F''$。初始位置 BO_1F 在步骤①已经给定。分析可知，B' 和 B'' 一方面应落在以为 O_1 圆心、O_1B 为半径的圆弧 $BB'B''$ 上，另一方面又应分别落在以 E、A' 为焦点、$(AB+BE-H')$ 为长轴的椭圆 C_1 上，和以 E、A'' 为焦点、$(AB+BE-H'')$ 为长轴的椭圆 C_2 上。因此，只要作出圆弧 $BB'B''$、椭圆弧 C_1 和 C_2，那么 $BB'B''$ 与 C_1 和 C_2 的交点即为所要确定的 B' 和 B'' 的位置。显然，在 B' 和 B'' 的位置确定以后，摆动杠杆的另外两个位置 $B'O_1F'$ 和 $B''O_1F''$ 也就确定了。

④ 确定臂架与连杆的铰点 D。为此，可采用图形转置的方法。在臂架和摆动杠杆与连杆的铰点 F、F' 和 F'' 之间相对位置保持不变的条件下，使第 II 和第 III 个臂架位置分别连同 F' 和 F'' 绕点 O 逆时针转到与第 I 个臂架位置相重合的位置上，这时 F' 和 F'' 相应地转到 F_1' 和 F_1'' 位置。然后，作 FF_1' 和 FF_1'' 的垂直平分线，这两条垂直平分线的交点就是臂架与连杆的铰点 D。至此，臂架和杠杆系统的主要尺寸都已确定。

与滑轮组补偿方案一样，在初步确定臂架和杠杆系统的尺寸之后，还应作出变幅过程中吊钩的实际轨迹图和物品未平衡力矩的变化图（参见图 7-6、图 7-7），并按式（7-2）和式（7-3）验算吊钩的最大高度差和最大的物品未平衡力矩是否符合要求。如果不合要求或在构造上不合理，则应重新修正臂架和杠杆系统的尺寸，直到符合要求为止。

对平衡滑轮补偿方案也可采用解析法进行设计，其方法与补偿滑轮组方案的是类似的。

7.2.3 卷筒补偿法

1. 卷筒补偿法的基本原理

卷筒补偿法的原理如图 7-11 所示，用于变幅机构由绳索驱动的起重机上。补偿卷筒一般与变幅卷筒同轴但绳的绕向相反（有时不同轴而用齿轮或链轮传动）。起升绳一端固定在起升卷筒上，另一端固定在补偿卷筒上。在变幅时，补偿卷筒放出或放入一定长度的起升绳，来弥补由于臂架摆动而引起的吊钩升降现象。如果设计的卷筒外形曲线合适，就可以使吊钩在变幅的过程中沿水平线的轨迹移动。

2. 卷筒补偿法的设计

从卷筒补偿法的原理可知，设计的主要内容是合理确定补偿卷筒的外形尺寸。如图 7-12 所示，按下列步骤进行设计：

（1）确定比例关系 主要是确定变幅

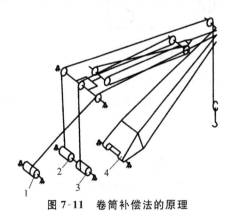

图 7-11 卷筒补偿法的原理

1—起升卷筒 2—补偿卷筒 3—变幅卷筒 4—臂架

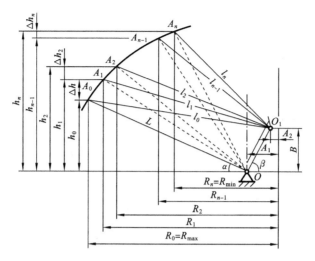

图 7-12　变幅几何尺寸图

过程中物品水平移动时起升绳和变幅绳长度变化的比例关系。假定起升绳导向滑轮轴和变幅绳定滑轮轴都设在点 O_1,将最大工作幅度 R_{max} 与最小工作幅度 R_{min} 之间分成 n 等份,一般 $n \geqslant 8$。在任意幅度 R_i 时,点 A 的高度 h_i 及其至点 O_1 的距离 l_i 可用作图法或按下列公式求得:

$$h_i = L \sin \alpha_i$$

$$l_i = \sqrt{L^2 + K^2 - 2LK \cos(180° - \beta - \alpha_i)} = \sqrt{L^2 + K^2 + 2LK \cos(\beta + \alpha_i)} \quad (7\text{-}12)$$

式中

$$\alpha_i = \cos^{-1} \frac{R_i - A_i}{L}$$

$$K = \sqrt{B^2 + (A_1 - A_2)^2}$$

$$\beta = \tan^{-1} \frac{B}{A_1 - A_2}$$

计算结果如表 7-2 所示。

表 7-2　变幅几何尺寸

幅度序号	0	1	2	⋯	$n-1$	n
幅度 R_i	$R_0 = R_{max}$	R_1	R_2	⋯	R_{n-1}	$R_n = R_{min}$
臂架头部高度 h_i	h_0	h_1	h_2	⋯	h_{n-1}	h_n
A 与 O_1 之间的距离 l_i	l_1	l_2	l_3	⋯	l_{n-1}	l_n

从幅度位置 R_0 到 R_1 变幅绳的收进量为

$$V_1 = a_2(l_0 - l_1) = a_2 \Delta l_1 \quad (7\text{-}13)$$

式中　a_2——变幅滑轮组倍率。

从幅度位置 R_0 到 R_1 臂架头部升高量为

$$\Delta h_1 = h_1 - h_0 \tag{7-14}$$

为了补偿因臂架头部点 A 升高引起的吊钩上升,必须放出起升绳进行补偿,要求的起升绳补偿量为

$$V_1' = a\Delta h_1 - k\Delta l_1 \tag{7-15}$$

式中　a——起升滑轮组倍率;

　　　K——起升绳在臂端和人字架间的分支数。

由此可知,臂架从起始位置摆到位置 1 时,起升绳补偿量 V_1' 和变幅绳收进量 V_1 的比值为

$$\lambda_1 = \frac{V_1'}{V_1} = \frac{a\Delta h_1 - k\Delta l_1}{a_2\Delta l_1} \tag{7-16}$$

任意幅度区段内,起升绳补偿量 V_i' 与变幅绳收进量 V_i 的比值为

$$\lambda_i = \frac{V_i'}{V_i} = \frac{a\Delta h_i - k\Delta l_i}{a_2\Delta l_i} \tag{7-17}$$

（2）计算对应于各幅度区段的补偿卷筒主要参数　补偿卷筒理论平均直径为

$$D_i = \lambda_i D \tag{7-18}$$

式中　D——变幅卷筒直径。

补偿卷筒工作圈数为

$$Z_i = \frac{V_i'}{\pi D_i} \tag{7-19}$$

补偿卷筒工作长度为

$$L_i = Z_i t \tag{7-20}$$

式中　t——补偿卷筒绳槽节距。

（3）绘制补偿卷筒外形　根据补偿卷筒在各幅度区段的平均直径 D_i 及工作长度 L_i 可绘制出一个阶梯形卷筒外形,如图 7-13 所示。如果采用合理的曲线阶梯即可达到所需的曲线形补偿卷筒,就可以使物品准确地水平位移。实际上,考虑到制造工艺上的方便,一般均采用圆锥形卷筒代替曲线形卷筒,所以物品也只能近似地水平位移。

由图解确定补偿卷筒大端直径 D_0 和小端直径 D_0' 后,圆锥形卷筒的锥度为

$$K = \frac{D_0 - D_0'}{L} \tag{7-21}$$

7.2.4　组合臂架补偿法

组合臂架补偿法的特点是,依靠臂架端点在变幅过程中沿水平线或近似水平线的轨迹移动来实现物品的水平变幅,而起升绳由此端点的定滑轮引出,从而实现吊钩沿水平线的轨迹移动。

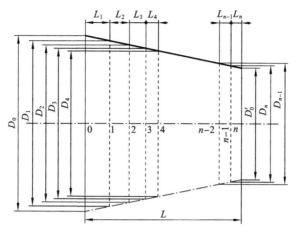

图 7-13　补偿卷筒外形

1. 四连杆式组合臂架

四连杆式组合臂架的工作原理如图 7-14 所示。该臂架系统是组合式的,由臂架、象鼻梁和刚性拉杆三部分组成臂架系统并构成四杆机构。在一个运动周期中,象鼻梁的端点轨迹为双叶曲线,如果臂架系统的尺寸选择得合适,则在有效幅度 $S_{max} \sim S_{min}$ 范围内,象鼻梁的端点可以沿着图示双叶曲线的下半部分近似水平线的轨迹移动。起升绳沿臂架或拉杆到象鼻梁,并从其头部引出,即可满足物品水平变幅的要求。

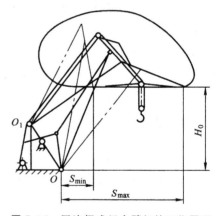

图 7-14　四连杆式组合臂架的工作原理

四连杆式组合臂架补偿法的主要优点是:物品悬挂长度减小,摆动现象减轻,起升绳的长度和磨损减小,起升滑轮组的倍率对补偿系统没有影响。其主要缺点是臂架系统复杂,自重大,物品难以沿严格地实现水平变幅等。这种方案在港口及船台门座起重机上应用最广。

2. 平行四边形组合臂架

平行四边形的组合臂架的工作原理如图 7-15 所示,通过由拉杆、象鼻梁、臂架与连杆构成的平行四边形机构,臂架下铰点沿导轨滑动,可保证吊重在变幅过程中严格地按水平线的轨迹移动。

3. 四连杆组合臂架补偿法的设计

这里只讨论起升绳沿平行于臂架或拉杆轴线引出的常见方案。设计的主要任务是:确定臂架系统的主要尺寸(臂架长度、象鼻梁前臂长度 L 和后臂长度 l、拉杆长度 r)确定臂架铰点 O 及拉杆铰点 O_1 的位置。

设计的基本要求是:保证物品在变幅过程中尽可能沿接近于水平线的轨迹移动,臂架系统的尺寸尽可能紧凑,自重小,装卸简便,各个铰点位置应符合总体布置的要求。

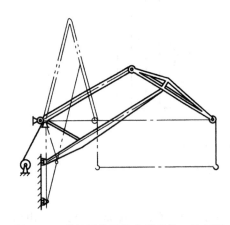

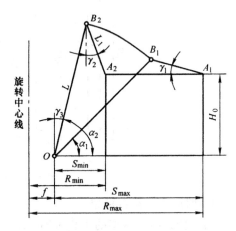

图 7-15　平行四边形组合臂架的工作原理　　图 7-16　确定臂架和象鼻梁前臂长度的计算简图

1) 图解法

如图 7-16 所示,在设计臂架系统前,最大幅度 R_{max}、最小幅度 R_{min},起升高度等主要工作参数是给定的。图解法的设计步骤如下:

(1) 选定臂架铰点位置　根据起重机总体布置和构造要求初步选定臂架铰点 O 的位置,从而确定 f 和 H_0,通常 $f=2\sim3$ m;然后根据 H_0、R_{max}、R_{min} 确定象鼻架端部的两个极限位置 A_1 和 A_2。

计算幅度以象鼻梁头部滑轮轴线为准,当起升滑轮组倍率为双数时,计算幅度与实际幅度是符合的;当倍率为单数时,计算幅度应比实际幅度缩进一段头部滑轮卷绕半径的距离。

$$\left.\begin{array}{l} S_{max} = R_{max} - f - \dfrac{D_0}{2a} \\[2mm] S_{min} = R_{min} - f - \dfrac{D_0}{2a} \end{array}\right\} \tag{7-22}$$

式中　a——起升滑轮组倍率;

　　　D_0——臂端定滑轮计算直径。

(2) 确定臂架长度和象鼻梁前臂长度　根据象鼻梁端点在最大和最小计算幅度位置上应处于同一水平线上的要求,初定臂架长度 L 和象鼻梁前臂长度 L_1(见图 7-16)。

作图时,建议取

$$\gamma_2 = \gamma_3 = 5° \sim 10°, \quad \gamma_1 = 10° \sim 25°, \quad \alpha_1 = 40° \sim 50°$$

若 γ_2 过小,起升绳可能由于偏摆而从头部滑轮绳槽脱出;若 γ_1 过小,将使象鼻梁头部轨迹的水平性能恶化。

首先对小幅度位置从点 O 作与垂线夹角 γ_3 的臂架位置线,从点 A_2 作与垂线夹角 γ_2 的象鼻梁位置线,相交于点 B_2,得

$$\left.\begin{array}{c} L=OB_2 \\ L_1=A_2B_2 \end{array}\right\} \qquad (7\text{-}23)$$

然后根据所得臂架和象鼻梁前臂的长度 L 和 L_1,画出最大幅度时的所在位置 OB_1 和 A_1B_1,对照上述角度推荐值,检验 γ_1 和 α_1 是否合适。如不合适,可修改 γ_2 和 γ_3 重新作图。

(3) 确定象鼻梁后臂长度、刚性拉杆长度、刚性拉杆铰点的位置　L 和 L_1 初步确定后,根据象鼻梁端点在整个工作幅度范围内尽可能沿水平线的轨迹移动这一条件,首先取定象鼻梁的后臂长度 l。根据已有设计经验,可取

$$l=(0.35\sim0.5)L_1 \qquad (7\text{-}24)$$

l 值取定以后,可按下列步骤图解确定刚性拉杆铰点 O_1 的位置和拉杆长度 r(见图 7-17)。

① 按一定的比例先作出最大、最小和中间幅度的三个臂架和象鼻梁的位置,建议中间幅度取在离最大计算幅度 $\left(\dfrac{1}{5}\sim\dfrac{1}{4}\right)S$ 处,并使象鼻梁的端点都在同一水平线上。

② 根据象鼻梁后臂长度 l 可确定象鼻梁尾部端点 C 的位置。点 C 可以在 AB 的延长线上,有时由于结构布置的需要,点 C 不在其延长线上,而是稍向上偏(见图 7-17)。

③ 所求的拉杆下铰点 O_1 应通过 C_1、C_2、C_3

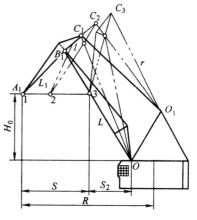

图 7-17　确定拉杆长度 r 及铰点 O_1 位置的计算简图

的圆弧中心。作直线 C_1C_2 和 C_2C_3 的中垂线,其交点即为所求的拉杆铰点 O_1,而 O_1C_1 即为所求的拉杆长度 r。应当检验点 O_1 的位置是否能满足起重机总体布置的要求,若点 O_1 的位置不合理,应重选 l 重新作图。

(4) 校验　初步确定了组合臂架构成部分的主要尺寸以后,作出象鼻梁端点的实际轨迹线(即物品变幅时的轨迹线)和未平衡物品力矩变化图,以校验两者是否满足要求。若满足,则组合臂架系统确定主要尺寸的工作基本上完成。校验方法如下:

把幅度范围分成 6~10 个位置,根据所求出的臂架系统尺寸检验变幅性能。

① 吊钩水平位移高差,要求

$$\Delta y<0.02(R_{max}-R_{min}) \qquad (7\text{-}25)$$

② 由起升载荷引起的对臂架下铰点 O 的力矩尽量小,要求

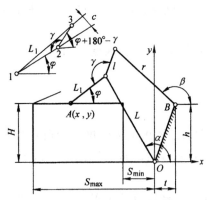

图 7-18　四连杆变幅装置轨迹计算图

$$M_O < (0.05 \sim 0.1) M_Q \qquad (7\text{-}26)$$

③ 臂架等角速度摆动时,象鼻架端点的水平速度要均匀平稳,要求端点最大速度与最小速度之比

$$v_{\max}/v_{\min} < 1.3 \sim 2.6 \qquad (7\text{-}27)$$

2) 解析法

从上述图解法的作图求解过程可以看出,要为变幅臂架系统确定一组合适的尺寸,工作量很大,精确度也较低。采用解析法建立数学模型求解,可以提高结果的精度。

图 7-18 所示为四连杆变幅装置轨迹计算图。一般象鼻梁中间铰点的位置根据结构的要求,偏下一段距离(一般由总体布置给定),用下垂距离 c 表示(见图 7-18)。以 γ 表示中间铰点与前后铰点连线之间的夹角,其关系为

$$\gamma = \arccos \frac{c}{L_1} + \arccos \frac{c}{l} \qquad (7\text{-}28)$$

从点 A 的坐标可得轨迹方程组,即

$$\left. \begin{aligned} x &= L\cos\alpha - L_1\cos\varphi \\ y &= L\sin\alpha - L_1\sin\varphi \end{aligned} \right\} \qquad (7\text{-}29)$$

$$\left. \begin{aligned} x &= r\cos\beta - l\cos(\varphi+180°-\gamma) - L_1\cos\varphi + t \\ y &= r\sin\beta - l\sin(\varphi+180°-\gamma) - L_1\sin\varphi + h \end{aligned} \right\} \qquad (7\text{-}30)$$

整理,得

$$\begin{aligned} &-2[t+l\cos(\varphi-\gamma)]x - 2[h+l\sin(\varphi-\gamma)]y + t^2 + h^2 \\ &+ l^2 + L^2 - r^2 + 2l(t-L_1\cos\varphi)\cos(\varphi-\gamma) - 2tL_1\cos\varphi \\ &+ 2l(h-L_1\sin\varphi)\sin(\varphi-\gamma) - 2hL_1\sin\varphi \\ &= 0 \end{aligned} \qquad (7\text{-}31)$$

式中

$$\varphi = \arccos\left[\frac{x(L^2-L_1^2-x^2-y^2) + y\sqrt{4L_1^2(x^2+y^2)-(L^2-L_1^2-x^2-y^2)^2}}{2L_1(x^2+y^2)} \right]$$

式(7-31)即为象鼻梁头部点 A 的轨迹曲线方程。它是用以进行解析法计算的基础。

同作图法一样,给出最小幅度时臂架和象鼻梁前臂的角度(见图 7-19),可求出

$$L_1 = \frac{H + S_{\min}\tan\alpha}{\cos\theta\tan\alpha - \sin\theta} \qquad (7\text{-}32)$$

$$L = \frac{H + L_1\sin\theta}{\sin\alpha} \qquad (7\text{-}33)$$

在 $l/L_1=0.35\sim0.5$ 的范围内确定后臂长度 l。

拉杆长度 r 及点 B 位置参数 t 和 h,可按如下条件进行计算:臂架处于三个幅度位置时,象鼻梁点 A 都位于同一高度 $Y=H$,三个幅度值取

$$\left.\begin{array}{l} x_1=S_{min} \\ x_2=S_{max}-(0.2-0.3)(S_{max}-S_{min}) \\ x_3=S_{max} \end{array}\right\} \quad (7\text{-}34)$$

三个幅度以及相应的高度已知,连同已经求出的 L、L_1 和 l 一起代入轨迹方程式,可得三个方程,从而可解得 r、t 和 h。

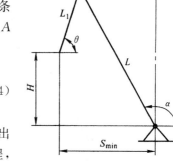

图 7-19　臂架和象鼻梁前臂长度
计算简图

对已经得到的各套臂架装置尺寸参数,按式 (7-30) 计算其变幅轨迹,以供参考选择。

得出轨迹曲线后,将其按工作幅度分成若干等份,得到每一小区段幅度路程 ΔS_i 上的物品高度差 Δy_i,同时按轨迹曲线可算出相应于 ΔS_i 的臂架角度变化 $\Delta\alpha_i$,于是可得每一小区段幅度路程 ΔS_i 上的物品高度差 Δy_i,按轨迹曲线也可算出相应于 ΔS_i 的臂架角度变化 $\Delta\alpha_i$,于是可得每一小区段上由物品引起的臂架俯仰力矩

$$M_i=\frac{P_{Qi}\Delta y_i}{\Delta\alpha_i} \quad (7\text{-}35)$$

这样,对应于一组尺寸参数,就可以得到在整个变幅过程中的臂架力矩变化情况及其最大值。这就是以变幅力矩作为设计变量的函数的数值解。

7.3　臂架自重平衡系统

臂架自重平衡系统的作用是使臂架系统的重心在变幅过程中不出现升降现象,或升降位移足够小,从而减小变幅驱动功率和使变幅机构平稳地运动。臂架自重平衡有多种方式,归纳起来可分为不变重心、移动重心和无平衡重三种方式。

7.3.1　不变重心平衡原理

利用活动平衡重使臂架系统的合成重心始终位于臂架摆动平面的某一固定点上,从而消除了臂架系统合成重心在变幅过程中发生的升降现象。如图 7-20 为臂架与平衡重的合成重心固定不变的原理图。

在图 7-20a 中,平衡重放在臂架的延长端上,臂架自重 P_{Gb} 和平衡重的重量 P_{Gp} 的合成重心始终在臂架铰轴 O 上,且满足

$$P_{Gp}=\frac{P_{Gb}r_b}{r_p} \quad (7\text{-}36)$$

这种平衡方法的优点是构造简单,工作可靠,尾部回转半径小,理论上能达到完

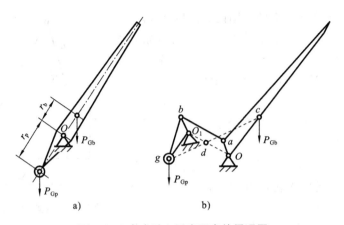

图 7-20 合成重心固定不变的原理图
a) 平衡重放在臂架的延长端 b) 臂架中设置连杆和平衡梁

全平衡。其缺点是平衡重的重量大，平衡重力臂的长度受到起重机整体布置的限制，平衡重对起重机整机稳定性和回转部分稳定性的稳定作用不能充分发挥，起重机的整体布置较复杂。因而这种方案已很少采用，仅用于船舶甲板起重机。

图 7-20b 所示是为了克服图 7-20a 的缺点而采用的方法。臂架系统中设置连杆 ab 和平衡梁 gO_1b，并使 cO 平行于 gO_1，$OabO_1$ 为平行四边形，在变幅时，臂架和平衡重的合成重心位于 cg 连线的点 d，且

$$P_{Gp} = \frac{P_{Gb} \cdot cO}{gO_1} \tag{7-37}$$

可以证明，点 d 为定点，从而臂架系统重心固定，不随变幅过程移动。

7.3.2 移动重心平衡原理

图 7-21 所示为利用杠杆系统或拉索使合成重心沿近似水平线的轨迹移动的平衡方式，应用平衡重的上升或下降来补偿臂架重心的下降或上升。这种平衡方式得到广泛应用。

如图 7-21a 所示为利用杠杆-活动对重式来获得臂架平衡的方式。其原理是作用在对重臂铰点 O' 上的臂架系统自重力矩尽可能等于对重产生的力矩。由于平衡重与臂架分开，采用杠杆连接，组成非平行四边形四杆机构，因而可以在臂架摆动角度不变的情况下，使对重臂的摆角增大，增加对重的升降高度，减小对重的重量。该方案能达到在变幅过程中合成重心沿近似水平线轨迹移动，通过严格的设计，可以满足臂架自重平衡的要求。

由于对重与臂架并非一体，因此对重可置于适当位置以充分发挥其使起重机稳定的作用，总体布置更加方便灵活。其缺点是结构比较复杂。

图 7-23b 所示为拉索-活动对重式平衡系统，它的结构很简单，容易达到最小的

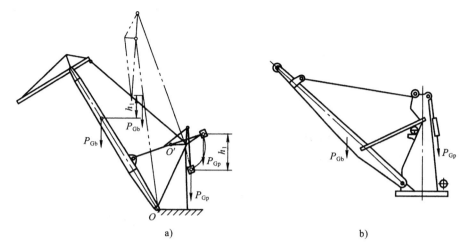

图 7-21　合成重心沿近似水平线轨迹移动的平衡方式

a) 杠杆-活动对重式　b) 拉索-活动对重式

尾部半径,但拉索容易磨损。

7.3.3　无配重平衡原理

图 7-22 所示为无配重的平衡系统,它是依靠臂架系统的机构特点保证臂架重心在变幅过程中沿近似水平线的轨迹移动。图 7-22a 为椭圆规机构,它运用椭圆规原理使臂架重心沿水平线或近似水平线的轨迹移动,而不需要任何平衡重量,这就大大减小了起重机上部的重量。

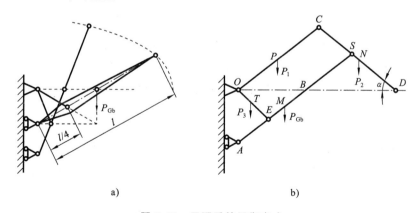

图 7-22　无配重的平衡方式

a) 椭圆规机构　b) 平行四边形机构

图 7-22b 所示为平行四边形机构,它是四连杆组合臂架系统,拉杆 CO 和摇杆 OE 的重心 P 和 T 按圆周运动,臂架 AS 和象鼻架 CD 的重心 M 和 N 按椭圆规律运

动,如上述四个连杆的合成重心在变幅过程中沿水平线 OD 移动,则此系统不需要平衡重。

这类方案受力情况较差,稳定性不是很好,构造比较复杂,一般很少采用。

上述三类臂架平衡方式中,应用广泛的是杠杆-活动对重平衡系统。

7.3.4 杠杆-活动对重系统的设计

1. 初步确定杠杆系统的尺寸及平衡重重量

图 7-23 所示为杠杆-活动对重平衡系统尺寸的确定过程。

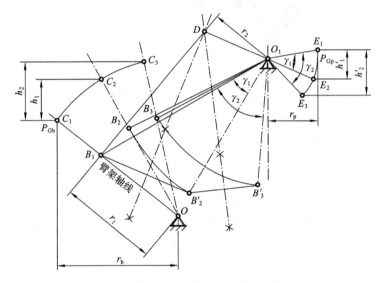

图 7-23 杠杆-活动对重平衡系统尺寸的确定

① 已知起重臂架最大幅度时的重心位置(或臂架系统的合成重心位置)C_1 和重量 P_{Gb}。根据结构上布置方便的要求,选定平衡重杠杆铰点 O_1 的位置,再根据给定的起重机尾部回转半径和起重机稳定性的要求确定相应最大幅度时的平衡重位置 E_1,并初步假定平衡重重量 P_{Gp}。

② 作臂架三个位置(R_{max}、中间位置、R_{min}),相应的重心位置为 C_1、C_2、C_3,相对于 C_1,C_2 和 C_3 升高的距离分别为 h_1 和 h_2。根据能量守恒定律,臂架重心升高所增加的位能应等于平衡重重心降低所减小的位能,平衡重相应降低的高度分别为

$$\left.\begin{array}{l} h'_1 = \dfrac{P_{Gb}h_1}{P_{Gp}} \\[2mm] h'_2 = \dfrac{P_{Gb}h_2}{P_{Gp}} \end{array}\right\} \tag{7-38}$$

式中 P_{Gp}——平衡重重量。

由此得出臂架中间位置和最小幅度位置相对应的平衡重位置 E_2 及 E_3。

从式(7-38)可看出,为了减小平衡重重量,应增大 h_2',但过分增大会增大不平衡力矩。先根据构造布置给定 h_2',然后初定平衡重重量。

③ 确定连杆 BD 的尺寸及其与臂架的铰点 B 和平衡重杠杆铰点 D,一般先确定点 B,然后求出点 D 和尺寸 BD。做法如下:

初步定出臂架上的变幅连杆铰点 B_1、B_2、B_3。为了确定点 D 和连杆 BD 的长度,可在臂架和平衡重间的相对位置不变的条件下,把第二和第三个平衡位置 E_2 和 E_3 绕点 O_1 转到与第一个平衡位置 E_1 相重合,由此得出转角 γ_1 和 γ_2。相应地,点 B_2 转到点 B_2',点 B_3 转到点 B_3',连接 B_1B_2' 和 $B_2'B_3'$。点 D 应当是在三个相对应的位置上与点 B_1、B_2、B_3 三点的距离保持不变,亦即点 D 应当是过这三点的圆弧的中心。作 B_1B_2' 和 $B_2'B_3'$ 的垂直平分线,得交点 D,连接 B_1D 及 DO_1,即得出最大幅度时的连杆及平衡梁位置。

2. 校验系统

按每一瞬间位置的未平衡力矩等于零或尽量小的条件,修正平衡系统尺寸和平衡重重量。

从上述作图过程可以看到,此平衡系统只在 R_{max}、R_{min} 和中间三个位置上是平衡的,不能保证每一瞬间位置臂架放出和吸收的能量等于平衡重在相应位置上吸收和放出的能量。这时绕点 O_1 的未平衡力矩可以用下式计算:

$$\Delta M = P_{Gb}r_b\frac{r_2}{r_1} - P_{Gp}'r_p \tag{7-39}$$

在各个工作幅度(6~10 个位置)局部调整 P_{Gp}' 的重量和 E_1 及点 D 的位置,使换算到点 O_1 的未平衡力矩达到最小值。一般要求:

① 最大幅度时 $\Delta M < 0$,最小幅度时 $\Delta M > 0$,并应与设计臂架系统时物品载荷对臂架下铰点的力矩一起考虑,以达到上面的要求。

② $\Delta M < (0.05 \sim 0.1)M_Q$,$M_Q$ 为由物品重量引起的倾覆力矩。

③ $|+\Delta M| \approx |-\Delta M|$。

7.4　变幅驱动机构

变幅驱动机构的作用是使臂架绕其下铰点摆动,从而达到改变幅度的目的。为了适应各种起重机的变幅特性和要求,出现了多种形式的变幅驱动机构。

7.4.1　变幅驱动机构的构造形式

变幅驱动机构有绳索滑轮组、齿条、扇形齿轮、螺杆、液压缸和曲柄连杆等形式。

1. 绳索滑轮组变幅机构

如图 7-24 所示为绳索滑轮组变幅驱动机构。其中臂架通过绳索滑轮组连接到变幅卷筒上,依靠卷筒卷绕或放出变幅钢丝绳实现臂架绕其铰轴俯仰,达到变幅的目的。

这种构造形式简单,布置方便,自重小,臂架受力状况好,总体布置也较方便,但由于传动件中采用了挠性件变幅滑轮组,只能承受拉力,不能承受压力,因此在幅度较小时,臂架有后倾的可能,例如受到向后的风力或货物骤然坠落时臂架向后弹回。通常用连杆加以防止,图 7-25 所示为臂架防后倾装置。这种构造形式主要适用于非工作性变幅机构以及在变幅过程中不会产生双向受力的工作性变幅机构。

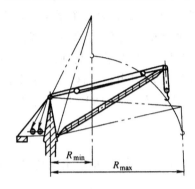

图 7-24 绳索滑轮组变幅驱动机构

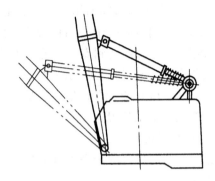

图 7-25 臂架防后倾装置

2. 曲柄连杆变幅驱动机构

图 7-26 所示为曲柄连杆变幅驱动机构。其中曲柄连杆驱动对重杠杆,然后再通过杠杆使臂架俯仰。曲柄连杆机构的优点是能自动限制变幅极限位置,使工作可靠性增强。其缺点是变幅速度很不均匀,电动机与曲柄间所需传动比大,因而使装置尺寸和自重增大。虽然这种构造形式有自动限幅功能,但仍需装设行程开关,以免曲柄越过死点后,使变幅运动方向与控制器方向不符,造成操作失误。曲柄连杆变幅驱动机构只用于旧式的小型起重机,现已很少采用。

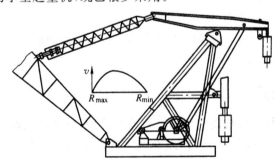

图 7-26 曲柄连杆变幅驱动机构

3. 扇形齿轮变幅驱动机构

图 7-27 所示为扇形齿轮变幅驱动机构。其中扇形齿轮固定在平衡梁上或者起重臂上。这种构造形式制造简单,维修方便,扇形齿轮可兼作部分对重用,并且又常与活动对重做成一体,没有向起重机尾部伸出的长构件,结构比较紧凑,臂架俯仰的

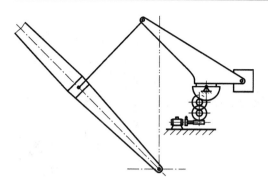

图 7-27 扇形齿轮变幅驱动机构

角速度较为均匀。扇形齿轮变幅驱动机构有工作条件较差、齿面磨损较快、工作中有冲击、减速机构比较笨重的缺点,现已较少采用。

4. 齿条变幅驱动机构

图 7-28 所示为齿条变幅驱动机构。其中臂架直接由齿条推动,齿条则由电动机通过减速器和最后一级驱动小齿轮来驱动。对于大型的起重机,齿条常制成针齿的形式,以简化制造和维修工作。

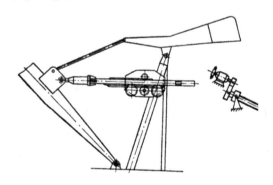

图 7-28 齿条变幅驱动机构

这种构造形式的主要优点是能承受双向力,结构较紧凑,自重小。其主要缺点是:起动和制动时有冲击,不平稳;齿条工作条件差,因而较易磨损;必须装设可靠的安全限制装置,否则可能发生臂架超程的危险。

这种构造形式可在效率较高的条件下获得相当紧凑的结构,在工作性变幅机构中应用较广。

5. 螺杆螺母传动变幅驱动机构

图 7-29 所示为螺杆螺母传动变幅驱动机构,图 7-30 所示为螺杆螺母变幅机构。螺杆螺纹可以是单线、双线、三线或四线的。采用单线螺纹可使结构更紧凑,但传动效率低,仅用于非工作性变幅。在工作性变幅机构中多采用双线以上的螺纹。

这种构造形式的主要优点是:能承受双向力,变幅平稳;由于螺杆螺母装置本身

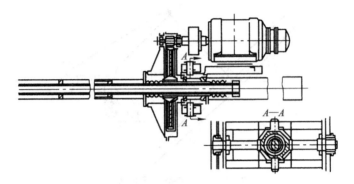

图 7-29　螺杆螺母传动变幅驱动机构

就具有较大的传动比,因而驱动机构的外形尺寸和自重是机械传动形式中最小的。其主要缺点是:效率低;非密封条件下工作和润滑不良时磨损快,螺母的螺纹磨损后不易检查;当没有设置安全限制装置时也有臂架超程的可能。这种构造形式在螺杆外周设置可伸缩的密封套管,及采用保证螺杆、螺母充分润滑的措施后,磨损敏感的问题可以得到缓解。用滚珠螺杆来代替一般的传动螺杆,则传动效率可以显著提高。因此,螺杆螺母传动变幅驱动机构在工作性变幅机构中得到广泛应用。

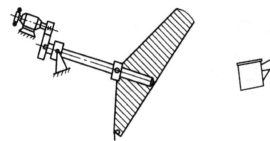

图 7-30　螺杆螺母变幅机构

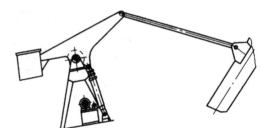

图 7 31　液压缸变幅驱动机构

6. 液压缸变幅驱动机构

图 7-31 所示为液压缸变幅驱动机构。其中平衡梁直接由液压缸活塞杆推动,液压缸为双作用的。摆动液压缸的活塞杆端部可同臂架或对重杠杆相连接,由于活塞杆行程有限,所以作用力臂较小,受力较大。为了适应双向受力的工作性变幅机构的需要,液压系统必须能随时保证活塞杆有承受拉力或压力的可能。

这种构造形式的主要优点是结构紧凑,自重小,可无级调速,工作平稳。其主要缺点是制造和安装精度要求高,密封防漏要求高,要使臂架保持在某个幅度位置上时,还需依靠闭锁装置。

液压缸变幅驱动机构目前主要用于要求结构紧凑的起重机,如船舶甲板起重机、汽车式起重机和轮胎式起重机等。

以上各种变幅机构,常常制成双联推动方式的,以减小推动元件的尺寸,如图

7-32所示。这时应当采用力的均衡装置。如果在伸臂上仅以一点固定,则按图7-32a
的方式布置;如果在伸臂上以两点固定,则按图 7-32b、c 的方式布置。

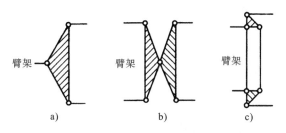

图 7-32 驱动构件与臂架的连接方式

a) 一点固定 b)、c) 两点固定

为了减缓变幅起动或制动时的冲击并消除振动,常在机构与臂架之间的连接构
件上装设弹簧或橡胶缓冲器与减振装置。缓冲装置的结构除了能够短时间储存能量
之外,还通过橡胶变形或工作油的节流发热吸收部分冲击能量,起着减振的作用。

7.4.2 变幅机构的载荷

在决定了臂架系统的形式及主要尺寸、确定了平衡系统、选定了变幅驱动机构方
案后,可进行变幅驱动机构的设计计算。机构计算的主要内容为:计算变幅阻力,确
定计算载荷;确定驱动功率,选择电动机,确定制动力矩,选择或设计制动器;确定传
动比,设计传动装置。

1. 变幅阻力分析

驱动机构的各项计算都要以各种不同工况下的变幅阻力为基础。下面针对工作
性变幅机构的变幅阻力计算进行介绍,在变幅过程中作用在变幅驱动元件处的阻力
有如下各项:

P_{wQ}——变幅过程中起吊物品非水平位移所引起的变幅阻力;

P_{wG}——臂架系统自重未能完全平衡引起的变幅阻力;

P'_a——物品的起升绳偏摆产生的变幅阻力,它综合考虑了作用在物品上的风载
荷、离心力和变幅、回转起动(制动)所产生的惯性力;

P_w——作用在臂架系统上的风载荷引起的变幅阻力;

P_l——臂架系统在起重机回转时的离心力引起的变幅阻力;

P_a——由于起重机轨道存在坡度引起的变幅阻力;

P_i——变幅过程中臂架系统相对于回转中心的径向惯性力引起的变幅阻力。这
里所考虑的惯性力只是当变幅驱动为等速运动时所产生的惯性力,至于变幅驱动装
置在起动与制动时的惯性力则在验算起动与制动时间时考虑;

P_f——臂架铰轴中的摩擦和补偿滑轮组的效率引起的变幅阻力。

这些力都折算到变幅驱动机构的某一驱动零件上,例如驱动齿条上。这些阻力都是随幅度变化而变化的,因此,应当对若干个幅度位置计算这些阻力。现以齿条传动的四连杆组合臂架为例,说明上述各项阻力的计算方法。

1）P_{wQ} 的计算

P_{wQ} 的计算简图为图 7-33,P_Q 与 P_{SQ} 的作用线交于点 F,FD 即为 P_{RQ} 的方向。由臂架的平衡条件可得

$$P_{wQ} = \frac{P_{RQ}r_Q}{r_z} \tag{7-40}$$

式中　P_{RQ}——起升载荷 P_Q 与杠杆拉力 P_{SQ} 的合力,作用在象鼻梁与臂架的铰点上;

　　　r_Q、r_z——P_{RQ}、P_{wQ} 对于臂架铰点的力臂。

以上为不考虑起升绳张力作用所得的结果,这在起升滑轮直径为无穷小并沿杆件轴线布置时才是正确的。如果考虑起升滑轮直径,会产生一定的误差。

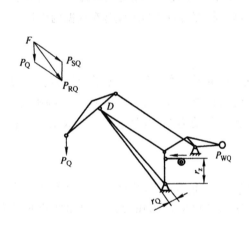
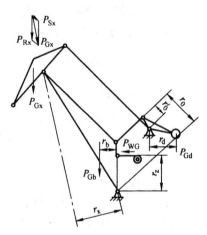

图 7-33　P_{wQ} 的计算简图　　　　　图 7-34　P_{wG} 的计算简图

2）P_{wG} 的计算

P_{wG} 的计算简图为图 7-34。P_{wG} 的计算公式为

$$P_{wG} = \frac{1}{r_z}\left(P_{Rx}r_x + P_{Gb}r_b - P_{Gd}r_d\frac{r_0}{r_0'}\right) \tag{7-41}$$

式中　P_{Rx}——象鼻梁重力 P_{Gx} 与拉杆拉力 P_{Sx} 的合力,作用在象鼻梁与臂架的铰点上;

　　　P_{Gb}、P_{Gd}——臂架、对重的自重载荷;

　　　r_x、r_b、r_d、r_0、r_0'——相应的力臂。

3）P_α' 的计算

P_α' 的计算简图为图 7-35。起升绳偏斜 α 角,它在象鼻梁端点上引起的水平力 P_T 可按下式求出:

$$P_{\mathrm{T}} = P_{\mathrm{Q}} \tan\alpha \qquad (7\text{-}42)$$

力 P_{T} 在齿条上引起的力 P'_α 为

$$P'_\alpha = P_{\mathrm{RT}} \frac{r_{\mathrm{r}}}{r_{\mathrm{z}}} \qquad (7\text{-}43)$$

式中　　P_{RT}——水平力 P_{T} 及拉杆力 P_{ST} 的合力,作用在象鼻梁与臂架的铰点上;

r_{r}、r_{z}——相应的力臂。

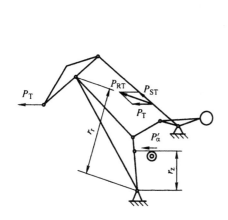

图 7-35　F'_α 的计算简图

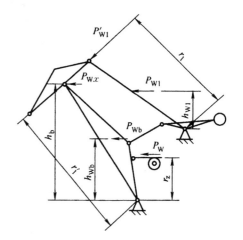

图 7-36　P_{w} 的计算简图

4）P_{w} 的计算

P_{w} 的计算简图为图 7-36。在计算由于作用在臂架系统上的风力在齿条中引起的拉力时,连杆、对重杠杆和对重上的风力可以忽略不计。作用在象鼻梁上的风力 P_{wx} 可以近似认为作用于臂架端点上。作用在刚性拉杆上的风力 P_{wl} 是以 P'_{wl} 作用于臂架端点上,因为象鼻梁是二力杆,P'_{wl} 的方向为象鼻梁两铰点的连线。臂架所受的风力 P_{wb} 作用在它的迎风面形心上。P_{w} 的计算公式为

$$P_{\mathrm{w}} = \frac{1}{r_{\mathrm{z}}}(P_{\mathrm{wb}} h_{\mathrm{wb}} + P_{\mathrm{wx}} h_{\mathrm{b}} + P'_{\mathrm{wl}} r'_{\mathrm{l}}) = \frac{1}{r_{\mathrm{z}}}\left(P_{\mathrm{wb}} h_{\mathrm{wb}} + P_{\mathrm{wx}} h_{\mathrm{b}} + \frac{P_{\mathrm{wl}} h_{\mathrm{wl}} r'_{\mathrm{l}}}{r_{\mathrm{l}}}\right) \quad (7\text{-}44)$$

式中　　P_{wb}、P_{wx}、P_{wl}——作用于臂架、象鼻梁、拉杆的风力;

P'_{wl}——拉杆上的风力作用于臂架端点的力;

h_{wb}、h_{b}、h_{wl}、r、r'_{l}、r_{z}——相应的力臂。

5）P_1 的计算

起重机回转时,臂架系统各质量产生离心力。在计算这些力于齿条中引起的拉力时,连杆、对重杠杆、对重和刚性拉杆上的离心力较小,常略去不计,而只考虑象鼻梁和臂架所产生的离心力。P_1 的计算简图为图 7-37。象鼻梁质量可以近似地认为集中于臂架端点上,它的离心力 P_{1x} 就作用于该点。臂架产生的离心力,就其大小来说,等于质量集中于其重心所产生的离心力,但其合力作用点,则比重心为远,因为离

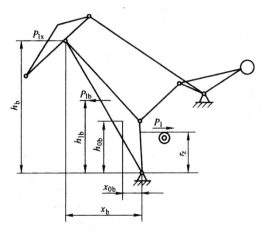

图 7-37 P_1 的计算简图

心力是与质量距回转轴的距离成比例的。

P_1 的计算公式为

$$P_1 = \frac{1}{r_z}(P_{1b}h_{1b} + P_{1x}h_b) \tag{7-45}$$

$$P_{1b} = m_b\omega^2 x_{0b} = \left(\frac{\pi}{30}\right)^2 m_b n^2 x_{0b} \tag{7-46}$$

$$P_{1x} = m_x\omega^2 x_b = \left(\frac{\pi}{30}\right)^2 m_x n^2 x_b \tag{7-47}$$

式中 P_{1b}、P_{1x}——臂架、象鼻梁产生的离心力;

h_{1b}、h_b——P_{1b}、P_{1x}对于臂架铰点的力臂;

m_b、m_x——臂架及象鼻梁的质量;

x_{0b}、x_b——臂架重心及臂架端点距回转中心的距离;

ω——回转角速度(rad/s);

n——回转速度(r/min)。

一般可取,$h_{1b} \approx \frac{4}{3}h_{0b}$。对于幅度小于 25 m、转速小于 1 r/min 的起重机,其回转离心力可不计算。

6) P_a 的计算

P_a 的计算简图为图 7-38。当起重机位于倾斜角度为 α 的坡道时,吊重与臂架系统自重产生的竖直力变为 $P_Q\cos\alpha$ 及 $P_G\cos\alpha$,当 α 不大时,$P_Q\cos\alpha \approx P_Q$、$P_G\cos\alpha \approx P_G$,由它引起的 P_Q 及 P_G 依然如前所述方法求得。由坡道倾斜角度 α 产生的水平分力 $P_Q\sin\alpha$ 及 $P_G\sin\alpha$ 所引起的变幅阻力为 $P_a = P_{a1} + P_{a2}$,由 $P_Q\sin\alpha$ 所引起的变幅阻力 P_{a1} 的求法与起升绳偏斜角 α 产生的变幅阻力计算相同,由 $P_G\sin\alpha$ 所引起的变幅阻 P_{a2},可按下式计算:

$$P_{a2} = \frac{1}{r_z}\left(P'_{Rx}r'_x + P_{Gb}h_{Ob}\sin\alpha + P_{Gd}\frac{h_d r_0}{r'_0}\sin\alpha\right) \qquad (7\text{-}48)$$

坡道变幅阻力为

$$P_a = P_{a1} + P_{a2} \qquad (7\text{-}49)$$

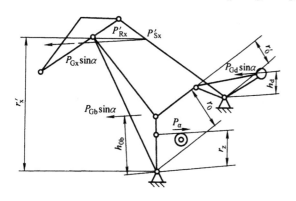

图 7-38　P_a 的计算简图　　　　　　　　　　图 7-39　P_i 的计算简图

7）P_i 的计算

P_i 的计算简图为图 7-39。当变幅齿条以匀速运动时，吊重、臂架、拉杆、对重杠杆及对重都作变速运动，在齿条中引起拉力 P_i，在变幅速度不高时，由于速度变化量也不大，并且吊重的惯性力已通过起升绳的偏斜角加以考虑，所引起的惯性力一般可略而不计。但当变幅速度高、加速度较大时，可按下式考虑象鼻梁、臂架及对重的惯性力引起的变幅阻力：

$$P_i = \frac{1}{r_z}\left[(m_x + \psi m_b)\frac{\Delta v_b}{\Delta t}L_b + m_d\,\frac{\Delta v_d l_d r_0}{\Delta t}\frac{r_0}{r'_0}\right] \qquad (7\text{-}50)$$

式中　　m_x、m_b——象鼻梁及臂架的质量；

　　　　ψ——臂架质量的折减系数，$\psi = 0.65$；

　　　　Δv_b、Δv_d——臂架端点及对重的速度增量；

　　　　Δt——时间增量；

　　　　l_d、L_b——对重及臂架的杆长。

8）P_f 的计算

P_f 的计算简图为图 7-40。变幅时的摩擦阻力产生在变幅系统的各铰轴处。补偿滑轮组变幅系统在变幅时还有起升绳绕过各滑轮的摩擦阻力。

图 7-40　P_f 的计算简图

① 铰轴的摩擦阻力为

$$P_{f1} = \frac{1}{r_z}\sum P_{Pm}\frac{\mu d}{2}\frac{\omega_r}{\omega_b} \qquad (7\text{-}51)$$

式中　　P_{Pm}——铰轴力；

d——铰轴直径；

μ——铰轴中摩擦系数；

ω_{b}——臂架角速度；

ω_{r}——铰接两构件的相对角速度。

② 补偿滑轮组的摩擦阻力（见图 7-40）为

$$P_{\text{f2}} = \frac{P_{\text{Q}}L(1-\eta_z)}{r_z} \tag{7-52}$$

式中　L——吊钩与铰点之间的水平距离，$L = L_{\text{b}}\cos\varphi$；

　　　η_z——假想的起升滑轮组的效率，张力为 P_{Q}，吊重力为 $mP_{\text{Q}}\eta_z$，作用于固定滑轮处。

式(7-52)证明过程如下：

变幅时的摩擦功 $(1+\eta_z)P_{\text{Q}}\mathrm{d}h$ 应当等于齿条对臂架所做的功，即

$$P_{\text{f2}}r_z\mathrm{d}\varphi = (1+\eta_z)P_{\text{Q}}\mathrm{d}h$$

式中，$\mathrm{d}h$ 为由补偿滑轮组放出的绳索长度，其大小为

$$\mathrm{d}h = L_{\text{b}}\mathrm{d}\varphi\cos\varphi = L\mathrm{d}\varphi$$

所以　　　　　　　　　　$$P_{\text{f2}} = \frac{P_{\text{Q}}L(1-\eta_z)}{r_z}$$

③ P_{f} 的粗略估算法。上述 P_{f} 的计算方法比较麻烦，通常将前述的各项阻力的总和乘以百分数即为摩擦阻力的粗略值。对于铰轴采用滚动轴承的起重机，$P_{\text{f}} \approx 0$；对于铰轴采用滑动轴承的起重机，P_{f} 为总阻力的 $5\% \sim 10\%$。

2. 载荷组合及各计算载荷的确定

分析了变幅阻力的计算后，应进一步确定各种不同计算状态下的载荷组合，从而求出实际计算所需的各类计算载荷，下面分别加以讨论。

1）寿命计算载荷

① 电动机发热验算的载荷。一般计算电动机平稳工作时期的正常工作载荷时，对每一幅度，将各种变幅阻力直接相加（按作用方向将其代数值相加），即

$$P_1 = P_{\text{wQ}} + P_{\text{wG}} + P'_{a\text{I}} + P_{\text{wI}} + P_1 + P_{a\text{I}} + P_{\text{i}} + P_{\text{f}} \tag{7-53}$$

某些阻力如果数值不大，可以略去不计。例如，对于变幅速度不高、水平轨道上运行的起重机，可以将 $P_{a\text{I}}$ 及 P_{f} 略去，即

$$P_{\text{I}} = P_{\text{wQ}} + P_{\text{wG}} + P'_{a\text{I}} + P_{\text{wI}} + P_1 + P_{\text{i}} \tag{7-54}$$

式中　$P'_{a\text{I}}$——载荷情况 I 的起升绳偏斜阻力，用 α_1 计算；

　　　P_{wI}——用 p_{I} 计算的工作状态正常风力。

对于起重机整个变幅过程，按理应对实际过程的幅度进行计算，但为简化起见，仍按全幅度计算。臂架俯仰过程中，变幅机构的载荷在不断变化，因此必须将变幅过程划分成若干区段，求出变幅区段上的变幅时间和变幅牵引构件的受力。各类载荷

情况下在各变幅区段上的变幅阻力应以表格形式列出,以便于进行计算组合。

根据机构一次全程满载变幅所求得的一系列齿条力 P_I 值,可作出变幅阻力和幅度之间的变化图线(或表格),这个图线同时也代表了 P_I 与时间 t 的变化关系。这样就可求出影响电动机发热的齿条等效作用力,即

$$P_{Id} = \sqrt{\frac{\sum_{i=1}^{n} P_{Ii}^2 \Delta t_i}{\sum_{i=1}^{n} \Delta t_i}} \tag{7-55}$$

式中 P_{Id} ——验算电动机发热时全幅度等效 I 类载荷;

P_{Ii} ——臂架从位置 i 到 $i+1$ 幅度区段上的相继两个计算位置的 P_I 的平均值;

Δt_i ——臂架从位置 i 到 $i+1$ 的变幅时间, $\Delta t_i = \dfrac{\Delta l_i}{v_z}$;

Δl_i ——臂架从位置 i 到 $i+1$ 时齿条的行程;

v_z ——齿条速度。

② 接触疲劳强度的等效载荷。验算接触疲劳强度的等效载荷大约等于验算电动机发热时的载荷的 $100\% \sim 110\%$,即

$$P_{Iz} \approx (1.0 \sim 1.1) P_{Id} \tag{7-56}$$

其中风载荷略去不计。

2)强度计算载荷

在稳定运动时期,工作状态下的最大变幅阻力为

$$P_{II} = (P_{WQ} + P_{WG} + P'_{\alpha II} + P_{WII} + P_I + P_{\alpha II} + P_i + P_f)_{max} \tag{7-57}$$

实际上,许多因素的极大值同时出现的概率是很小的,可以适当降低这一值。

在非稳定运动时期,传动机构所受的工作状态最大载荷可按电动机额定力矩沿传动环节折算到所计算零件,并乘以动力系数,即

$$M_{II} = \varphi M_n \tag{7-58}$$

式中 M_n ——电动机额定力矩换算到计算零件的力矩;

φ ——动力系数,其取值可参见第 2 章。

3)强度验算载荷

非工作状态下的最大载荷为

$$P_{III} = P_G + P_{WIII} + P_{\alpha III} \tag{7-59}$$

这时按非工作的幅度位置计算,例如对于门座起重机取最小幅度位置。

7.4.3 平衡变幅驱动机构计算

1. 电动机的选择

根据等效功率法初选电动机,有

$$P_{eq} = \frac{F_{Id} v_b}{1000 \eta} \tag{7-60}$$

式中　P_{eq}——变幅机构电动机的等效变幅功率(kW);

　　　v_b——变幅驱动机构驱动元件(如齿条、螺杆、钢丝绳、液压缸活塞等)的线速度(m/s);

　　　η——变幅驱动机构的传动效率;

　　　F_{Id}——变幅驱动构件上的等效变幅力。

计算时分两种情况:

① 对于非平衡变幅驱动机构,其等效变幅力取为最大变幅阻力,计算如下:

$$F_{Id} = P_{WQ} + P_{WG} + P'_\alpha + P_w + P_1 + P_a + P_i + P_f \tag{7-61}$$

式(7-61)各项载荷数值直接相加。

② 对于平衡变幅驱动机构,有

$$F_{Id} = \sqrt{\frac{\sum\limits_{i=1}^{n} P_{1i}^2 t_i}{\sum\limits_{i=1}^{n} t_i}} \tag{7-62}$$

式中　F_{Id}——平衡变幅机构的变幅等效阻力;

　　　P_{1i}——臂架从位置 i 到位置 $i+1$ 幅度区段上的相继两个计算位置的 P_1 的平均值;

　　　t_i——臂架从位置 i 到位置 $i+1$ 的变幅时间,$t_i = \dfrac{\Delta l_i}{v_b}$;

　　　Δl_i——臂架从位置 i 到位置 $i+1$ 时齿条的行程。

根据式(7-60)的计算结果,从电动机产品样本中选择大于上述计算值的电动机功率,即

$$P_{JC} > P_{eq} \tag{7-63}$$

式中　P_{JC}——标称接电持续率时的电动机额定功率。

在式(7-61)和式(7-62)中,与风力相关的风压采用 p_I 计算,与物品偏摆相关的角度采用 α_I 计算。

2. 减速器的选择

减速器传动比 i 的计算如下:

$$i = \frac{n_d}{n_z} \tag{7-64}$$

$$n_z = \frac{60 v_b}{\pi d_z} \tag{7-65}$$

式中　n_d——变幅驱动电动机的额定转速(r/min);

　　　n_z——驱动齿条的小齿轮的转速(r/min);

d_z——驱动齿条的小齿轮的节圆直径(m)。

对于平衡变幅的驱动机构,其减速器的工作特点和选择原则与运行机构减速器相同。

对于非平衡变幅的驱动机构,其减速器的工作特点和选择原则与起升机构减速器相同。

3. 验算起动时间

由于载荷的变化范围大,变幅过程中臂架和驱动元件的速度不均匀,对变幅机构来讲,计算变幅全过程所需要的时间才是有意义的。这里只计算一个具有典型意义的起动时间:

$$t_q = \frac{J n_d}{9.55(M_{dq} - M_I)} \tag{7-66}$$

$$M_I = \frac{F_{Id} d_z}{2 i \eta} \tag{7-67}$$

$$J = 1.15 J_d + [J] \tag{7-68}$$

式中　t_q——起动时间(s);

　　　M_I——在载荷情况 I 时电动机轴上的阻力矩(N·m);

　　　M_{dq}——电动机轴上的电机平均起动力矩,见第 4 章;

　　　J_d——电动机轴上各零件的转动惯量(kg·m²);

　　　$[J]$——臂架平面内臂架系统各杆件对电动机轴的等效转动惯量(kg·m²)。

起动时间的校验:对于港口装卸门座起重机,1 s$<t_q<$4 s;对于安装门座起重机,2 s$<t_q<$6 s。

实际的起动时间在很大的范围内变动,因此上述校验不必严格。实际设计中应该验算机构的起动加速度,要求变幅时臂架端部的水平位移加速度不大于 0.6 m/s²。

4. 制动器的选择

(1) 平衡变幅机构的制动器选择　应采用常闭式制动器,制动时的载荷为变幅钢丝绳或变幅拉杆中的最大拉力换算到制动器轴上的静力矩,制动器制动力矩应当满足以下几个条件:

① 起重机在工作状态,悬吊物品回转,受工作状态最大风力 P_{wII} 作用,钢丝绳出现工作状态最大偏摆角 α_{II} 时,制动安全系数不小于 1.25,其校验公式为

$$M_{zh} \geqslant 1.25 M_{II} \tag{7-69}$$

$$M_{II} = \frac{d_z \eta'}{2 i}(P_{wQ} + P_{wG} + P_l + P_i + P'_{\alpha II} + P_{wII} + P_{\alpha II} - P_f) \tag{7-70}$$

式中　M_{II}——制动时期各个载荷作用下换算到制动器轴上的工作状态最大静力矩。

② 起重机不工作时,受非工作状态最大风力 P_{wIII} 作用,制动安全系数不小于 1.15,校验公式为

$$M_{\text{zh}} \geqslant 1.15 M_{\text{III}} \tag{7-71}$$

$$M_{\text{III}} = \frac{d_z \eta'}{2i} (P_{\text{WQ}} + P_{\text{WIII}} + P_{a\text{III}} - P_f) \tag{7-72}$$

③ 在工作状态与非工作状态下,应验算制动时间或制动加速度,方法同起动时间验算。

(2) 非平衡变幅驱动机构制动器的选择　在一般情况下应装设一个机械式支持制动器,其制动安全系数不小于 1.50。

对重要的机构应装设两个机械式支持制动器,每个制动器的制动安全系数不小于 1.25,或装设一个支持制动器和一个停止器。

其计算原则和方法与起升机构相同。

5. 电动机短时过载能力验算

在验算起动时间时,我们不要求在工作状态最大载荷下的起动时间,以避免选择过大的电动机,但应保证在起重机正常作业中不至于被突起的大风吹停,因此应当要求电动机的最大力矩能够克服工作状态最大静力矩 M_{II},即

$$P_n \geqslant \frac{H}{m\lambda_m} \cdot \frac{S_{\text{II max}} v_b}{1000\eta} \tag{7-73}$$

式中　P_n——电动机的额定功率;

$\quad\quad S_{\text{II max}}$——在各个变幅位置,按载荷情况 II 计算到变幅驱动元件处的最大变幅阻力之和。

$S_{\text{II max}}$ 包括臂架及平衡系统的自重载荷、额定起升载荷、由计算风压 p_{II} 产生的风载荷、由起升绳正常偏摆角 α_{I} 计算的水平力及臂架系统各转动铰点的摩擦力,即

$$S_{\text{II max}} = P_{\text{WQ}} + P_{\text{WG}} + P_i + P'_{a\text{I}} + P_{\text{WII}} + P_a + P_f \tag{7-74}$$

7.4.4　非工作性变幅机构的计算

图 7-41 为非工作性变幅机构计算简图,它是一个简单俯仰臂架,用钢丝绳起吊臂架变幅。这里只介绍与工作性变幅机构不同的地方,其余参照工作性变幅机构计算。

1. 变幅力与变幅绳直径

变幅力为

$$P_{\text{T}} = \frac{1}{L_t} \Big[(P_{\text{Q}} + P_0) L_b \cos(\beta - \alpha) + \frac{1}{2} P_{\text{Gb}} L_b \cos(\beta - \alpha) + P_{\text{WII}} h_b$$

$$+ (P_{\text{Q}} + P_{\text{G0}}) h \tan\alpha_{\text{II}} - \frac{(P_{\text{Q}} + P_{\text{G0}}) \eta' b}{m} \Big] \tag{7-75}$$

式中　m——起升滑轮组的倍率;

$\quad\quad \eta'$——起升滑轮组的反效率。

拉力 P_{T} 是臂架倾角的函数,在最大幅度时,P_{T} 有最大值 P_{Tmax}。变幅滑轮组钢绳的拉力 S 由下式计算:

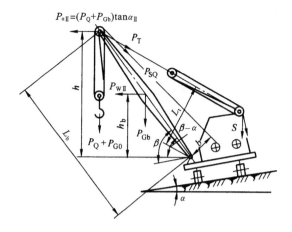

图 7-41 非工作性变幅机构计算简图

$$S = \frac{P_T}{m_F \eta_F} \tag{7-76}$$

当 P_T 达到 P_{Tmax} 时，S 为 S_{max}，即

$$S_{max} = \frac{P_{Tmax}}{m_F \eta_F} \tag{7-77}$$

式中 m_F——变幅滑轮组的倍率；

η_F——变幅滑轮组的效率。

2. 内燃机的功率

对于内燃机驱动的起重机，变幅阻力以无吊重的最大变幅拉力为准，并有一定量的裕度保证即时起动。

$$P'_{Tmax} = \frac{1}{L_t}\left[P_0 L_b \cos(\beta_{min} - \alpha) + \frac{1}{2}P_0 L_b \cos(\beta_{min} - \alpha) - \frac{P_0 \eta' b}{m}\right] \tag{7-78}$$

$$S'_{max} = \frac{P'_{Tmax}}{m_F \eta_F} \tag{7-79}$$

起动时，原动机应确保卷筒的圆周力为

$$P_{ST} = S'_{max} + \frac{[J]n_T}{9.55 t_q} \tag{7-80}$$

式中 P_{ST}——起动时期卷筒的圆周力（N）；

$[J]$——换算于卷筒轴的变幅驱动机构的转动惯量（不带吊重）（kg·m²）；

n_T——卷筒转速（r/min）；

t_q——变幅驱动机构的起动时间（s）。

根据 P_{ST} 及协作机构所需的动力确定内燃机的功率。

3. 电动机选择计算

电动机需要将变幅机构于一定的时间内起动，对于发热一般能满足要求。

电动机的额定力矩为

$$M_n = \frac{P_{ST} D_T}{2 \psi_q i \eta} \qquad (7\text{-}81)$$

式中　D_T——卷筒直径；

　　　ψ_q——起动力矩对于名义力矩的倍数，通常 $\psi_q = 1.5 \sim 1.7$；

　　　i——电动机轴与卷筒轴的速比；

　　　η——减速机构的效率。

第8章 轮压及整机稳定性

8.1 支承反力及轮压计算

8.1.1 关于轮压的若干概念

1. 轮压

车轮与轨道或地面相互接触的垂直压力称为轮压。有些起重机每个支承点上安装了由数个车轮组成的台车,利用平衡梁使各个车轮的轮压接近相等,因此只要计算出各个支承点上的垂直作用的支承反力就可根据车轮数目确定轮压的大小。

2. 支承反力

由起重机外载荷所产生的分配到某一支点的反力称为支承反力。大多数起重机工作状态时的自重、起吊重物的重力及其他载荷是通过三个或者四个支承点上的车轮或支腿传给轨道或地面的。各支承点的支承反力随起重机臂架及载荷位置的变化而变化。计算时必须确定最大和最小的支承反力。

3. 最大支承反力

支承反力的最大值称为最大支承反力。它是设计运行支承装置和运行驱动机构、校核车架强度、设计轨道及其基础的重要依据。

4. 最小支承反力

支承反力的最小值称为最小支承反力。它是验算车轮打滑、检查支腿是否离地的依据。

8.1.2 起重机支承反力及轮压的分配

根据起重机运行支承的支点个数,支承反力的分配分为静定系统和超静定系统两种情况。

1. 静定系统

采用三支点的起重机,其支承反力的分配是静定的,可根据起重机的载荷大小、作用位置与方向及起重机的结构尺寸,利用静力平衡条件,求得各支承点的支承反力。

2. 超静定系统

采用四支承点的起重机,其支承反力的分配是超静定的,即不能直接利用静力平衡条件求出各支承点的支承反力,因为支承反力在各个支承点上的分配不仅与起重机的载荷大小、作用位置和方向及起重机的结构尺寸等有关外,还取决于车架的刚性,轨道或地面的弹性和平整度等许多因素。

常用的臂架型回转起重机,桥式和龙门起重机及装卸桥等一般都是采用四支承点的结构,因为这种结构形式稳定性好,结构布置对称。

8.1.3　超静定系统的假设

超静定系统的支承反力的精确计算是很复杂的,在实际计算中,可根据车架、轨道、地面的刚性和变形情况,对超静定结构作两种简化假设,即刚性车架假设和柔性车架假设。

1. 刚性车架假设

假设车架和轨道基础皆为绝对刚性的,在载荷作用下,车架的四个支承点始终保持在同一水平面上并与支承平面共面。

2. 柔性车架假设

假设车架由四根简支梁组成,在载荷作用下,车架的四个支承点不再保持在同一水平面上,而是随轨道基础及地面的变形而变形。

通过这两种假设,就将超静定系统简化为静定系统,使四支点车架的支承反力可由静力平衡求得。

8.1.4　理想情况下的支承反力计算

1. 按刚性车架假设计算

图 8-1 为臂架型回转起重机支承反力的计算简图。图中:

P_{G1}——起重机非回转部分的重力,其重心在水平面上的投影与支承平面的形心重合于点 O_1,根据刚性车架的平面性,P_{G1} 在四个支承点均匀分配;

P_{G2}——起重机回转部分的总重力,由臂架、回转平台及结构的重力 $\sum g_i$ 及起吊重物的重力 P_Q 组成,即 $P_{G2} = \sum g_i + P_Q$,其总重心在支承平面的投影为臂架轴线上的点 E(见图 8-1b);

$P_{W\text{II}}$——起重机所受的风力;

P_1——起重机回转部分的回转离心力;

P_T——起吊重物的钢丝绳倾斜引起的水平力,$P_T = P_Q \tan\alpha_\text{II}$;

根据刚性支承架的假设,力矩平移不影响支承反力的分配。因此,P_{G2}、$P_{W\text{II}}$、P_1 及 P_T 在臂架平面内形成的力矩可向回转中心 O_2 转化,而得到作用于点 O_2 的集中力 P_{G2} 和沿臂架平面作用的力矩 M。力矩 M 为

$$M = P_{G2}e + P_{W\text{II}}h_W + P_1h_1 + P_Th_T \tag{8-1}$$

式中　e——回转部分总重力 P_{G2} 的重心 E 到回转中心 O_2 的距离(见图 8-1);

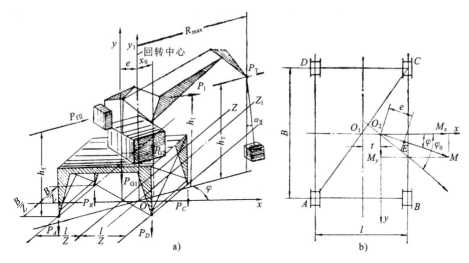

图 8-1　臂架式回转起重机支承反力的计算简图

a) 受力分析图　b) 支承平面的水平投影

h_f、h_1、h_T——水平力 $P_{f\mathbb{I}}$、P_1、P_T 的作用点距轨顶或地面的高度。

力矩矢量 $\mathbf{M}$ 向 x 和 y 方向分解的分量大小为

$$\left.\begin{array}{c} M_x = M\cos\varphi \\ M_y = M\sin\varphi \end{array}\right\} \tag{8-2}$$

式中　φ——臂架与 x 方向的夹角。

根据刚性车架假设和叠加原理,分别计算各个力引起的支承反力,再叠加,得到总的支承反力。

① 在 P_{G1} 作用下,车架自重重心与车架几何中心重合,其重量均匀分配到四个支点,点 A、B、C、D 的支承反力各为 $P_{G1}/4$;

② 在 P_{G2} 作用下,点 B、C 的支承反力相等,点 A、D 的支承反力相等,由平衡条件可得

$$\left.\begin{array}{c} P_B = P_C = \dfrac{P_{G2}}{4}\left(1 + \dfrac{2t}{l}\right) \\[3mm] P_A = P_D = \dfrac{P_{G2}}{4}\left(1 - \dfrac{2t}{l}\right) \end{array}\right\} \tag{8-3}$$

③ 在 M_x 作用下,点 B、C 的支承反力相等,点 A、D 的支承反力相等,由平衡条件可得

$$\left.\begin{array}{c} P_{xB} = \dfrac{M_x}{2l} = P_{xC} \\[3mm] P_{xA} = -\dfrac{M_x}{2l} = P_{xD} \end{array}\right\} \tag{8-4}$$

④ 在 M_y 作用下,点 A、B 的支承反力相等,点 C、D 的支承反力相等,由平衡条件可得

$$
\left.
\begin{aligned}
P_{yD} &= -\frac{M_y}{2B} = P_{yC} \\
P_{yA} &= \frac{M_y}{2B} = P_{yB}
\end{aligned}
\right\}
$$

将上述四个力分别作用下产生的支承反力叠加,得到四个支点的支承反力如下:

$$
\left.
\begin{aligned}
P_{VA} &= \frac{P_{G1}}{4} + \frac{P_{G2}}{4}\left(1 - \frac{2l}{t}\right) - \frac{M_x}{2l} + \frac{M_y}{2B} \\
P_{VB} &= \frac{P_{G1}}{4} + \frac{P_{G2}}{4}\left(1 + \frac{2l}{t}\right) + \frac{M_x}{2l} + \frac{M_y}{2B} \\
P_{VC} &= \frac{P_{G1}}{4} + \frac{P_{G2}}{4}\left(1 + \frac{2l}{t}\right) + \frac{M_x}{2l} - \frac{M_y}{2B} \\
P_{VD} &= \frac{P_{G1}}{4} + \frac{P_{G2}}{4}\left(1 - \frac{2l}{t}\right) - \frac{M_x}{2l} - \frac{M_y}{2B}
\end{aligned}
\right\}
\tag{8-5}
$$

式中　t——回转中心 O_2 到支承面形心 O_1 之间的距离;

　　　l——起重机轨距或轮距;

　　　B——起重机基距或车轮轴距。

各支承点的支承反力都是臂架位置角 φ 的函数,也就是各支承点的支承反力随臂架位置变化而变化。对于任一支承点,当臂架处于某一特定位置时,其支承反力可达到最大值或最小值。例如,求点 B 支承反力的最大值过程如下:

令　　　　　　　　　　　　$\dfrac{\mathrm{d}P_{VB}}{\mathrm{d}\varphi} = 0$

得　　　　　　　　　　　　$\varphi_0 = \arctan\dfrac{l}{B}$

即臂架垂直于对角线 AC 时,P_{VB} 达最大值,P_{VD} 达最小值,即

$$
P_{VBmax} = \frac{P_{G1}}{4} + \frac{P_{G2}}{4}\left(1 + \frac{2t}{l}\right) + \frac{\sqrt{l^2 + B^2}}{2lB}M
\tag{8-6}
$$

$$
P_{VBmin} = \frac{P_{G1}}{4} + \frac{P_{G2}}{4}\left(1 - \frac{2t}{l}\right) - \frac{\sqrt{l^2 + B^2}}{2lB}M
\tag{8-7}
$$

其余点的极值同样可求。

2. 按柔性支承架假设计算

1）柱式回转支承装置

图 8-2 为按柔性支承架假设的柱式回转支承装置计算简图。假设车架由支承四边形的四根简支梁构成,并假设回转部分的总重力 P_{G2} 集中作用在通过回转中心 O_2 的虚梁 $B_{II}C_{II}$ 上,非回转部分总重力 P_{G1} 集中作用在通过形心 O_1 的虚梁 A_1B_1 上;由于假定车架不是绝对刚性的,因此力矩不能平衡,所以把力矩 M_x、M_y 也看成作用

在相应的虚梁上。由集中力 P_{G1}、P_{G2}，力矩 M_x 在各支承点产生的支承反力与刚性支承架假设的计算结果相同，而力矩 M_y 则在简支梁 AB 及 CD 上的两点 B_{II}、C_{II} 产生支承反力，即

$$P_{B\mathrm{II}} = -P_{C\mathrm{II}} = M_y/B \tag{8-8}$$

$P_{B\mathrm{II}}$ 分配到点 A、B，$P_{C\mathrm{II}}$ 分配到点 C、D，分配方法与回转部分总重力 P_{G2} 相同。叠加结果为

$$\left.\begin{aligned}
P_{VA} &= \frac{P_{G1}}{4} + \frac{P_{G2}}{4}\left(1 - \frac{2t}{l}\right) - \frac{M_x}{2l} + \frac{M_y}{2B}\left(1 - \frac{2t}{l}\right) \\
P_{VB} &= \frac{P_{G1}}{4} + \frac{P_{G2}}{4}\left(1 + \frac{2t}{l}\right) + \frac{M_x}{2l} + \frac{M_y}{2B}\left(1 + \frac{2t}{l}\right) \\
P_{VC} &= \frac{P_{G1}}{4} + \frac{P_{G2}}{4}\left(1 + \frac{2t}{l}\right) + \frac{M_x}{2l} - \frac{M_y}{2B}\left(1 + \frac{2t}{l}\right) \\
P_{VD} &= \frac{P_{G1}}{4} + \frac{P_{G2}}{4}\left(1 - \frac{2t}{l}\right) - \frac{M_x}{2l} - \frac{M_y}{2B}\left(1 - \frac{2t}{l}\right)
\end{aligned}\right\} \tag{8-9}$$

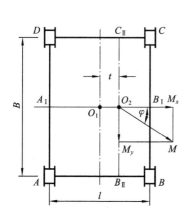

图 8-2　按柔性支承架假设的柱式
回转支承装置计算简图

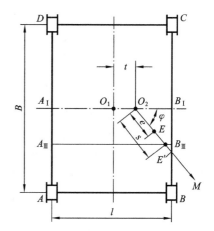

图 8-3　按柔性支承架假设的转盘式
回转支承装置计算简图

2）转盘式回转支承装置

图 8-3 为按柔性支承假设的转盘式回转支承装置的计算简图。转盘式回转支承装置的上部载荷是由滚动体传给车架的。

假设所有滚动体对滚道（即车架）的压力之和用 P_{G2} 代替，而由外载荷在臂架平面内形成的力矩 M 使 P_{G2} 的作用点由回转部分总重心在支承面的投影点 E 移至点 E'，这样，车架上仅作用两个集中力 P_{G1}、P_{G2}。

假定 P_{G1} 作用在过点 O_1 的虚梁 $A_{\mathrm{I}}B_{\mathrm{I}}$ 上，P_{G2} 作用在过点 E' 的虚梁 $A_{\mathrm{III}}B_{\mathrm{III}}$ 上，P_{G1} 在点 A、B、C、D 产生的支承反力分配各为 $P_{G1}/4$；P_{G2} 则通过虚梁作用在简支梁 AD 上的点 A_{III} 产生集中力 $P_{A\mathrm{III}}$，通过虚梁作用在简支梁 BC 上的点 B_{III} 产生集中力

$P_{B\mathrm{III}}$，即

$$P_{A\mathrm{III}} = \frac{1}{l}P_{G2}(0.5l - t - s\cos\varphi) \tag{8-10}$$

$$P_{B\mathrm{III}} = \frac{1}{l}P_{G2}(0.5l + t + s\cos\varphi) \tag{8-11}$$

式中 s——点 E' 与点 O_1 之间的距离。

$P_{A\mathrm{III}}$ 按简支分配到点 A、D，$P_{B\mathrm{III}}$ 按简支分配到点 B、C，结果为

$$\left.\begin{aligned}
P_{VA} &= \frac{P_{G1}}{4} + \frac{P_{G2}}{4}\left(1 + \frac{2s}{B}\sin\varphi\right)\left(1 - \frac{2t}{l} - \frac{2s}{l}\cos\varphi\right) \\
P_{VB} &= \frac{P_{G1}}{4} + \frac{P_{G2}}{4}\left(1 + \frac{2s}{B}\sin\varphi\right)\left(1 + \frac{2t}{l} + \frac{2s}{l}\cos\varphi\right) \\
P_{VC} &= \frac{P_{G1}}{4} + \frac{P_{G2}}{4}\left(1 - \frac{2s}{B}\sin\varphi\right)\left(1 + \frac{2t}{l} + \frac{2s}{l}\cos\varphi\right) \\
P_{VD} &= \frac{P_{G1}}{4} + \frac{P_{G2}}{4}\left(1 - \frac{2s}{B}\sin\varphi\right)\left(1 - \frac{2t}{l} - \frac{2s}{l}\cos\varphi\right)
\end{aligned}\right\} \tag{8-12}$$

当 $\varphi = \varphi_0 = \arctan\dfrac{\cos\varphi_0 + \dfrac{1+2t}{s}}{\sin\varphi_0 + \dfrac{B}{2s}}$ 时，P_{VB} 达到最大值。

按柔性支承架假设计算出的支承反力较按刚性支承架假设计算出的支承反力大，但都能满足工程精度要求。

3. 按三支点支承计算支承反力

若根据上述两种假设计算出的最小支承反力出现零或负值（如图 8-1b 中的 P_{VD}），或者由于地面不平，起重机受载后，四个支承点中有可能出现一个支承点离地，那么起重机实际上由三点支承。除此之外，有的门座起重机就是采用三点支承的。因此有必要按三点支承来计算支承反力，图 8-4 所示为三点 A、B、C 支承时支承反力的计算简图。

车架上作用的载荷仍为 P_{G1}、P_{G2} 和 M，由静力平衡条件求得

$$\left.\begin{aligned}
P_{VA} &= \frac{P_{G1}}{2} + \frac{P_{G2}}{2}\left(1 - \frac{2t}{l}\right) - \frac{M_x}{l} \\
P_{VB} &= P_{G2}\frac{t}{l} + \frac{M_x}{l} + \frac{M_y}{B} \\
P_{VC} &= \frac{P_{G1}}{2} + \frac{P_{G2}}{2} - \frac{M_y}{B}
\end{aligned}\right\} \tag{8-13}$$

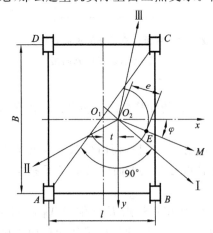

图 8-4   三点支承时支承反力计算简图

当 $\varphi = \varphi_0 = \arctan\dfrac{l}{B}$ 时，P_{VB} 达到最大值

（见图 8-4 中的臂架位置Ⅰ），即起重机回转部分的重心 E 落在对角线 AC 上（见图 8-4 中的臂架位置Ⅱ和Ⅲ）时，P_{VA} 和 P_{VC} 分别达到最大值。

8.1.5　实际情况下的支承反力计算

在工程实际中，由于门架存在制造安装误差、结构有变形、基础有沉陷等原因，车架的四个支点和轨顶面都不会处在一个平面上。图 8-5 所示为起重机支承点的偏差。因此实际情况下的支承反力很难符合理想情况下计算出的支承反力，这就要求对理想情况下支承反力计算公式进行修正。以门座起重机为例，其修正公式为

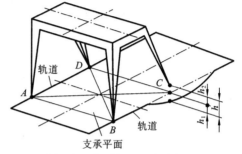

$$\left.\begin{array}{l} P'_{VA} = P_{VA} \mp h/k_0 \\ P'_{VB} = P_{VB} \pm h/k_0 \\ P'_{VC} = P_{VC} \mp h/k_0 \\ P'_{VD} = P_{VD} \pm h/k_0 \end{array}\right\} \qquad (8\text{-}14)$$

图 8-5　起重机支承点的偏差

式中　h——某一支承点脱离轨道顶面
　　　的总偏差，$h = h_1 + h_2$，其中 h_1 为轨道的偏差，h_2 为门座结构的偏差；
　　k_0—— 支承系统总柔度（即刚度的导数），$k_0 = k_j + k_g$，其中 k_j 为门座结构的柔度，k_g 为轨道基础的柔度。

8.1.6　车轮轮压的计算

车轮轮压根据求得的各支承点的最大支承反力 P_{Vmax} 及各支承点上的车轮数 n 确定，即

$$P_1 = P_{Vmax}/n \qquad (8\text{-}15)$$

每个车轮的最大轮压应不超过起重机工作场地或轨道基础容许的承载能力。根据基础容许的承载能力可以计算车轮数，即

$$n \geqslant \frac{P_{Vmax}}{[P_1]} \qquad (8\text{-}16)$$

式中　$[P_1]$——基础承载能力的许用轮压，其值与选用的钢轨型号及轨道基础的设计有关。

由式(8-16)计算出的车轮数，经过圆整代入式(8-15)，即可确定每一个车轮的最大实际轮压。

8.1.7　桥式起重机支承反力的计算

1. 桥架支承反力
桥式起重机的桥架属于柔性支承架结构，其支承反力计算简图为图 8-6。设桥

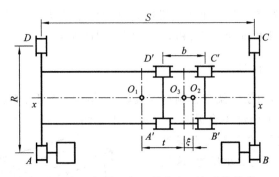

图 8-6 桥式起重机桥架的支承反力计算简图

架的重心与桥架支承平面的形心重合于点 O_1，小车与物品的重心位于 x—x 轴线上，则桥架各支承点在静止状态时的支承反力按下式计算：

$$
\left.
\begin{aligned}
P_{VA} &= \frac{P_{Gq}}{4} + \frac{P_{Gx}}{4}\left(1 - \frac{2t}{S}\right) + \frac{P_Q}{4}\left[1 - \frac{2(t+\xi)}{S}\right] + \frac{P_{Gy}}{2} \\
P_{VB} &= \frac{P_{Gq}}{4} + \frac{P_{Gx}}{4}\left(1 + \frac{2t}{S}\right) + \frac{P_Q}{4}\left[1 + \frac{2(t+\xi)}{S}\right] + \frac{P_{Gy}}{2} \\
P_{VC} &= \frac{P_{Gq}}{4} + \frac{P_{Gx}}{4}\left(1 + \frac{2t}{S}\right) + \frac{P_Q}{4}\left[1 + \frac{2(t+\xi)}{S}\right] + \frac{P_{Gc}}{2} \\
P_{VD} &= \frac{P_{Gq}}{4} + \frac{P_{Gx}}{4}\left(1 - \frac{2t}{S}\right) + \frac{P_Q}{4}\left[1 - \frac{2(t+\xi)}{S}\right] + \frac{P_{Gc}}{2}
\end{aligned}
\right\}
\tag{8-17}
$$

式中　P_{Gq}—— 桥架自重(N)；

　　　P_{Gx}—— 小车自重(N)；

　　　P_Q—— 起升载荷(包括物品、吊具)(N)；

　　　P_{Gy}—— 起重机运行机构自重(包括主动车轮组)(N)；

　　　P_{Gc}—— 从动车轮组自重(N)；

　　　t—— 小车重心到桥架重心 O_1 的距离(m)；

　　　ξ—— 物品(包括吊具)重心 O_2 到小车重心 O_3 的距离(m)；

　　　S—— 起重机跨度(m)。

当小车位于右端极限位置时，P_{VB}、P_{VC} 达到最大值；当小车位于左端极限位置时，P_{VC}、P_{VD} 达到最大值。

2. 小车支承反力

通常小车的车架刚度较大，属于刚性支承架结构。图 8-6 所示的桥式起重机小车就属于这种结构。小车支承点的竖直支承反力计算公式为

$$
\left.
\begin{aligned}
P'_{VA} &= P'_{VD} = \frac{P_{Gx}}{4} + \frac{P_Q}{4}\left(1 - \frac{2\xi}{B}\right) \\
P'_{VB} &= P'_{VC} = \frac{P_{Gx}}{4} + \frac{P_Q}{4}\left(1 + \frac{2\xi}{B}\right)
\end{aligned}
\right\}
\tag{8-18}
$$

式中 B——小车轮距(m)。

其他符号意义与前相同。

8.1.8 门式起重机与装卸桥的支承反力计算

门式起重机与装卸桥在静止状态时各支承反力的计算与式(8-17)相同。图 8-7 为门式起重机运行起(制)动时的附加支承反力计算简图。当起重机承受风力且大车运行起动或制动时,由于风力与惯性力的影响,各支承点反力的分布出现不均匀现象,此时附加的竖直支承反力为

$$\Delta P_{V1} = \frac{1}{B}(P_1 h_1 + P_2 h_2 + P_{gq} h_3 + P_3 h_2 + P_{gc} h_4) \tag{8-19}$$

式中 P_1—— 作用在桥架与小车上的工作状态最大风力(N);

P_2—— 作用在物品上的工作状态最大风力(N);

P_{gq}—— 起重机运行起动或制动时引起的桥架水平惯性力(N);

P_3—— 起重机运行起动或制动时引起的物品水平惯性力(N);

P_{gc}—— 起重机运行起动或制动时引起的小车水平惯性力(N);

h_1—— 桥架与小车挡风面积的形心高度(m);

h_2—— 起升机构上部定滑轮组(或卷筒)高度(m);

h_3—— 桥架重心高度(m);

h_4—— 小车重心高度(m);

B—— 轮距(m)。

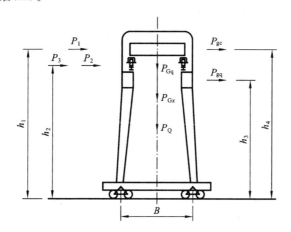

图 8-7 门式起重机运行起(制)动时的附加支承反力的计算简图

图 8-8 为门式起重机满载小车位于悬臂端支承反力的计算简图。满载小车位于悬臂端极限位置制动时所引起的附加竖直支承反力为

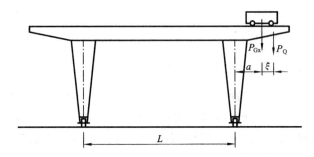

图 8-8 门式起重机满载小车位于悬臂端支承反力的计算简图

$$\Delta P_{V2} = \frac{1}{L}\big[a P_{Gx} + (a+\xi) P_Q\big] \tag{8-20}$$

式中　a——　小车重心到支承点（靠近小车位置）的距离（m）；

　　　　ξ——　载荷作用线与小车重心线之间的距离（m），同式(8-17)。

其他符号意义与前相同。

门式起重机或装卸桥每个支腿上的总支承反力为

$$P_{VZ} = P_V \pm \frac{1}{2}\Delta P_{V1} \tag{8-21a}$$

或

$$P_{VZ} = P_V \pm \frac{1}{2}\Delta P_{V2} \tag{8-21b}$$

式中，P_V 值按式(8-17)计算。

对于港口专用装卸桥，由于悬臂长、小车运行速度高，而起重机运行速度相对较低，这时可按起重机不动、小车运行至悬臂端制动。图 8-9 为装卸桥支承反力的计算简图，并有与图 8-7 相似的风力作用，附加竖直支承反力为

$$\Delta P_V = \pm \frac{1}{B}(P_1 h_1 + P_2 h_2) \pm \frac{1}{L}\big[a P_{Gx} + (a+\xi) P_Q + P'_3 h_2 + P_6 h_4\big] \tag{8-22}$$

式中　P'_3——小车制动时引起的物品水平惯性力；

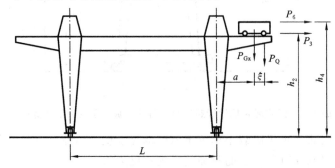

图 8-9 装卸桥支承反力的计算简图

P_6——小车制动时引起的小车水平惯性力；

P_{Gx}——小车自重。

其他符号意义与式(8-19)相同。

此时,每个支腿上的总支承反力为

$$P_{VZ} = P_V \pm \frac{1}{2}\Delta P_V \qquad (8\text{-}23)$$

8.2　起重机稳定性

起重机稳定性亦称抗倾覆稳定性,是指起重机在自重和各种外载荷作用下抵抗倾覆、保持稳定的能力。支承在车轮、履带或其他支承装置上的起重机,可能因为受到作业当中的各种载荷的作用而倾覆,而起重机倾覆往往造成设备毁坏、人员伤亡等灾难性的后果。因此在设计中,必须保证起重机具有足够的抗倾覆稳定性。

8.2.1　起重机稳定性计算的准则

起重机设计规范规定稳定性计算采用力矩法,其校验准则是:若稳定力矩的代数和大于倾覆力矩的代数和,则认为起重机整机是稳定的。

稳定力矩是由自重产生的力矩,倾覆力矩是除自重以外其他载荷产生的力矩,稳定力矩和倾覆力矩都是相对特定的倾覆边计算的结果。

在计算倾覆力矩时,所用的计算载荷要乘以相应的载荷系数,并考虑不同起重机的结构形式及其零部件的位置,各项载荷的大小、力的作用方向及其影响均按实际可能出现的最不利载荷组合来考虑。

采用力矩法进行抗倾覆稳定性计算时,上述计算准则可进一步表述为:若由起重机自重载荷相对于倾覆边产生的稳定力矩的代数和大于其他所有外力对同一边产生的倾覆力矩的代数和,则起重机整体是稳定的。用公式表示为

$$\sum M_{Gj} > \sum M_{fi} \qquad (8\text{-}24)$$

式中　M_{Gj}——起重机第 j 个自重载荷对倾覆边的力矩,沿稳定方向者为正；

M_{fi}——除自重载荷外的第 i 个载荷对倾覆边的力矩,沿倾覆方向者为正。

关于稳定性计算准则有几点说明:

① 所校验的起重机应处于坚实、水平的地面或轨道上,如果使用要求起重机在一定的坡度上工作,则在计算中要考虑坡度影响；

② 要根据起重机的实际作业情况选定最有可能倾覆的几个方向,并由此决定可能的几条倾覆边；

③ 计算稳定力矩时,所有重力的载荷系数为1,其他的外力应乘以不同的载荷系数,系数的取值由规范规定。

　　起重机设计规范在整机稳定性校验中将起重机分为流动起重机、塔式起重机、浮式起重机和其他类起重机(常称为一般起重机)四类,分别规定了不同的计算载荷确定方法。

8.2.2　一般起重机的稳定性校验

　　一般起重机是指除了流动起重机、浮式起重机和塔式起重机外的其他类起重机。

1. 抗前倾覆稳定性计算

　　计算分为四种工况,分别是基本稳定性、动态稳定性、非工作时最大风载荷和突然卸载。其工况和计算倾覆力矩的计算载荷如表 8-1 所示,根据式(8-24)计算。

表 8-1　一般起重机整体抗倾覆稳定性的计算载荷

计算条件	载荷性质	计算载荷	计算条件	载荷性质	计算载荷
Ⅰ. 基本稳定性	作用载荷	$1.5P_Q$	Ⅲ. 非工作时最大风载荷	作用载荷	0
	风载荷	0		风载荷	$1.2P_{WⅢ}$
	惯性载荷	0		惯性载荷	0
Ⅱ. 动态稳定性	作用载荷	$1.3P_Q$	Ⅳ. 突然卸载	作用载荷	$-0.2P_Ⅰ$
	风载荷	$P_{WⅡ}$		风载荷	$P_{WⅡ}$
	惯性载荷	P_D		惯性载荷	0

表中　P_Q——最大起升载荷;

　　　　P_D——由机构驱动产生的惯性力;

　　　　$P_Ⅰ$——起重机的有效载荷;

　　　　$P_{WⅡ}$——起重机承受的工作状态风载荷;

　　　　$P_{WⅢ}$——起重机承受的非工作状态风载荷。

　　其稳定力矩根据自重载荷及其作用点进行计算。

2. 抗后倾覆稳定性校验

　　抗后倾覆稳定性校验是计算起重机向平衡重方向倾覆的可能性。校验时,起重机处于空载状态,所有可移动的自重都移到靠倾覆边最近的位置。其验算公式为

$$0.9\sum M_{Gj} > \sum M_{fi} \qquad (8\text{-}25)$$

8.2.3　塔式起重机的稳定性校验

　　塔式起重机的稳定性验算分为五种工况:基本稳定性、动态稳定性、抗后倾稳定性、抗暴风稳定性、装拆稳定性。其工况和计算倾覆力矩的计算载荷如表 8-2 所示,根据式(8-24)或式(8-25)计算。

表 8-2 塔式起重机稳定性校验的计算载荷

起重机的工况和计算条件		载荷性质	计算载荷	起重机的工况和计算条件		载荷性质	计算载荷
工作状态	Ⅰ. 基本稳定性（无风时起升静载试验载荷）	自重载荷	P_G	工作状态	Ⅱ. 动态稳定性（有工作风时起升正常工作载荷）	自重载荷	P_G
		起升载荷	$1.6P_Q$			起升载荷	$1.35P_Q$
		风载荷	0			风载荷	$P_{wⅡ}$
		惯性力	0			惯性力	P_D
工作状态	Ⅲ. 抗后倾覆稳定性（向后吹工作风载，且突然空中卸载）	自重载荷	P_G	非工作状态	Ⅳ. 抗暴风稳定性（非工作时遭暴风袭击）	自重载荷	P_G
		起升载荷	$-0.2P_Q$			起升载荷	P_q
		风载荷	$P_{wⅡ}$			风载荷	$1.2P_{wⅢ}$
		惯性力	0			惯性力	0
非工作状态	Ⅴ. 装拆稳定性（在许可风中进行装拆）	自重载荷	P_G				
		起升载荷	$1.25P_a$		—		
		风载荷	$P'_{wⅡ}$				
		惯性力	P_D				

表中 P_G——自重载荷；

　　P_Q——最大起升载荷；

　　P_D——由机构驱动产生的惯性力；

　　P_q——起升吊具等附件的重力；

　　P_a——安装或拆卸时被起吊部件的重力；

　　$P_{wⅡ}$——起重机承受的工作状态风载荷；

　　$P_{wⅢ}$——起重机承受的非工作状态风载荷；

　　$P'_{wⅡ}$——安装/拆卸作业限制风载荷。

8.2.4 实例——门式起重机的稳定性验算

门式起重机属于一般起重机，采用式(8-24)和表 8-1 的计算载荷计算。

1. 纵向稳定性工况 1 验算

图 8-10 为门式起重机纵向稳定性计算简图，可见，该工况属于基本稳定性Ⅰ，无风静载工况。

垂直于轨道方向的稳定性验算公式为

$$P_{Gq}C > 1.5(P_Q + P_{Gx})a$$

式中 P_{Gq}——桥架自重载荷；

P_Q—— 额定起升载荷；

P_{Gx}—— 小车自重载荷；

C—— 桥架重心到倾覆边的距离；

载荷系数 1.5 为从表 8-1 中的 I 得到的数值。

2. 纵向稳定性工况 2 的计算

纵向稳定性工况 2 的载荷作用情况如图 8-10 所示，可见，该工况属于动态稳定性 II，其不利情况为满载小车在悬臂端制动。稳定性验算公式为

$$P_{Gq}C > 1.3(P_Q + P_{Gx})a + P_x h_4 + (P_{gQ} + P_{W2})h_2 + P_{W1}h_1 \geqslant 0$$

式中 P_x——小车制动水平惯性力；

P_{gQ}——小车制动引起的吊重水平惯性力；

P_{W1}——桥架与小车侧面的工作状态最大风载荷；

P_{W2}——吊重上的工作状态最大风载荷；

h_1、h_2、h_4——各力作用点离轨面的高度。

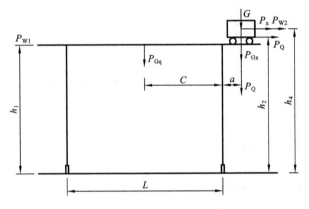

图 8-10　门式起重机纵向稳定性计算简图

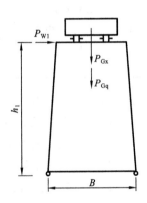

图 8-11　门式起重机横向
稳定性计算简图

3. 横向稳定性工况 4 的验算

横向稳定性工况 4 的载荷作用情况如图 8-11 所示，可见，该工况属于非工作时最大风载荷工况 III，沿轨道方向非工作状态存在最大风载荷作用。稳定性验算公式为

$$(P_{Gq} + P_{Gx})0.5B > 1.2P_{W3}h_3 \geqslant 0$$

式中　P_{W3}——沿轨道方向，作用在桥架、小车上的 III 类风力；

h_3——桥架与小车迎风的面积形心高度；

B——大车轴距。

参 考 文 献

［1］ GB/T 3811—2008 起重机设计规范［S］.北京:中国标准出版社,2008.

［2］ 全国起重机械标准化技术委员会. GB/T 3811—2008《起重机设计规范》释义与应用［M］.北京:中国标准出版社,2008.

［3］ 胡宗武,汪西应,汪春生. 起重机设计与实例［M］.北京:机械工业出版社,2009.

［4］ 胡宗武,顾迪民. 起重机设计计算［M］.北京:北京科技出版社,1989.

［5］ 倪庆兴,王焕勇. 起重机械［M］.上海:上海交通大学出版社,1990.

［6］ 过玉卿. 起重运输机械［M］.武汉:华中理工大学出版社,1992.

［7］ 石殿钧,杨达夫. 工程起重机械［M］.北京:水利电力出版社,1987.

［8］ 张质文,虞和谦,王金诺,等.起重机设计手册［M］.北京:中国铁道出版社,1998.

［9］ 杨长骙,傅东明.起重机械［M］.2 版.北京:机械工业出版社,1992.

［10］ 文豪,秦义校,钱勇.起重机械［M］.北京:机械工业出版社,2013.

［11］ 张青,张瑞军.工程起重机结构与设计［M］.北京:化学工业出版社,2008.